TOTAL NUTRITION: Feeding Animals for Health and Growth (2nd)

全方位营养

（第 2 版）

［英］克利福德·A. 亚当斯（Clifford·A. Adams） 著

黄生树 主译

卢德勋 主审

中国农业出版社

北 京

序

全方位营养是21世纪为人类生产食物而提出的动物饲养管理技术策略，它必须解决的难题是：①动物来源的食品必须进行大规模、低成本生产，以及这些食品必须对人类绝对安全；②饲养的动物作为人类食物时，应尽量减少抗生素和其他药物的使用；③动物应在良好的福利并免于受疾病威胁的环境下生长；④在相对狭小的地方饲养大量动物不应对环境产生污染。这些正是全方位营养在目前环境条件下面临的挑战。

在全方位营养理念中，维护健康、预防疾病和保持总体营养水平都被视为现今对动物日粮的要求。这需要同时考虑饲料的基本营养素水平和其他被称之为“营养活性物质”（nutricines）的生物活性成分。基本营养素是公认的饲料成分，如碳水化合物、蛋白质、脂肪、矿物质和维生素。而营养活性物质是对动物健康和新陈代谢产生有效影响，但不是基本营养素的那些饲料成分。重要的营养活性物质包括：抗氧化剂、乳化剂、酶、香料、色素、不易消化的低聚糖和有机酸。营养活性物质是饲料中能将健康和营养联系起来的成分，它正在全方位营养中发挥越来越重要的作用。

从更详细的层面上说，全方位营养与整个饲料链有关，从原料质量到控制动物体内的新陈代谢，再到最终给人类提供食品，都要求我们设计饲养方案时要涵盖许多不同的功能：首先从饲料原料和饲料储存的安全性开始，它必然会影响饲料的可食性和动物的采食量，营养素的消化和吸收，并改变胃肠道的微生物菌群组成；它必须支持免疫系统的正常运行，避免动物产生氧化应激。另外制定的饲料配方和动物生产方案还应尽量减少对环境的麻烦和污染。

因此，在全方位营养理念中，饲料必须具有多种特性，涵盖对营养、

健康和环境问题，目的是实现高效的动物生产，而不是过度使用抗生素和其他药物。这必须通过使用天然来源的物质，即基本营养素和营养活性物质来完成。由此饲料就成为具有既能给动物提供营养又能保障其健康的功能性饲料。

在全方位营养策略中，我们必须考虑以有效和健康的方式影响动物新陈代谢和胃肠功能的饲料基本营养素或营养活性物质的最低水平。未来不再去确定动物的最佳营养摄入量，而是确定动物达到最佳健康和营养状态所需的全方位营养方案。全方位营养方案可以通过测定与疾病机制或亚健康直接相关的各种功能指标来评估。

《全方位营养》于 2001 年首次出版，第 2 版进一步详述了这一基本理念。人类对动物源食品不断增加的需求，确保了全方位营养仍然是现代动物生产中的一项重要而且相关的策略。通过全方位营养策略，我们可以证明动物生产不仅是人类获得高质量食品的重要来源，而且它关注饲料质量，关注以营养为基础的动物健康问题，它有助于发展循环经济，减少抗生素的使用，减少动物生产对环境的影响。全方位营养策略是现代动物源食品生产必须拥有的营养策略。

clifford • A. Adams

目录

前言

第一章　关键在于观念转变：动物生产、食品安全和人类健康 …… 1

消费者的观念 …… 4
有机食品生产 …… 5
抗生素 …… 6
食品安全 …… 9
集约动物生产 …… 10
全方位营养 …… 11
未来研究方向 …… 17

第二章　关注清洁生产：饲料品质和卫生 …… 20

饲料品质的破坏 …… 22
饲料中的自氧化 …… 23
摄食氧化饲料的危害 …… 24
霉菌和昆虫生长 …… 26
霉菌生长和饲料变质 …… 30
由霉菌生长导致的疾病 …… 32
霉菌毒素 …… 33
细菌污染 …… 38
未来研究方向 …… 42

第三章　为生存而食：随意采食量 …… 44

饲料的适口性和感官评估 …… 46
食欲 …… 48
动物的生理状况和采食量 …… 49
饮水 …… 55
环境和饲料采食 …… 56
随意采食量预测 …… 56
提高动物随意采食量的重要因素 …… 57
未来研究方向 …… 58

第四章　饲料原料在动物消化道内的加工：营养物质的消化与吸收 …… 60

消化 …… 61
已消化营养物质的吸收 …… 64
家禽的饲料消化和营养物质吸收 …… 68
猪的饲料消化和营养物质吸收 …… 75
反刍动物的饲料消化和营养物质吸收 …… 77
未来研究方向 …… 78

第五章　争夺主导权：胃肠道的全方位管控 …… 84

蛋白质、氨基酸和胺的代谢 …… 89
碳水化合物 …… 91
有机酸 …… 94
益生菌 …… 96
植物来源的营养活性物质 …… 99
胃肠道疾病 …… 100
未来研究方向 …… 110

第六章　外部威胁：面对外界风险时的免疫系统和防御机制 …… 114

物理屏障 …… 116
化学防御体系 …… 116
免疫系统 …… 117
免疫病理学 …… 120
免疫耐受 …… 121

免疫激活 …… 122
免疫营养（营养免疫学） …… 124
未来研究方向 …… 129

第七章 应对来自内部的威胁：非传染性疾病和氧化应激 …… 136

骨骼异常 …… 137
主要非传染性疾病 …… 140
氧化应激 …… 144
抗氧化系统 …… 146
氧化应激中的微量金属 …… 150
氧化应激对动物健康和生长的影响 …… 151
未来研究方向 …… 155

第八章 动物营养状况和生产性能检测：全方位营养和饲养标准的评估技术 …… 158

氧化应激和氧化状态 …… 160
抗氧化剂 …… 164
血液中的氧化应激标志物 …… 166
胃肠中的氧化应激标志物 …… 166
免疫状况 …… 167
钙和骨骼健康 …… 169
肉品质 …… 169
代谢应激标志物 …… 171
DNA 损伤和修复 …… 173
尿中的亚硝酸盐和硝酸盐 …… 174
胃肠道中的挥发性脂肪酸 …… 174
在全方位营养中饲料配方的特性 …… 174
未来研究方向 …… 178

第九章 应对具有挑战性的需求：安全食品、低成本、伦理问题和对环境的影响 …… 181

食品安全 …… 183
伦理问题：粮食资源的利用、畜牧业生产效率和动物福利 …… 185
对环境的影响 …… 192

未来研究方向 …… 201
结论 …… 204

原作者简介及代表作品 …… 207

第一章

关键在于观念转变：动物生产、食品安全和人类健康

自古以来，畜牧业就一直为人类提供肉、蛋、奶等动物源食物。即使在远古时代，人类就很明显地偏好肉类，主要通过狩猎的方式去获取。对肉类的需求让人类的身心得到了新的发展。此后随着人类文明的出现，动物驯养被变成了现实，如鸡、羊、猪和牛等都成为人类驯养的对象，最终我们可以大规模地生产肉、蛋、奶。此外，规模化、集约化生产也带来了肉、蛋、奶等生产成本的下降。尽管有些地区出现了肉类减少的摄入或者素食主义的态势，但大多数人还是会偏好肉食。人们普遍认为，由肉、蛋、奶和植物食品组成的平衡膳食对人类健康是最有益的。

无论是在发达国家还是在发展中国家，人们对动物源食品的需求都是非常巨大的。随着经济的发展，人们对动物源食品的消费还会继续增加，人们已经习惯了在每天食谱中加入大量的动物源食品。由于宗教信仰和文化背景的不同，不同国家之间对肉类的选择习惯也不同。比如，牛、猪、羊等作为全球肉品的来源，并不是被所有国家的人们都接受。人们普遍食用的是鸡肉、鸡蛋和鱼肉等。

还需要强调的是，肉、蛋、奶制品中富含蛋白质，具有很高的营养价值。100g 瘦肉可满足我们每天需要的蛋白质的一半以上（Saucier，1999）。动物源食品也是一些微量营养元素的重要来源，比如铁、硒、锌、维生素 A、维生素 B_{12} 和叶酸。牛奶中含有维生素 B_{12}、维生素 B_2 和钙，奶制品是钙元素的重要来源。畜禽肉、鱼肉中可以提供的大量额外营养元素，包括牛磺酸、长链多

不饱和脂肪酸、二十碳五烯酸和己酸。人们对这些营养元素的认识越来越深入，认为它们对人体健康非常重要。这些营养成分有的不存在于植物性食物中，有的生物利用度很低。例如，维生素 A 和维生素 B_{12} 只存在于肉类中，两者都不能从植物性食物中获得。植物中的 β-胡萝卜素是公认的维生素 A 原，但由于其在体内的转化效率很低，因此需要大量摄入才能满足需求。另外，肉类中还富含铁元素，这对预防贫血，特别是儿童和孕妇贫血至关重要。鸡蛋则是胆碱和生物利用率高的叶黄素的主要来源。胆碱在促进健康和胎儿大脑发育方面很重要。叶黄素，尤其是蛋黄中的叶黄素和玉米黄质（zeaxanthin），在眼部健康及预防癌症、冠心病等方面起重要作用（McNamara，2014）。此外，肉类中的蛋白质含量很高，碳水化合物含量较低，有助于降低血糖指数，对肥胖、糖尿病和癌症等非传染性疾病的预防有益（Neumann 等，2002；Biesalski，2005）。动物源食品的主要优点是各种营养元素含量高，生物利用度高，人体对其中营养元素的吸收利用率高。

动物源食品的大规模生产最终取决于动物饲料的生产加工。在过去的 25 年里，全球动物饲料生产持续增长。2012—2017 年，配合饲料的年增长率为 2.49%，2017 年饲料总产量为 10.7 亿 t（表 1-1）（Alltech，2018）。

表 1-1　2012—2017 年世界饲料产量（$\times 10^6$ t）

区域	2012 年	2017 年	增长率（%）
非洲	30.3	39.1	29
亚太地区	356.5	381.1	7
欧洲	208.4	267.1	28
拉丁美洲	137.0	160.7	17
中东地区	25.4	27.0	6
北美洲	188.1	194.6	3
总计	945.7	1 069.6	13

中国是世界上最大的饲料生产国，产量为 1.87 亿 t；其次是美国，产量为 1.73 亿 t，欧盟为 1.59 亿 t。

动物源食品的生产不仅对人类营养有重要意义，而且对世界粮食经济也有重大贡献。在全球范围内，畜牧业生产是一项非常庞大和重要的生产活动，全球有 13 亿人口从事与畜牧业生产相关的工作，占农业 GDP（国民生产总值）的 40%（Steinfeld 等，2006）。畜牧业是大多数国家农业活动的重要组成部分。

在世界范围内，人们的饮食消费习惯越来越多地转向动物性食品。在发展中国家，随着人口的高速增长，过去几十年来肉类消费也以每年 5%～6%的速度增长，牛奶和乳制品的消费以每年 3.4%～3.8%的速度增长。世界粮农组织公布，发展中国家肉类消费量已从 1960 年的人均 10kg 增长到 2000 年的 26kg，到 2030 年将达到人均 37kg 左右。这一预测表明，未来几十年发达国家肉类消费量虽处于高位，但停滞不前，发展中国家则会向发达国家看齐。随着人口和收入的增长，发展中国家对动物源食品的需求也在持续增加。

从粮食安全的角度来看，从事畜牧业生产需要大量低成本的粮食，但人们还是不知道具体需要多少数量的动物源食品才能养活人类。从世界生产和消费的角度来看，家禽业可能是最引人注目的一个大规模生产动物蛋白的产业。例如，2016 年世界鸡蛋产量为 7 390 万 t，中国占了近一半，产量为 3 100万 t（Yang 等，2018）；2015 年，欧盟的鸡蛋产量为 750 万 t（Windhorst，2017）；2017 年，美国的鸡蛋产量约 600 万 t（约 1 060 亿枚）（USDA，2018）。蛋鸡的现代化集约养殖可以使鸡蛋以极低的成本逐年生产。

全球肉类和牛奶产量也很大，牛奶产量远远超过所有肉类的总和（表 1-2）。

表 1-2 全球肉类和牛奶产量（$\times 10^6$ t）

食品种类	产量
牛肉[1]	60.7
猪肉[1]	112.4
鸡肉[1]	93.8
牛奶[2]	811

资料来源：[1]USDA（2018b）；[2]FAO（2018）。

现在多种多样的食品供应也改变着人类对营养的理念。未来食品科学的发展将集中在食品成分上，包括营养物质和营养活性物质（Adams，1999）。这些成分可以调节机体基因表达或免疫功能。人们越来越认识到，许多非传染性疾病，如心脏病、多种癌症、糖尿病和关节疾病等的预防都可能通过营养措施来调节。目前，我们的目标是采取营养措施，改善机体状况，保持健康，从而减少或避免疾病的发生（Schneeman，2000）。现代畜牧业必须随着人类营养需求的变化而改变。全方位营养这一理念是一个有效的策略，将动物生产逐渐集中在用最少的药物饲养，并通过营养措施来改善动物健康和生长上。

消费者的观念

21 世纪，动物生产虽然高效，但也面临现实的和可能存在的障碍与困难。多种因素导致这种情况。在发达国家，动物源食品的充分供应和生活富裕，意味着对大多数人来说，获得食物不再是最关注的问题。有很多食品可以供消费者选择，如果出现食品安全问题，则消费者可以选购其他食品，如从吃牛肉转向吃猪肉或鸡肉。例如，此前出现过鸡沙门氏菌病和牛海绵状脑病等食品安全问题，消费者对这类食品的购买需求就大幅降低。动物生产行业很难预测下一个问题会是什么。

城市化程度的提高和农业人口的减少，意味着了解畜牧业生产的人越来越少。因此多数情况下，消费者完全依赖大众媒体，以获取有关食品生产和食品安全方面的信息及知识。近年来，畜牧生产部门还没有就食品生产和食品安全问题开展深入的公众教育。这些社会、经济因素，加上各种突发食品安全事件带来的恐慌，让畜牧业在世界范围内受到公众极大的关注。

一系列食品安全问题的发生，使公众开始认识和关注食品安全。20 世纪 70 年代家禽中出现了沙门氏菌病，80 年代出现了疯牛病，2000 年在欧洲大陆再次出现疯牛病。同时，细菌对抗生素产生耐药性也受到公共卫生人员的关注。1999 年，饲料脂肪中出现的二噁英危机及转基因作物的引入，进一步增加了公众对食品安全各个方面的关注。

此外，动物福利问题也得到了广泛的宣传。许多动物福利问题已经被争辩和讨论过，包括活畜运输、仔猪断尾、母猪栏位（stalls）和拴系（tethers）、家禽断喙、种禽限饲、产蛋鸡笼养和一些畜禽弱肢等问题。

这些问题都通过媒体暴露到了公众面前，也带来了人们对畜牧业生产的负面看法。因此，公众和政府官员现在都更加关注食品的生产方法及安全。这对畜禽生产的各个阶段都带来了影响，它导致有关动物福利和动物营养的新的法规出台。

2000 年，欧盟委员会发布了一份白皮书，阐述欧盟未来的粮食生产方向。该白皮书着重指出，动物饲料的生产加工条件必须与食品生产的相同。这不仅要求动物营养和生产系统更加透明，而且还要求考虑在提高动物生产效率的同时，关注动物健康和福利。

20 世纪末的事件也同样鼓励了重要零售集团更加积极地参与并监控他们购买的食品品质及食品生产过程。在大型超市，如果选择动物福利和食品安全等好的食品，将会提升公司品牌形象，增强竞争力。在英国，特别是超市已经深度涉及所有畜禽生产阶段中的各个重要环节，他们在对饲料原料的选择、动物福利等方面，如畜禽饲养的最高密度和活体动物运输等都有决定权；另外，他们还会采取措施鼓励养殖者采用散养方式饲养畜禽，如蛋鸡的规模化散养。

近年来发生的事件无疑正在改变食品生产者和消费者之间的权力平衡，超市对供应商采取了更加积极主动的政策。实际上，超市现在可以对饲料生产商和畜禽生产商采取比政府更严格的监管。他们围绕消费者对食品安全和质量的担忧，对生产商进行严厉的监管。

然而，这也存在着风险。因为代表少数人利益的团体可以将媒体的注意力集中在某一个主题上，迫使畜禽生产带来巨大变化，即使该主题并不一定能得到科学证据的支持。最近的一个例子是，英国蛋鸡饲料中禁止使用红色类胡萝卜素、角黄素，尽管它们被科研机构和法规接受，认为它们对人类或动物健康没有风险。

另一个潜在的更具破坏性的例子是，各种环境保护团体试图阻止转基因“黄金大米”的推广（Potrykus，2001）。这种转基因大米是作物生产的一个重大科学突破，因为它在贫穷和发展中国家最重要的主食中添加了一种必需的膳食成分。这种转基因大米中含有产生维生素A前体物——β-胡萝卜素的基因。在许多欠发达国家，饮食中缺乏维生素A将导致儿童的夜盲症。澳大利亚、加拿大、新西兰和美国政府都认为黄金大米可以安全地食用，菲律宾和孟加拉国也已申请注册。然而，一些激进人士的反对使得黄金大米还不能提供给那些需要的人群，尽管它将有助于解决维生素A缺乏症。

有机食品生产

消费者对食品安全的担忧，集中体现在饲料生产和动物饲养体系上。这种担忧的一个表现是，人们对“有机食品”的兴趣日益浓厚。在“有机食品”生产中，农作物不使用杀虫剂、化肥，动物不使用抗生素。但对有机体系和传统体系下生产的食品，很难详细比较它们的营养品质差别。Brandt和Molgaard（2001）发现，在有机生产系统下生产的植物性食品中可能某些营养元素的含量较高，但总体营养元素差别似乎不大。2010年，Dangour等深度查阅了98 727篇关于有机食品营养品质的文章后认为，没有证据表明有机食品比传统食品具有任何健康方面的优势。

有机食品的生产不可避免地会受到生产体系的限制，而且有机食品的价格总是远远高于集约化生产的获得的食品。Kniss 等在 2016 年比较了美国有机食品生产和传统食品生产的产量后发现，来自有机农场的小麦和大豆产量减少了 1/3，有机农场的土豆产量则减少了 62%。此外，如果美国所有小麦都是有机种植，那么还需要 1 240 万 hm^2 的土地才能达到 2014 年的产量水平。就养活世界人口而言，全球选择有机农业是不可行的（Avery，1999）。

但有机食品可以为人们提供一个利基市场（Niche Market），人们能够支付更高的价格，但它永远无法提供现代社会所需要的大量低成本食品。此外，有机食品对致病微生物的免疫能力并不会比集约化生产的食品更强。

抗生素

近年来一个广受公众关注的问题是，抗生素作为生长促进剂和治疗性药物被广泛应用后导致耐药性细菌毒株出现。消费者很难理解抗生素在动物生产中广泛使用的原因，并且施压在饲养畜禽养殖中减少抗生素的使用。

现代畜禽生产中使用了大量的抗生素。据报道，欧洲抗生素的销售量为 8 122t（EMA，2015）。在美国，抗生素市场总量为 15 358t（FDA，2015）。中国和印度等国在动物生产中也大量使用抗生素。2010 年，全球食源性动物生产中抗生素的使用量估计为（6 3151 ± 1 560）t，预计到 2030 年将增长 67%，达到（105 596 ± 3 605）t（Van Boeckel 等，2015）。

20 世纪 40 年代末，人们发现了抗生素在动物饲料中的促生长作用，之后抗生素就成为现代动物营养中的重要组成部分。抗生素生长促进剂的广泛应用也得到了大量科学研究的支持。综合文献表明，在饲料中添加抗生素生长促进剂可提高动物生产性能的 72%（Rosen，1995）。由于拥有如此多的支持性数据，因此抗生素生长促进剂在过去 50 年中成为猪和家禽饲料中的常规组分也就不足为奇了。

然而自从人们发现了细菌的耐药性后，担心在动物生产中使用抗生素会带来新的问题（Anderson，1965）。抗氨苄西林鼠伤寒沙门氏菌菌株的出现，可追溯到使用这种抗生素治疗或预防犊牛感染。1965 年，在犊牛中发现这种抗药菌株可以将它的抗性转移到其他细菌（如大肠杆菌），然后转移到其他人类的致病菌中。

Witte（2000）报道了几个细菌对抗生素产生耐药性的例子。由于可能对人类医学中使用的治疗性抗生素产生交叉耐药性，因此人们对阿伏霉素、维吉尼亚霉素和泰乐霉素特别关注。一些鼠伤寒沙门氏菌 DT104 菌株对氨苄西林、氯霉素、链霉素、磺胺甲噁唑和四环素等多种抗生素具有耐药性（Bower 和 Daeschel，1999）。当来自正常菌群的竞争性细菌被抑制时，多重耐药菌株可以在动物被注射低于治疗剂量的抗生素时大量繁殖。由此产生的感染性有机体可以持续存在并将致病菌传播给其他动物，最终进入食物链。

动物源抗药性细菌将通过环境和食品传播给人类，并通过直接接触传播给养殖者和食品工人。尽管抗生素具有选择性压力的生态特性，但我们仍很难确定直接的因果关系。研究表明，与畜禽相关的抗药性细菌在动物和人类中的流行有着密切关系。来自 7 个欧洲国家（挪威、瑞典、丹麦、奥地利、瑞士、荷兰和比利时）的一项研究表明，有八类抗菌药物的使用量与猪、家禽及牛中抗微生物的共生大肠杆菌的流行率之间存在很强的相关性(Chantziaras 等，2014)。使用促生长抗生素和预防性药物后，畜禽被反复暴露于低剂量的抗菌剂中，为畜禽体内出现和传播抗药性细菌创造了理想的条件。

在中国的家禽和猪体内发现了一种新形式的耐药性细菌，其可以抵抗黏菌素（Liu 等，2016)。这种抗药性是由一种新的突变 *mcr*-1 基因引起的。*mcr*-1 基因目前已在美国（Mcgann 等，2016)、欧盟和其他地区发现，其抗药性可能会迅速发展。黏菌素是一种重要的抗生素，是治疗对其他抗生素耐药的细菌感染的最后手段。

抗生素耐药性是一个全球性的问题。从 2010 年起，每年约有 70 万人死于常见细菌、艾滋病病毒、结核菌病等的耐药菌（毒）株感染（O'Neill，2016)。根据 6 种致病菌耐药性上升的情况，到 2050 年因抗生素耐药性造成的死亡每年可能激增至 1 000 万人，也将为全球增加 100 万亿美元的经济成本。

然而，对于人类病原体中细菌耐药性急剧增加的原因一直存在争议(Hume，2011)。一方面，动物生产者认为医生及其病人过度使用抗生素是问题的焦点。另一方面，医生经常指出人类医学实践中使用抗生素的亚治疗剂量被广泛和长期应用在了食源性动物中，并且在动物日粮中添加了抗生素。现在，人们越来越一致地认为，在人类中应该更明智地使用抗生素，并禁止在动物生产中使用抗生素。

与细菌耐药性和其他食品安全问题的文章广泛发表，最终导致欧盟禁止了许多用于动物营养的抗生素的使用（表 1-3)。2006 年，欧盟所有抗生素生长促进剂都被禁止使用。总的来说，现在消费者和零售组织都极力反对在动物生产中使用抗生素生长促进剂。

表 1-3　欧盟动物抗生素使用的最近历史事件

1997 年，禁止在动物营养中使用阿伏帕金。
1999 年，禁止在动物营养中使用维吉尼亚霉素、螺旋霉素、磷酸泰乐菌素、杆菌肽锌、卡巴多和喹乙醇，二硝托胺、异丙硝唑、氟嘌呤禁止用作球虫病抑制剂。
2003 年，禁用硝呋索治疗火鸡组织念珠菌病。
2006 年，所有的抗生素生长促进剂都被禁止。
2016 年，英国惠康基金会（Welcome Trust）和政府 HM 发表有关细菌产生耐药性回顾的最终报告（奥尼尔，2016）

然而，美国提出了一些修改建议。美国食品和药物管理局（FDA）已经发布了一份工业指南（GFI 第 209 和 213 号），以及一份修订的兽医饲料指令规则。这些新的进展预计会允许在食源性动物中使用治疗性抗生素（预防、控制或治疗疾病）。目的是确保动物生产者和兽医不使用人医上重要的抗菌药物去促进动物生长或提高饲料利用效率。欧盟的几个成员国已经制定了一些方案，旨在减少本国区域用于动物生产的抗生素数量。

抗生素在动物生产中有三种用途：治疗患病动物；预防动物传染疾病和促进生长；提高饲料利用率和生产力。使用抗生素治疗患病动物通常是在兽医的指导下进行的，也是一个动物福利问题。使用抗生素预防或促进动物生长更是一种经济手段，以获得更高效的生产，正是在这些领域才必须采用替代抗生素的生产方案。

由于消费者担心食品的健康和安全，因此在美国，人们对不使用抗生素生产的鸡肉、火鸡、猪肉和牛肉的需求增长迅速（NRDC，2015）。目前，不使用常规抗生素饲养的鸡对应的鸡肉已经成为主流肉类生产体系的一部分。NRDC（2015）估计，美国整个鸡肉行业的 1/3 以上，已经取消或承诺取消常规使用人医上重要的抗生素。值得注意的是，在美国，消费者对食源性动物使用抗生素的要求远远领先于政府的行动。

动物饲料和生产行业必须要让消费者确信生产的动物源食品不仅安全，而且营养品质又好。这就要求食品里没有抗生素残留，并且只有最低水平的能对抗生素产生耐药性的细菌。

大量的食品安全事件让消费者对现代农业产生了各种各样的认识（Fraser，2001）。其中有一些正确的看法，动物生产者也有义务对这些作出反应。另外一些没有科学依据的看法，动物生产者需要通过仔细和合理的论据加以反驳。因此，提高行业透明度、开发更符合消费者需求的生产体系，是非常重要的。

在这一点上，全方位营养的理念有助于着重通过营养干预措施来改善动物健康和促进食品生产动物的生长。

食品安全

消费者对食品安全的关心使得欧盟将食品安全列为重中之重（Vanbelle，2000）。欧盟食品安全的核心内容是，它必须建立在从农场到餐桌的产业链上，且兼顾全球一体化体系，涵盖饲料、动物生产和食品制造业的所有部门。这意味着饲料生产企业、农户和食品生产企业都对食品安全负有首要责任。

准确确认对食品安全和人类健康的主要威胁来源也很重要，表 1-4 中列出了这些威胁来源，其中微生物、细菌和霉菌都对食品安全构成了持续威胁。它们对人类或动物种群具有潜在的致命性风险，必须始终加以控制。出现药物残留和农药残留等时通常不会危及生命，但也是值得警惕。使用食品添加剂通常认为也会产生健康风险或食品安全问题，但合理地使用防腐剂和抗氧化剂对健康也是有好处的，如本书第二、五和七章所述。

表 1-4　威胁食品安全的来源

威胁来源	实　例
天然细菌	水果和蔬菜中的李斯特菌
动物肠道细菌	沙门氏菌和弯曲杆菌
被污染的食品	肉品污染物
天然有毒物质	贝类中的藻毒素，水果和谷物中的真菌毒素
动物医疗残留	抗生素
环境污染物	二噁英、重金属
农药残留	水果和蔬菜中的残留物
食品添加剂	香料、色素、防腐剂

动物源食品的安全性会受到很多方面的影响，包括农药和抗生素等化学残留物的存在。影响食品安全最重要的因素可能来自致病菌的感染，如芽孢杆菌、弯曲杆菌、梭菌、大肠杆菌、李斯特菌、沙门氏菌、志贺氏菌、葡萄球菌和耶尔森菌（Alum 等，2016）。细菌处于不断进化和变异的状态，对来自人类的控制有着无限的反应能力。因此，食品安全将永远是一个长期存在的问题，而且很可能永远无法得到完全解决。然而，这并不意味着我们不应为改善食品安全作出艰苦的努力。事实上，当前的事件要求营养学家、饲料制造商和动物生产者针对解决这些问题制定新的和开创性的战略。

食品安全恐慌、抗生素问题和动物福利问题产生了大量新的需求和潜在的解决方案（Knudsen，2001）。人们越来越倾向于饲养食源性动物时不再使用抗生素和其他药物。有一种公众舆论，把一切天然的东西与高水平的安全和品质等同起来，并对可持续农业进行了大量讨论。这种态度忽略了一个事实，即许多天然来源的化合物都是有毒的（如表 1-2 所示），需要极其大量的动物来源的食物来供给人类食用。此外，在许多情况下，人们认为促进可持续农业的论点是一种促进可持续贫穷的方案。然而，现代畜牧业和动物营养学的实践不可避免地与食品安全有着明显的联系。在家畜饲养、保健和一般治疗方面，现在有了新的安全标准，今后的动物生产方案必须考虑到这些标准。动物生产行业越来越有责任让持怀疑态度的消费者和监管人员相信，动物源食品是以最好的方式生产的，食品安全是动物生产者的关注点。

集约动物生产

我们依靠集约化现代动物生产系统给人类提供了大量的食物，如上所述，有机食品生产体系永远无法提供全球人口所需的大量食品。然而，现代畜牧业发生了许多根本性的变化，正迅速融入 21 世纪系统集成化食品生产体系之中。人们普遍认识到，从动物饲料原料到人类营养健康，是一个连续的链式关系。在生产量最大化、成本最小化及确保食品安全和顾客满意之间，始终需要达到令人满意的平衡。多年来，动物营养和饲料生产一直是整个食物链中一个隐藏的环节。如今，动物生产必须是食物链中看得见的一环，能为消费者提供安全、健康、丰盛且能让消费者负担得起的食品。

现代动物生产系统在向人类提供大量低成本食物方面做得极为成功。这就要求动物遗传品系在生产，诸如牛奶、鸡蛋和肉类等食品方面具有快速生长和高生产率的潜力。在动物营养、遗传学和畜牧养殖方面数十年的研究使我们能够非常精确地控制食源性动物的发展。繁殖率、健康状况、生长率、体脂百分比、肉的保质期、肉和蛋的颜色等都可能受到营养的控制。

现代社会对动物性食物的要求在相对较小的区域内饲养大量的动物，不可避免地使动物在其生产期间会遭受相当大的应激。

这种应激来自几个方面。对大多数动物来说，出生后的一段时间是一个应激期。新生动物的胃肠道发育不全，当开始摄取食物时，胃肠道的功能和微生物菌群才开始发育。此时，动物对致病微生物非常敏感，因为动物通常很少或没有自然防御能力。在哺乳动物中，尤其是犊牛和仔猪在断奶时经常被转移到另一个地方并接受一种新的和完全不同于最初接受的以牛奶为基础的饮食时会造成严重的应激。

作为食源的动物必须获得足够的营养，以满足其快速生长和高生产力的需求。因此，它们必须获得足够数量的优质饲料，以避免产生应激。这些饲料中的营养成分必须平衡，并可供所有动物饲用；另外，必须以尽可能低的价格从现有的饲料原料中生产出来。然而，某些饲料原料成分，如小麦、大麦和饲用油脂会导致一些动物的消化系统出现应激。饲料中不可避免地含有微生物和其他可能有毒的成分，它们可通过致病或激活免疫系统给动物带来额外的应激。生产中来自传染病的应激是经常产生的，它们可以迅速传播到动物中。非传染性或代谢性疾病，如家禽的腹水症和许多种动物的跛行都会对畜禽产生应激。频繁采用预防性药物干预和疫苗接种也是造成应激的主要因素。

一直以来，现代动物生产中通过使用治疗性和亚治疗性剂量抗生素来解决一些应激问题。然而，当抗生素的广泛使用已不再可行时必须寻求克服应激和保持动物生产效率的替代方案，需要考虑动物疾病、健康、营养和环境之间的联系。现在的关注点必须放在了解什么能保持动物健康，以及如何在不使用药物的情况下避免疾病发生。

在证明抗生素生长促进剂有效性的大量科学文献中，人们还认识到，与卫生状况良好相比，在卫生条件差的环境中使用抗生素更能提高动物的生长性能。研究还证实，在无菌环境中饲养的雏鸡比在常规环境中饲养的雏鸡生长速度更快，而且这些雏鸡对使用作为生长促进剂的抗生素在亚治疗水平下没有反应。很明显，环境和动物生长性能之间存在着相互作用。这些观察表明，在正常环境中存在的各种病原微生物是商业化生产条件下动物生长受损的原因之一。

有效应对上述提到的需求需要提出新的动物营养战略，即“全方位营养”。这个理念将健康维护、防止疾病、一般性营养状况和环境影响都列入了饲料和饲养要求应考虑的因素之内。

全方位营养

与人类其他生产活动一样，养殖业随着时间的推移而不断向前发展(Schneeman，2000)。首先要解决是生产数量问题，即能为人们提供足够数量的动物性食物，这在发达国家已基本实现。提高生产效率总是一个持续不断的挑战，生产效率的提高通常会伴随着成本的降低。21 世纪，在发达国家与购买力相关的食品成本肯定比以往任何时候都要低。

英国国家统计局（UK，2014）发布的一份家庭平均支出报告进一步证明了食品成本的相对降低。2013 年，食品和非酒精饮料仅占英国家庭每周平均支出的 11.6%。美国也出现了类似的情况。一个多世纪以来，分配给食物的支出份额持续大幅下降。1901 年，美国家庭有 42.5% 的支出用于食品；到 2002—2003 年，食品支出下降到 13.2%。

然而，一旦有足够的低成本食品供应，人们的关切就会转移到食品安全、动物福祉、环境影响及健康与营养之间的关系等问题上。寻求改善食品供应的方法以促进健康和防止疾病正在变得可能。这使人们更加关注动物生产机制，从而使营养干预与动物健康更密切地联系起来。面对动物生产中减少药物使用的社会压力时，这一点就变得更加重要。

全方位营养是 21 世纪应对动物食品生产的战略，是一种完全符合包括反刍动物在内的营养战略理念（McGrath 等，2018）。全方位营养必须涉及几个方面：①动物源食品必须大量生产，价格要尽可能便宜；②这些食品必须对人类消费者绝对安全，在以提供食品为目的时应尽量少用抗生素和其他药物；③动物应在良好的福利条件下饲养，并远离疾病；④在相对较小的区域饲养大量动物时不应产生环境污染。

在更详细的层面上，全方位营养要涉及从饲料原料品质到控制动物体内代谢最终直至成为人类食物的整个食物链。这就要求设计饲养程序首先要确保饲料原料及其贮存过程的安全，同时还要关注许多不同功能；必须影响饲料的可食性和采食量，营养物质的消化和吸收，并改变胃肠道的微生物区系；必须支持免疫系统，避免产生氧化应激。饲料配方和动物生产应产生最小的环境公害和污染。

为了达到全方位营养的目标，必须以一种与过去稍有不同的方式对待饲料。在过去，饲料通常被认为只是常规营养元素的来源。然而，实际上除了常规营养元素外，动物从饲料中还摄取大量各种各样不同的分子，这些中的许多分子已经被动物和人类摄取了几千年，且在动物和人类的健康及福利中发挥着重要的作用，尽管它们可能是无意中被摄入而起作用的。

在饲料中发现的与营养有关的不同分子可分为两大类：常规营养元素和营养活性物质（nutricines）（Adams，1999）。常规营养元素是饲料中公认的成分，如碳水化合物、蛋白质、脂肪、矿物质和维生素。营养活性物质是对动物健康和新陈代谢产生有益影响的饲料成分，但不是直接用于营养目的的常规营养元素（表 1-5）。重要的营养活性物质有抗氧化剂、乳化剂、酶、香料和色素、不易消化的低聚糖和有机酸。这些营养活性物质是连接健康和营养的饲料成分，正在全方位营养中发挥着越来越重要的作用。

表 1-5 由营养元素和营养活性物质组成的全部饲料成分

营养元素	营养活性物质
碳水化合物	抗氧化剂
脂肪	色素
矿物质	乳化剂
蛋白质	酶
维生素	风味物质
	不易消化的低聚糖
	有机酸

在全方位营养里，饲料必须具有多种特性，有助于解决营养、健康和环境问题。这必须通过使用纯天然化合物，即营养活性物质和营养元素来实现。因此，从本质上讲饲料是功能性的，能赋予食用它的动物以营养和健康的双重好处。

全方位营养的主要任务是理解饮食、健康、疾病和环境之间的联系。这是一个非常复杂的系统，充满了悖论。例如，动物生活在一个充满敌意的环境中，它们必须与地球上的其他生物竞争，这些生物包括植物、昆虫、真菌、细菌和病毒。只有控制和克服这些不利的环境因素，才能获得高效的动物生产。动物需要摄取来自环境中的饲料，与此同时又要产生甲烷、尿液、粪便等各种废物，对环境造成潜在的严重污染。

饲料采食是另一个悖论，对动物的生命和生长是必不可少的，但它也是致病生物进入体内的潜在途径。精心的饲料生产、贮存和加工是减少被天然病原体污染的必要条件。营养性良好的饲料，就其本身性质而言，对包括鼠、昆虫、真菌、酵母菌和细菌在内的病原生物来说也是非常有营养的。即使在良好的饲料生产和卫生条件下，大量潜在致病微生物也会存在于饲料中。但重要的是要尽量减少其存在，并保持贮存饲料原料的营养品质不受影响（见第二章）。

饲料采食量是全方位营养的另一个主要问题，未被食入的饲料对动物来说没有营养价值，因此所有饲料必须具有可食性的感官特性，并在整个饲料保质期内能持续保存。影响采食量的因素有很多，如在商业化条件下生产的猪和家禽中常见的环境及疾病应激。受免疫刺激或疾病应激的猪和鸡比无应激的生长得慢（Baker和Johnson，1999）。这种缓慢生长是由于在应对疾病挑战期间，饲料的摄入量下降，同时蛋白质的沉积降低。在许多情况下，饲料的风味特征或适口性也是饲料品质的指标。新鲜、优质的饲料其风味明显不同于腐臭、霉变的饲料。饲料品质、疾病和环境压力通常都会导致动物的采食量减少，从而影响其生长性能（见第三章）。

动物摄入的饲料成分在胃肠道被消化分解成基本的必需营养元素。消化道酶消化只是饲料利用的第一步。胃肠道对营养物质的吸收是极其重要的，因为只有那些已经被吸收的营养物质才能被动物用于生长和生产。吸收是一个复杂的生理过程，受卵磷脂家族成员磷脂的影响。酶和磷脂类营养活性物质在帮助营养元素消化和吸收方面发挥着重要作用（见第四章）。

胃肠道是机体内最大的器官。作为机体新陈代谢和环境之间的接口，它是一个非常复杂、具有多功能的器官。胃肠道具有极大的表面积，在这里各种营养元素、营养活性物质、微生物和外源毒素之间发生直接接触。胃肠道的肠上皮或肠壁必须保持良好的物理屏障状态，以防止病原体大量进入体内；但也必须足够薄，以保证有效地运输营养物质。从生理学意义上讲，胃肠道仍然是在体外。只有当消化后的食物成分被胃肠道壁吸收后才真正进入体内。胃肠道的管理对于保持动物健康和避免肠道疾病发生至关重要（见第五章）。

动物在进化中具备了一整套免疫系统来对付那些致病微生物。这些致病微生物要么以食物形式进入人体，然后栖居于胃肠道；要么通过身体受伤部位或肺部进入人体。这个非凡的免疫系统将有害分子（包括细菌、病毒和杀虫剂的抗原）与无害的可食用蛋白质区分开。它对两种分子都有局部反应。对于微生物抗原，如果胃肠道防御出现缺口则会使免疫系统完全激活。然而，对于膳食蛋白质，重要的是抑制这种免疫反应，并允许饲料蛋白质从胃肠道被消化和吸收。

动物在一生中不断受到来自饲料、水和环境的一系列致病性及非致病性威胁的挑战。细菌和病毒病原体通过产生的细胞因子来激活免疫系统。这对动物的代谢有严重影响。这些细胞因子是类激素蛋白质分子，它们导致家禽和猪的采食量减少、体温升高和饲料转化率降低（Klasing 和 Johnstone，1991；Williams 等，1997a，1997b）。每一次微生物入侵所释放的细胞因子都会将用于生长的营养物质用于支持免疫系统，这是达到理想生长性能的主要障碍。饲料是动物所需抗原和其他化学物质的最大来源，也可能含有能够抑制或激活免疫系统的成分。因此，全方位营养必须考虑到饲料的免疫状态，并设法避免不必要的免疫系统刺激（见第六章）。

环境中的许多化学成分都是有毒的，动物还不得不面对“氧功能相互矛盾”（oxygen paradox）现象。氧气参与的各种氧化过程对动物生命的存在具有内在的危险性，但同时又是生命过程所必需的。控制饲料和机体内部的氧化对于保持饲料的良好营养品质，以及降低各种非传染性疾病的风险都是至关重要的（见第七章）。

动物生长所必需的营养物质数量和种类已被明确界定。然而，对于生长和体重维持的一般营养需求是否同样适用于避免疾病发生、控制氧化应激、控制饲料病原体，以及在没有抗生素的情况下是否也适用于帮助免疫系统正常发育、维护动物健康等，对于这些目标，我们还不太清楚。因此，我们必须构建关于营养活性物质和营养元素需要量的新理念。

在全方位营养的新理念中，必须考虑以有益健康的方式影响新陈代谢和胃肠功能的任何饲料营养成分、营养元素或营养活性物质的最低需要量水平。未来不再需要去确定最佳营养元素摄入量，而是确定使动物获得最佳健康和营养状况所需的全方位营养即可。此外，日粮成分的管理现在被认为是最容易做到的，能在农场层面达到维持最佳的动物健康，安全、高效地生产高质量的动物产品的一种技术策略（McGrath 等，2018）。实施全方位营养可以通过测定各种与疾病机制或健康不佳状况直接相关的功能指标来评估（见第八章）。

灵活应用各种营养元素和营养活性物质，有可能从基本饲料原料中获得额外的饲用价值，特别是从那些不能直接供人类食用的原材料中。这就引出了饲料节约效应的概念，它既有社会学意义，也有经济学意义。另外，实施全方位营养还能减少环境污染（见第九章）。

全方位营养必须解决现代消费者的主要关切。全方位营养需要合理地应用营养元素和营养活性物质，以获得高效的动物生产，而不是过度使用抗生素和其他药物产品。使用本文概述的策略，将有可能满足现代消费者的基本要求。

如图 1-1 所示，全方位营养需要帮助促进营养吸收和动物生长，缓解动物在整个生产链中的各个应激。这些流感激既包括生产过程中的，也包括环境中的。来自环境的应激主要是动物的高密度、集约化养殖造成的。尽管这也是为了给人类提供足够食物。但这种养殖方式使得动物暴露在潜在病菌、氨气等有害的环境中。疫苗在维持动物健康、控制传染病、缓解应激时必不可少。氧化应激、非传染性疾病和免疫系统的活跃是应激的内在来源、需要加以控制。

了解全方位营养和饲料中营养元素及营养活性物质的作用，将拓展我们对日粮和营养的知识面，使我们能够进一步加深对健康、营养和环境保护之间的相互联系的认识。建立和维持最佳健康状况和抗病能力是摄入营养元素及营养活性物质的一个功能。充足的营养元素和营养活性物质供应，将抵消环境的负面影响，并将会避免疾病的发生，使所饲养的动物能得到良好的生长发育。

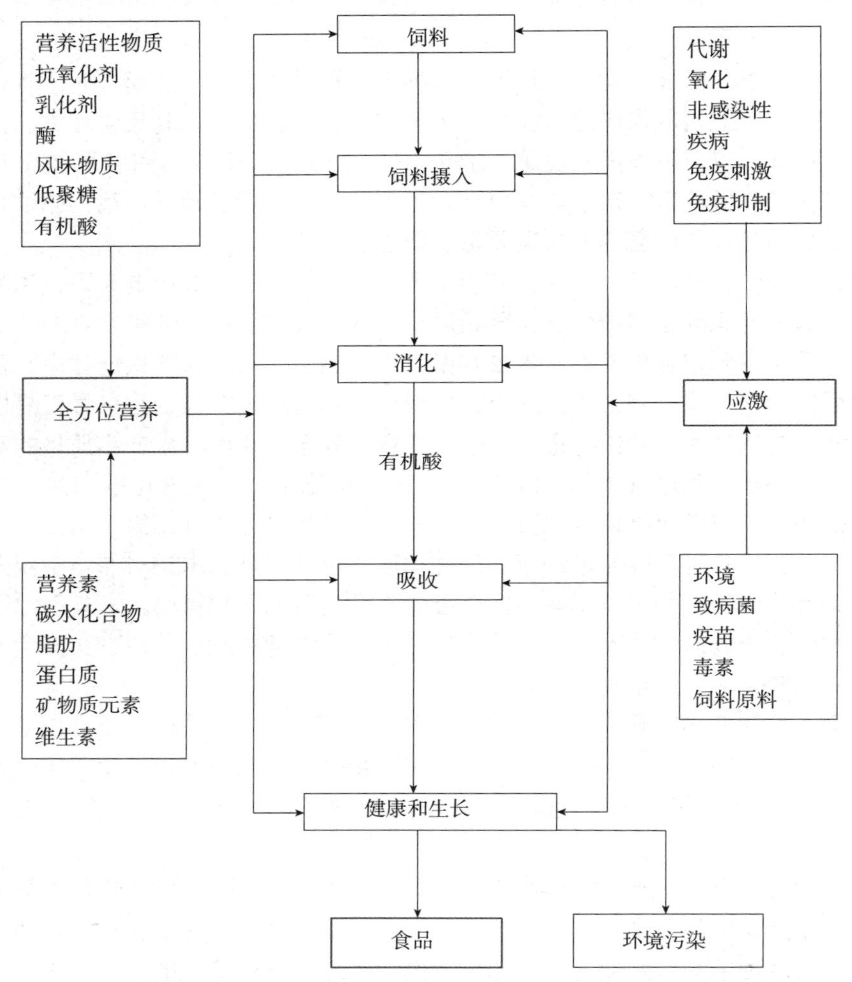

图 1-1　全方位营养、应激与动物源食品生产的关系

全方位营养是战略性地使用各种各样的避免疾病发生和维持健康的营养技术措施，将有助于构建在不使用抗生素的情况下可改进的和可更易接受的动物生产系统。控制应激、传染性疾病和非传染性疾病涉及多种策略，抗生素的使用只是其中的一项措施，而且抗生素并不能解决病毒和非传染性疾病的问题，此类综合征在动物生产中越来越显得重要。今后抗生素的使用将严格限制在应用于患病动物的治疗上。抗生素的使用将被视为疾病控制的最后

手段，只有在所有其他措施都失败时才使用，而不是去取代它们（Wierup，2000）。全方位营养将有助于维持动物源食品的大规模、低成本生产，最终造福于广大消费者。

未来研究方向

基因表达的营养调控

人们早就认识到营养可以深刻地改变特定基因型的表型表达。事实上，现代营养学面临的一个重大挑战是制定适宜的营养方案，以配合遗传学的发展。在动物日龄很小时（如断奶仔猪）如果营养不足，会损害它们当前和以后的生长发育。这就引出了营养可能通过调节基因表达影响表型的这一概念。这是非常重要的，因为它展现出了营养元素和营养活性物质除了维护动物健康和支持其生长之外的另一个重要功能。

营养影响基因表达的一种可能机制是通过影响激素及其受体来作用（Dauncey 等，2001）。营养影响许多与发育、生长、代谢有关的激素的合成和代谢，这些影响是通过某些特定的营养元素、动物能量状态和采食量的变化来实现的。许多激素（如生长激素或胰岛素）与受体分子相互作用，从而影响与生长发育有关的各种基因的活性。营养可以通过调节这些激素受体进而调节激素的作用。通过这种与激素和激素受体的相互作用，营养在调节动物发育、生长和代谢中涉及的众多基因方面发挥着关键作用。

某些特定的饲料成分，如共轭亚油酸可能直接影响基因转录，从而影响肝脏脂质代谢和免疫状态（Roche 等，2001）。只有需要进一步的研究才能了解营养和基因型对最佳生长发育的相对贡献。此类研究不仅要关注某些特定的营养成分，还要关注动物能量状况和总体采食量。对营养基因相互作用的详细了解将有助于促进动物健康维护和疾病预防。这方面的研究进展当然会支持全方位营养的理念。

健康与抗病性的选择

在过去 50 年中，遗传学在提高动物生产力方面发挥了重要作用，动物将饲料转化为人类食物的能力有了非常显著的提高，这可以归结为一种饲料节省效应（见第九章）。1996 年，生产 1kg 鸡蛋所需的饲料比 1972 年减少了约 500g（Flock，1998）。如果按照现代鸡蛋生产的总规模来计算，这一节省的数值是非常大的。1996 年每生产 100 万 kg 鸡蛋，所需饲料比 1972 年减少 50 万 t。这是现代家禽科学发展中一个非常重要的成果。

1997—2001 年，肉鸡生产在生产效率方面也显示出了类似的效果（Chapman 等，2003），其间肉鸡的能量转化率呈线性下降。能量转化率指标是用饲料转化率乘以平均饲料能量来计算的，是评价饲料利用效率的指标。生产一只 2.27kg 肉鸡天数从 1997 年的 49.5d 减少到 2001 年的 46.5d，最终体重也从 2.22kg 增加到 2.35kg。这些都是增长率的巨大提高。因为在 5 年的时间里，生长时间减少了 6.1%，而最终的个体重量却增加了 5.8%。

加拿大阿尔伯塔大学的科学家们比较了 1950 年、1978 年和 2005 年肉鸡的生长性状（Zuidhof 等，2014）。如表 1-6 所示，肉鸡的生长速度增加了 400%以上，同时料重比降低了 33%。

表 1-6　1950 年、1978 年和 2005 年肉鸡生长情况比较

生长情况	1950 年	1978 年	2005 年
个体重（g）			
0d	34	42	44
28d	316	632	1 396
56d	905	1 808	4 202
饲料转化率			
28d	3.08	1.71	1.48
42d	2.88	1.90	1.67
56d	2.85	2.14	1.92

将 1944 年和今天美国牛奶生产特点进行比较是说明食品生产改善的另一个例子。1944 年，美国有 2 560 万头奶牛，而今天只有 930 万头奶牛，但产奶量比 1944 年增加 59%。由于奶产量显著增加，因此美国饲养的奶牛数量就显著减少了。

在生猪生产方面也出现了类似的情况。以美国为例，密苏里大学 FAPRI 食品政策部门的一项分析指出，2011 年美国母猪群比 20 年前减少了 20%，但由于每头母猪生产力单产增高，因此 2012 年母猪总产量仍比 1992 年增加了 35%。

在英国，过去 60 年中猪的上市天数从 180d 减少到 165d。饲料转化率（每千克体重所需的饲料千克数）从 3.5 下降到 2.75。此外，胴体背膘从 1.6%下降到 0.90%，而胴体中的瘦肉率却从 42%上升到 55%。

饲料转化率（feed conversion ratjo，FCR）是肉鸡、鸡蛋、猪肉、牛肉和牛奶生产的重要评估基准。近几十年来以上动物养殖中 FCR 都有大幅度降低，其最终结果是有可能生产出大量低成本的动物源食品。

功能性食品

有相当多的科学证据表明，人类均衡的膳食可以产生有益的生理和心理影响，而不仅仅限于足够的营养产生的效应。现在人们对“功能性食品”的开发和验证，以及膳食在维持人类健康和避免疾病发生方面的作用非常感兴趣。这将需要在人类营养和食品科学方面进行更为深入的研究。这方面的一个特别挑战是，功能性食品的生产以为人类提供健康为目标。因此，必须从良好健康的生物标志物参数中获得其功效的证据（Roberfroid，1999）。

全方位营养将越来越多地用于生产“设计鸡蛋”等人类新功能食品，向蛋鸡日粮中添加天然饲料成分可以显著提高鸡蛋的营养含量。“设计鸡蛋”使 3 种鸡蛋成分，即二十二碳六酸（DHA）、维生素 E 和类胡萝卜素含量增加。二十二碳六酸是一种必需的 ω-3 多不饱和脂肪酸，是脑和视网膜发育及维持免疫力最重要的脂肪酸。维生素 E 和类胡萝卜素有助于防止鸡蛋内 DHA 氧化，并在食用鸡蛋后防止人体细胞膜中 DHA 的氧化。另外，维生素 E 和类胡萝卜素还可以预防心脏病和癌症。卵子中也富含叶黄素，这是一种天然类胡萝卜素，具有高抗氧化活性，能保护老年人的视网膜免受因年龄相关性黄斑变性而导致的视力丧失（Olmedilla 等，2001；Koushan 等，2013）。

（黄生树　程　理　译）

第二章 CHAPTER 2

关注清洁生产：饲料品质和卫生

当今，各种生产活动都不断地在强调品质。欧盟和许多其他国家，优先考虑的政策是建立高标准的食品安全和质量体系。英国和欧盟于 2002 年分别成立了欧洲食品安全管理局（European Food Safety Authority，EFSA）和食品标准局，来管理食品的质量和安全。欧洲食品安全管理局是一个独立的机构，负责对食品和饲料问题进行科学的风险评估，并向公众传播其科学研究结果。“食品安全”一词的含义也包括动物饲料的安全在内，因为它是整个食物质量链中不可或缺的一个环节。

动物饲料的品质具有非常广泛的特性，涉及一些不同的方面。饲料必须具有良好的营养品质，以支持动物生长。饲料是大多数集约化动物生产系统中的主要费用，因此必须使动物达到预期的性能水平。

显然，饲料产品必须要使其所有营养指标符合法定要求。这在现代饲料配方技术中很少出现问题，而且饲料产品通常是大批量生产。一般来说，现代饲料厂应该能够在 1% 规定目标重量内添加饲料原料，并且变异范围小于 3%（Van Kempen 等，2001）。

饲料质量也会影响动物健康和福利，这在当今时代变得越来越重要。饲料质量还必须保证动物源食品安全且具有良好的营养价值。在沙门氏菌、牛海绵状脑病病毒（bovine spongiform encephalopathy，BSE）和二噁英引发的各种食品安全恐慌之后，来自动物的食品安全更变得至关重要。

饲料必须符合许多特定的要求，才能被普遍认为具有良好的品质，它们必须不受大量各种有害物质的严重污染（表 2-1）。这些物质的化学成分范围很广，来源也多种多样。它们包括：霉菌及其次生产物、霉菌毒素、细菌、植物种子及有毒化合物、重金属、二噁英、农药等。饲料中的脂肪必须是稳定的，没有被氧化。颗粒必须足以耐受运输颠簸和满足自动饲喂系统的要求。一些饲料还需要在一个较长的保质期内不会发生变质。相对于合成原料，人们越来越希望使用天然原料。

饲料品质和食品安全的一个重要关注点是空肠弯曲杆菌，它会导致动物源食品的安全问题。在美国，治疗与弯曲杆菌感染相关的急性疾病及感染后疾病每年花费约 17 亿美元（Johnson 等，2017）。在欧盟，2014 年报告了 240 379 例确诊病例。然而，这种细菌并不是一种以饲料为载体的微生物，因此单靠饲料质量本身并不能解决这个公共卫生问题。

考虑到所有这些需求及对饲料质量的潜在威胁，饲料生产需要达到更全面的高标准。然而，消费者的态度和立法压力继续要求更高的标准和更低的风险。

表 2-1 动物饲料中可能含有的一些有害物质

微生物和次生代谢产物	植物种子及有毒化合物	环境污染物
霉菌	种子	二噁英
曲霉菌	蓖麻油	氟
镰刀菌	猪屎豆变种	重金属
青霉菌	疏花黑麦草	砷
霉菌毒素	醉酒毒麦	镉
黄曲霉毒素	有毒化合物	铅
麦角毒素	生物碱	汞
伏马毒素	生物胺	农药
赭曲霉毒素	芥子油甙	阿尔德林
单端孢霉烯族化合物	棉酚	氧桥氯甲桥萘
玉米赤霉烯酮	异硫氰酸盐	滴滴涕
细菌	可可碱	安特灵
沙门氏菌	胰蛋白酶抑制物	七氯（Heptachlor）
梭菌		

食物对维持动物生命和提高生长至关重要。然而，饲料也是向动物传递毒素和致病性微生物的主要途径。饲料原料和配合饲料在营养及微生物污染方面符合高质量要求是极其重要的。饲料安全是食品安全的重要组成部分，这一理念现在已被欧盟和广大消费者广泛接受，并在未来将决定动物营养的许多方面。因此，饲料生产商、农民和食品加工商都对食品安全负有重大责任。对于动物生产和饲料生产来说，这意味着一系列严格的要求和生产条件。此外，越来越多的人反对在动物生产中使用抗生素和其他药品，这更增加了饲料质量和卫生的重要性。全方位营养认为，要在最小限度上依赖药物的情况下饲养动物，必须生产出高质量的动物饲料，必须对饲料原料和动物饲料的生产、贮存、运输给予应有的关注。对营养学家和饲料生产商来说，要满足如此众多的需求并非易事。

饲料品质的破坏

饲料原料和成品饲料是天然来源的，不可避免地会遭受各种破坏性的化学和生物作用（图 2-1）。主要的破坏性化学过程是氧化。许多不受人们控制的氧化反应，通常称为自氧化反应，发生在原料和成品饲料中。这导致重要分子（如维生素和类胡萝卜素）被破坏，并产生酸败和氧化应激，进而对动物采食量、健康和生产性能产生影响。

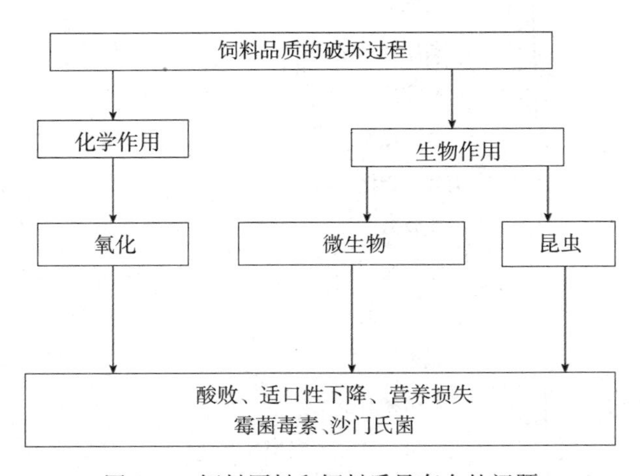

图 2-1　饲料原料和饲料质量存在的问题

饲料脂质成分的自氧化是降低饲料品质的主要原因，影响饲料的营养价值、口感、气味、色泽和质地。因此，在饲料原料贮存和动物饲料生产中，必须要避免自氧化。饲料自身氧化的问题和风险也有氧化应激的问题，这一点将在第七章中进行更全面的讨论。

饲料质量的主要问题是避免出现有毒成分，避免氧化酸败，避免被霉菌和细菌污染，避免被昆虫侵扰。昆虫和霉菌活动，可能导致干物质和营养价值的大量损失，可能进一步导致产生霉菌毒素的问题。甚至昆虫和霉菌会完全破坏掉饲料原料。

由于大多数饲料原料或成品饲料太干燥，不能支持细菌生长，因此细菌活性不会非常显著。然而，致病菌可以在饲料中存活，可成为疾病的感染源。在包括欧盟所有成员国在内的许多国家，沙门氏菌或梭菌等致病性微生物对饲料的污染受到了法律的管控。

饲料中的自氧化

自氧化及其控制是饲料原料生产、贮存中成品饲料中的重要内容。氧化应激及其控制对保护动物健康和提高动物生产性能也很重要（见第七章）。因此，我们必须从两个层面来考虑氧化：对饲料的直接影响上和对动物的生理影响上。

饲料中有许多脂质或脂肪成分与空气中的氧发生自发氧化反应后出现变质。这些成分包括脂肪、油脂、单/双甘酯和甾醇类。维生素 A、维生素 D、维生素 E 和维生素 K 是脂溶性的，对自身氧化也很敏感。类胡萝卜素、虾青素、斑蝥素、叶黄素和玉米黄质在家禽和鱼的色素沉积上很重要。胡萝卜素和类胡萝卜素是青贮饲料和干草中的重要脂溶性成分，可改善奶制品颜色。精油可作为色素添加到人的食品和动物饲料中。许多植物来源的材料现在被用来提取生产一些植物源物质。乳化剂（如各种卵磷脂和溶血磷脂）可用于许多食品生产中，也经常被用于肉鸡、猪和鱼的饲料及犊牛的代乳品中。

脂肪、油脂及其他脂类物质是动物饲料中重要且花费较高的成分。脂肪和油脂是所有饲料成分中单位重量最大能量贡献者。因此，应保证这些花费较高的饲料成分不要因自氧化而被破坏。

饲料中脂质成分发生自氧化作用后产生氧化酸败，是降低饲料质量的主要原因，影响营养价值、口感、香气、色泽和质地。这些反过来又会影响动物的生产性能，一些副产品氧化酸败后对健康有害。

自氧化过程相当复杂，但已有相当合理的解释，并可以描述为自由基链反应（Duthie，1993；Adams，1999）。在链式反应中有如下三个步骤：

（1）反应启动　　$RH \longrightarrow R\cdot$

这一步反应产生了自由基R·，并由于金属、光照和温度的原因而加速。

（2）反应扩增　　$R\cdot + O_2 \longrightarrow ROO\cdot$

$$ROO\cdot + RH \longrightarrow ROOH + R\cdot$$

这一步反应消耗氧气，自由基不断增加，过氧化物（ROO·）和氢过氧化物（ROOH）不断生成。

（3）反应终止

$$\left.\begin{array}{l} R\cdot + R\cdot \\ R\cdot + ROO\cdot \\ ROO\cdot + ROO\cdot \end{array}\right. \longrightarrow \text{稳定的终产物}$$

这些稳定的终产物主要是醛、酮和低分子质量脂肪酸的混合物，往往有令人难闻的气味和味道。

自氧化使人们能够开发抗氧化剂来控制氧化过程。事实上，开发抗氧化剂来控制自氧化反应是饲料、食品、塑料和橡胶行业的一项主要工作，所有这些行业都涉及易发生自氧化反应的产品。

各种专有的抗氧化产品可以添加在脂肪和油脂中用来避免或延缓饲料的自氧化作用及氧化酸败，同时还能使维生素更稳定。这些抗氧化剂既可以是合成的，如BHA（丁基羟基茴香醚）或BHT（丁基羟基甲苯）；也可以是天然的，如迷迭香提取物、多酚或生育酚。

摄食氧化饲料的危害

动物采食被氧化的饲料很可能使采食量降低，进而导致生长速度下降，同时也可能对自身健康构成威胁。与新鲜饲料相比，被氧化的饲料不但感官特性较差，如果脂肪和维生素被破坏，则其营养价值也可能降低。这两种因素都会导致摄食氧化饲料的动物出现生长和生产性能的下降。

与未被氧化的日粮相比，摄食被氧化的日粮后，大鼠的采食量和体增重明显更低（Lamghari等，1997）。这是给大鼠喂食一种以羽扇豆为基础的饲料后得到的结论。这种饲料被贮存15d后加热，其中的不饱和脂肪酸被氧化了。喂食加热氧化后的玉米油在大鼠身上也发现了同样的结果，大鼠对饲料的采食量及自身生长速度均降低（Nwanguma等，1999）。

饲料中添加被氧化的植物油对肉鸡的生长速度有显著影响（Engberg等，1996）。这种影响在24日龄时很明显，并可持续到38d（表2-2）。在38日龄时，喂食被氧化的植物油的肉鸡其平均重比喂食新鲜油的肉鸡低了109g或5%左右。饲喂氧化脂肪的肉鸡其脂肪、能量和α-生育酚的存留率均降低。表明，饲喂氧化脂肪对肉鸡代谢有多方面的影响。

表 2-2 饲喂被氧化的植物油对肉鸡体重的影响（g）

日龄	处理	
	新鲜油	氧化植物油
24	1 015	950
31	1 573	1 466
38	2 092	1 983

注：新鲜油的过氧化值0.5m/kg，氧化植物油的过氧化值为78mmol/kg。

日粮中的脂肪，特别是鱼油，是貂和其他毛皮动物日粮的重要成分。然而鱼油对氧化非常敏感，鱼油被氧化后会降低几种营养元素的消化率，包括总能和粗脂肪（Borsting等，1994）。动物的生产性能和健康也会受到日粮中氧化油的严重影响（Engberg和Borsting，1994）。饲喂氧化鱼油的动物其体重减轻，那些饲喂氧化鱼油含量最高的动物则非常瘦。另外，饲喂氧化鱼油还增加了肝脏和心脏的重量及与体重的比例。

16项已发表的关于猪方面的研究报告表明，与未过氧化油脂的日粮相比，饲喂含过氧化油脂的日粮后，猪的生长速度和采食量平均分别降低11.4%和8.8%（Shurson等，2015）。此外，当饲喂过氧化油脂时，血清中的维生素E含量普遍降低，血清TBARS（硫代巴比妥酸反应物）含量增加。表明饲喂过氧化油脂对猪在代谢水平上的氧化状态有负面影响。

对不同种动物进行的营养研究表明，饲喂氧化脂肪和油脂都会导致动物的采食量下降，并对动物产生不良的生理影响。因此，保护日粮脂肪和油脂免受自氧化作用对生产优质饲料非常重要，这可以通过正确使用各种抗氧化剂来实现。

抗氧化剂是一种有价值的营养活性物质，但必须正确使用。理想情况下，易受氧化破坏的饲料原料应在生产过程中尽早使用适当水平的抗氧化剂进行处理。抗氧化剂既不能改善已经氧化的饲料的味道，也不能逆转自氧化过程，只能预防而不能消除自身氧化，它们不能阻止由脂肪的化学水解而产生的游离脂肪酸的形成。

在全方位营养中，保护脂类原料免受自氧化过程的破坏，对保持饲料品质具有特别的重要性。

霉菌和昆虫生长

原料和饲料不可避免地受到各种霉菌的污染，并可能经常受到昆虫的滋扰。此外，霉菌和昆虫污染之间存在着复杂的关系。一般来说，被仓储霉菌严重感染的谷物样品往往伴随昆虫的严重滋扰。昆虫的存在也可能使贮存的谷物容易受到霉菌的迅速感染，或者通过破坏谷物使其更容易受到霉菌的攻击，或者作为霉菌的载体。

保护原料和饲料不受霉菌污染是困难的，因为许多饲料原料，如谷物和油籽都是季节性收获的，因此在使用之前必须从远离饲料生产的地点贮存和运输。它们通常会贮存几个月，也可能会几年。它们经常需要运输数千公里。原材料的和运输条件很重要，因为总是有受霉菌污染和昆虫滋扰的危险。

为了避免和控制霉菌及昆虫的污染，必须了解这些生物体生存和生长所必需的环境条件，然后制定对策，以确保贮存安全并保持动物饲料的营养价值。

氧气

大多数常见的霉菌和昆虫都是需氧生物，它们必须在有氧环境中生存。在饲料工业中，这通常不是一个问题，因为饲料在正常的大气条件下贮存，其中氧气总是存在于空气中。例如，有些饲料（如青贮饲料）是人为地在厌氧条件下贮存的，但当青贮窖打开时部分青贮饲料会发生好氧变质。一般情况下，不可能通过排出氧气来控制饲料原料或加工饲料中的霉菌生长。

温度

大部分霉菌和昆虫都能在10～40℃的温度范围内生长，最适宜的温度范围是25～35℃。有些嗜热霉菌的生长所需的最低温度在20℃及以上，最高生长温度可达60～62℃（Maheshwari 等，2000）。嗜热霉菌中的米黑根毛霉(Mucor miehei）最佳生长温度范围为35～45℃，最高生长温度为57℃；而嗜冷型霉菌可在0℃或以下生长，最佳生长温度在15℃左右，最高生长温度在20℃左右。雪霉菌（*Sclerotinia borealis* 和 *Microdochium nivale*）是嗜冷菌的典型例子。由于霉菌生长的温度范围非常宽，因此在动物饲料工业中，温度总是适合霉菌生长。此外，由于饲料生产需要贮存大量的原料，因此在实际生产中为了避免微生物和昆虫对饲料品质的破坏，不可能在低温下去贮存这些原料。

时间

霉菌和昆虫的生长需要时间，但在合适的条件下大量生长可能只需要几周甚至是几天的时间。虽然生产出的饲料通常不会贮存很长时间，但由于它们的含水量往往比饲料原料中的高，因此霉菌生长会很快发生。另外，干燥的原料在良好的条件下贮存可以保持良好的质量长达多月，甚至几年。

水分

对于原料和饲料的成功贮存，水分含量是最重要的因素。与细菌不同的是，霉菌可以在相当低的水分含量下生长，而且比大多数其他生物体更能承受水分胁迫。如果某一地区贮存的饲料水分含量高于 13%，则饲料很容易发生霉菌生长。当水分含量为 15% 或以上时，霉菌生长会产生热量，甚至热量温度可高达 65℃。

水分含量是影响霉菌活性和昆虫活动的重要因素。例如，水稻和玉米象鼻虫不能在水分含量低于 9% 的粮食中生长和繁殖。另外，面粉甲虫可以在极其干燥的面粉或谷物粉末中繁殖后代。

在幼虫发育和生长过程中，昆虫会产生代谢水和热量。这使得贮存原材料的环境更适合霉菌生长。水分、霉菌和昆虫的相互作用可迅速导致贮存的饲料原料变质。大量水分含量低至 11% 的谷物或饲料也可能产生发热现象（Cotton 和 Wilbur，1982）。这种比较干燥的材料发热很可能是由昆虫的新陈代谢引起的，可以导致温度升高到 42℃。

如果某一地区贮存的饲料原料水分含量超过 13%，则霉菌就会很容易生长，因此昆虫的活动通常对霉菌的生长非常有利。由昆虫生长引起的水分和温度的增加往往伴随着霉菌的快速生长。

在水分含量为 11%～15% 的饲料原料中，“热点”局部温度的小幅升高，会加速昆虫的新陈代谢，加快种群的增长速度，而昆虫新陈代谢所导致的温度提高和水分增加又创造了一个非常有利于霉菌生长的环境。

昆虫也可能是其肠道菌群中霉菌的携带者（表 2-3）。曲霉菌、青霉菌和枝孢菌是污染储粮和其他饲料原料的常见霉菌（Fleurat-Lessard，1989）。因此，虫害很可能有助于在大量谷物或加工的饲料中广泛传播霉菌。

表 2-3　污染昆虫肠道的霉菌种类

昆虫种类	霉菌种类
稻旁叶螨、象鼻虫	黄曲霉、亮白曲霉
谷盗类甲虫	黄曲霉、黑曲霉、赭曲霉、花斑曲霉、皱褶青霉、枝孢菌
面粉甲虫	黄曲霉、黑曲霉、赤曲霉、萨氏曲霉、灰绿曲霉、赭曲霉、岛青霉

由温度效应引起的水分迁移会刺激霉菌和昆虫生长，而昆虫的生长又将进一步刺激霉菌生长。霉菌生长会产生热量和水分，并随着贮存物料的温度和水分的增加来加速更多霉菌生长，并导致物料被霉菌和昆虫广泛污染。

在实践中，大批量的谷物或其他原料的水分含量是抽样检测的，通常假定这个平均值在整个谷物中是一致的。通常也假定平均水分含量会保持稳定，但这在实践中不太可能是真的。单个谷物的水分含量会有所不同，不同批次谷物的水分含量必然不同。事实上，大批量饲料谷物的水分含量是不同批次水分含量测值的组合值，水分本身就是一个内在不稳定的系统。

认识到谷物中有多少水可以发生变动也很重要。例如，一个 500t 含有 13%的水分的超大批量谷物，其中就有 65t 或 65 000L 可以发生变动的水。这些水分会在不同温度梯度的影响下发生变动，而这种情况通常发生在大批量的谷物中。

Thorpe 等（1991）对谷物中的水分分布进行了一个有趣的展示。他们把水分含量为 13.44%的小麦放在两个铝板之间，顶板温度保持 35℃，底板温度保持 25℃。1 个月后小麦中的水分含量为 11.8%～15.4%。7 个月后水分含量为 11.2%～6.8%，差异为 5.6%。这些设计简单的试验表明，谷物中的含水量即使在贮存期开始时是均匀的，但在几周内也会迅速发生变化。由于谷物经常贮存数月，有时甚至数年，因此会有极大机会发生水分迁移，从而促进霉菌和昆虫生长，并导致谷物质量的严重恶化。

对于饲料原料的安全贮存来说，大批量谷物中最高水分含量值是最重要的，而不是平均水分含量值。最高的水分含量值将决定谷物在贮存中变质的速度。由于温度发生了变化，因此这些水分也很容易从谷物中释放出来，在贮存或运输过程中，水分不可避免地不断从谷物的一个区域向另一个区域移动。此外，相对较少的水分含量或温度变化可以迅速影响霉菌或昆虫生长。

昆虫和霉菌利用贮存的原料作为自身生长的食物来源，会降低贮存谷物的营养价值。昆虫和霉菌的存在会给饲料原料带来难闻的气味和味道，从而降低这些原料的适口性或采食性。被昆虫大量侵染或被霉菌严重污染的原料容易结块，在筒仓中可能会出现起拱（bridging）现象，通常使自动化运输物料发生困难。

水活度和饲料水分

长期以来成品饲料中的水分含量一直是一个重要的质量参数，并且许多国家都会通过立法来限制饲料中的水分含量。在现代动物营养中，从多个角度考虑饲料的水分含量也越来越重要。饲料中的水分影响微生物活性、虫害、适口性、采食量、颜色、质地和机械性能。这些反过来又影响饲料的营养和消化率、颗粒质量、饲料的保质期和经济效益。

饲料原料和成品饲料的水分含量传统上以重量百分比表示。实际上，饲料中的水分含量是指通常在105℃的烤箱中加热饲料样本所能排出的水分。但水分总量并不是饲料保存的控制性因素，真正的参数是其中可用于支持微生物生长的实际水分含量。如果没有水，微生物就无法生长。这在糖蜜中很常见，尽管糖蜜中含有很高的水分，但微生物不会在其中生长，除非用额外的水稀释糖蜜。

为了有效控制饲料中的水分，必须同时考虑饲料中水分的数量和品质特性。饲料中的水分总量是一个数量多少的测量指标，但它并不能提供关于饲料中水分的品质特性及其是否具备作为营养物质或支持微生物（特别是霉菌）生长的化学活性等大量信息。为了更全面地了解水和微生物的相互作用，就必须同时考虑总水分含量和水活度（a_w）两个指标。

水活度（a_w）可定义为饲料（P_{feed}）中水分的蒸汽压与纯水（P_0）蒸汽压的比值：

水活度（a_w）$= P_{feed}/P_0$

纯水的活度值为1.00，水活度值范围为0～1.00。在诸如饲料等复杂混合物中的渗透压和其他引力通常使a_w值低于1.00。水活度也与密封容器中样品上方空气的相对湿度有关。

水活度（a_w）= 相对湿度（%）/ 100

这意味着如果一个饲料样品被密封在一个密闭的容器中，则饲料上方顶部空间的空气湿度将上升到一个稳定的或平衡的值，此值可能会是67%，也就意味着饲料的a_w值为0.67。从本质上讲，a_w是一种衡量水分在饲料中被束缚程度的指标，这种被束缚的水分是不能用于进一步的化学或微生物活动。

微生物需要有可用的水分来生长和代谢，而这种可用的水分最好由a_w来测量。微生物对 a_w的反应各不相同，通常酵母和霉菌生长要求的 a_w比细菌的更低。大多数细菌的生长需要高于 0.85 的 a_w值，但一些霉菌和酵母也能在 0.60 的低 a_w值下生长。当 a_w值低于 0.55 时，DNA 结构被破坏，活细胞无法生存（Enigl 和 Sorrells，1997）。

a_w长期以来一直被用于食品和制药工业，以指示产品中可用的水分数量，并开发控制腐败微生物生长的方法和产品。改变食物中的水活度通常通过添加各种水溶性物质，如葡萄糖、蔗糖、糖浆或盐来实现的。如表 2-4 所示，这些都可以降低水活度，是人类食品宝贵的保存剂。

表 2-4　不同溶质对水活度的影响

水活度	溶质浓度（w/w%）			
	氯化钠	葡萄糖	蔗糖	葡萄糖浆
1.000	0	0	0	0
0.990	1.74	8.90	15.45	3.15
0.900	14.18	48.54	58.45	31.49
0.860	18.18	58.45	65.63	44.08
0.753	26.50	—	—	—

动物饲料通常不用表 2-4 中的溶质保存，因此水活度较少用于动物饲料的质量控制上。然而，a_w在饲料水分控制方面是有价值的，因为它可以确保饲料生产到最大的水分含量而没有因出现微生物而变质的风险。这在经济上具有相当重要的意义。因为在原材料贮存和饲料制造过程中，水分损失会导致产量显著降低，有时会高达 3%。这种生产损失要么必须作为额外的经营费用由生产者来承担，要么必须通过有效控制成品饲料中的水分含量来避免。

霉菌生长和饲料变质

饲料原料和饲料的贮存是畜牧业的重要组成部分。牧草以干草和青贮饲料的形式贮存。各种谷物，如玉米、小麦、大豆等，以及它们的粕类都需要贮存，而且往往要贮存很长时间。成品饲料也需要贮存，尽管贮存时间比饲料原料要短。

重要的是要认识到，饲料原料和饲料质量不会在贮存期间有所改善。相反，更有可能变质。因此，确保饲料原料在入库时具有良好的品质十分重要。

确保良好的贮存条件至关重要，以尽量减少饲料品质的恶化，否则将降低饲料的营养价值。

霉菌生长和虫害是饲料在贮存过程中发生变质的两个主要因素。在贮存过程中，酶的作用和氧化酸败的出现也会使饲料质量发生不良的化学变化。

霉菌生长和随之而来的饲料污染共同对世界粮食生产及动物和人类健康构成了重大威胁。对于贮存的饲料原料和加工后的饲料来说，霉菌生长和腐败一直是而且至今仍然是宝贵的原材料和加工饲料的重大经济损失。饲料霉菌污染导致动物营养不良，并引起动物疾病。在饲料和食品安全问题频频见诸报端的今天，这是一个备受关注的问题。

从定义上讲，动物饲料和人类食品是支持动物及人类发展和生长的可用营养元素来源。不幸的是，霉菌与人类和动物的营养需求非常相似。霉菌从各种碳水化合物和脂肪的氧化中获得能量，同时保证氨基酸、维生素和矿物质的供应。因此，毫不奇怪，霉菌会高度接受饲料原料和饲料成品作为其生长基质。相对简单的微生物（如霉菌）与人类等高等动物的营养需求非常相似，因此直接与人类及其动物争夺食物，这也证实了地球上生命的基本统一性。

理解高等动物和霉菌在营养需求上具有相似性这一点在动物营养学上是非常重要的。不可避免地，饲料原料将永远是霉菌生长的理想基质。

饲料原料受霉菌污染后主要出现以下三个问题：

（1）霉菌利用饲料原料中的营养物质生长，导致饲料变质。这既降低了饲料中可供动物利用的营养价值，也会使饲料无法销售和食用。

（2）霉菌可能是致病性的，如曲霉菌或酵母白色念珠菌。

（3）几种霉菌可产生有毒的代谢产物，如霉菌毒素。

因此，动物饲料和人类食品工业的一个主要问题是设法控制这些霉菌，并将它们造成的危害降到最低。这里的关键词是“控制”，因为我们永远无法从环境中消灭霉菌。良好的贮存条件对保持饲料的营养价值和避免由霉菌引起的各种健康问题至关重要。

霉菌生长导致动物体重损失，温度和水分增加，使饲料变色。它会使饲料不新鲜，失去原有的味道，降低饲料的适口性和能量；同时，也降低了动物所能获得的维生素 A、维生素 D_3、维生素 E、维生素 K 和硫胺素的量。

当霉菌在饲料原料上生长时，它们通常首先利用脂肪含量作为能量来源（表 2-5）（Richardson，1998）。例如，脂肪含量的降低使得霉变玉米的代谢能显著降低。

表 2-5 正常和霉变玉米的营养价值

玉米类型	ME		蛋白质（%）	脂肪（%）	淀粉（%）	纤维物质（%）
	MJ/kg	kcal/kg				
正常	14.27	3410	8.9	4.0	57.6	3.1
霉变	13.61	3252	8.3	1.5	58.1	3.4

由于可产生各种霉菌毒素，因此饲喂发霉的谷物通常会导致动物生产力低下，这在蛋鸡中得到了说明（表 2-6）（Garaleviciene 等，2001）。试验结束后，采食发霉大麦的母鸡体重比未采食发霉大麦的对照组低 3%～4%，采食量分别减少 10%和 34%，产蛋量降低及干物质和粗蛋白质的消化率降低。发霉的大麦中含有麦角固醇、赭曲霉毒素 A、玉米赤霉烯酮和雪腐镰刀菌烯醇，这很好地证明了在自然界中发现的霉菌毒素污染可能是多种霉菌毒素复合的形式。

表 2-6 发霉大麦对蛋鸡生产性能的影响

生产性能指标	饲料		
	未发霉大麦	发霉大麦（1997）	发霉大麦（1998）
初始体重（32 周）	1 676	1 673	1 678
终末体重（39 周）	1 688	1 619	1 606
采食量（g/d）	142.2	127.5	94.4
FCR（g/g）	2.82	2.86	3.33
产蛋量（g/d）	50.5	44.5	28.0

由霉菌生长导致的疾病

当在动物体表或体内生长时，霉菌可直接导致畜禽患真菌病。两个重要的真菌病是牛的霉菌性流产和过敏症。

牛的霉菌性流产

霉菌性流产是世界范围内奶牛的一个重要繁殖问题。许多国家都报告了这种疾病，包括澳大利亚、印度、新西兰和美国（Pal，2015）。它是由许多不同的霉菌引起的，这些霉菌广泛分布在环境中。在这些霉菌中，大多数情况下烟曲霉与流产病例有关。

如果饲料或垫草被霉菌严重污染，牛将不可避免地摄入霉菌，霉菌感染肠道后通过血液传播到胎盘。霉菌性流产是由生长在胎膜中的霉菌感染引起的，是导致牛流产的一个常见原因，通常是散发性的，只影响到一小部分牛，但流产率可以上升到30%。流产一般发生在母牛妊娠6～8个月，犊牛年龄往往很小，奶牛没有临床症状，随后的生育能力也没有受到影响。临床诊断通常表明，在受影响的胎盘或胎儿胃的液体中发现了霉菌。为了防止霉菌性流产，重要的是避免给畜禽提供发霉的饲料和垫草。

过敏症

发霉严重的饲料中含有大量的真菌孢子。当牛吸入这些孢子时可能会发生呼吸过敏，从而阻止氧气进入血液循环。当受感染的奶牛喘不过气来时，发育中的胎儿可能会因为缺氧而死亡。流产通常会在妊娠的几天后发生。诊断依据奶牛的体征和流产前的呼吸窘迫史。

饲料中的真菌孢子也能引起人类的过敏反应，称为“农民肺（farmer's lung）”疾病。曲霉菌特别容易引起这种疾病。霉菌孢子在空气中积聚并进入下肺（lower lung），孢子产生的毒素会随着氧气进入血液。这会导致过敏反应，并引起永久性的肺组织瘢痕，随后影响肺向血液输送氧气的能力。农民肺病破坏了肺的正常功能。

霉菌毒素

包括霉菌在内的所有生物体在生长过程中都会产生大量不同的分子，这些分子被称为代谢产物。在霉菌中，代谢物可简单地分为初生代谢物和次生代谢物。初生代谢物对生物体的生命至关重要，包括糖、氨基酸和脂类化合物；次生代谢物并非是生物体生命和生长所必需的物质，包括霉菌毒素。微生物的生长和次生代谢产物的产生之间没有直接的联系。然而，这些次生代谢物，如霉菌毒素往往对其他生物体产生不利影响。

由于产生霉菌毒素的霉菌生长在制备动物饲料和人类食品的主要原料上，因此动物和人类都会受到霉菌的影响。因此，一定要把霉菌毒素当作是饲料和食品持续不断的和常见的污染物。饲料和人类食品中出现霉菌毒素是一个世界性的动物健康和公共卫生问题。高度警惕和谨慎管理对于确保真菌毒素水平保持在可接受的低水平至关重要。

霉菌毒素会对动物健康和生产造成一系列不同的负面影响，它取决于动物所摄入的霉菌毒素的数量。

(1) 急性原发性霉菌毒素中毒病　发生于摄入高水平的霉菌毒素的动物，患病动物表现出特定的疾病和死亡率增加的明显迹象。

(2) 慢性原发性霉菌毒素中毒病　发生于摄入中等或低水平的霉菌毒素，动物的生长和生产性能下降，但没有明显的疾病或死亡率增加的迹象。

(3) 继发性霉菌毒素中毒病　当摄入少量霉菌毒素时发生，特别是不同霉菌毒素的混合物。动物由于免疫系统受到抑制而易于感染和患病。

霉菌产生霉菌毒素的过程很复杂，很难预测将产生何种毒素，何时产生，以及以何种浓度产生。不幸的是，在农作物收获之前、贮存过程中或在加工中都不可完全避免霉菌毒素的产生。

谷物在田间生长时，最初会受到所谓的“田间霉菌”的污染，如链格孢菌、枝孢菌、镰孢菌和青霉菌。除青霉菌外，田间霉菌对相对湿度和含水量的要求较高，在贮存条件下无竞争力，并受到各种“贮藏霉菌”，如曲霉菌、红曲霉、毛霉菌、青霉菌和壁霉菌的控制。这些霉菌种类总共产生数百种有毒代谢物。饲料原料中的主要霉菌污染物见表2-7。

表2-7　饲料原料中发现的主要霉菌毒素及其相关产毒的霉菌种类

霉菌毒素	霉菌种类
黄曲霉毒素	曲霉菌
烟曲霉毒素	串珠镰刀菌
赭曲霉毒素	曲霉菌和青霉菌
单端孢霉烯族化合物	几种霉菌
玉米赤霉烯酮	镰刀菌

霉菌毒素可能不一定每次只有一种出现在饲料中，饲料被霉菌污染后更有可能导致几种霉菌毒素的产生。对用作动物饲料的玉米制品的详细研究表明，许多样品是多种毒素的混合物，包括单端孢霉烯族毒素、烟曲霉毒素和串珠镰刀菌素（Scudamore等，1998）。很可能是饲料中几种不同的低含量霉菌毒素共同存在，导致动物出现健康和生产性能问题。在测试性试验中，黄曲霉毒素和串珠镰刀菌素的联合使用在21d内非常严重地降低了雏鸡的体重（表2-8）（Kubena等，1997）。

表 2-8 为期 21d 的试验中含串珠镰刀菌素和黄曲霉毒素的饲料对肉鸡生产性能的影响

处理		生产性能	
黄曲霉毒素（mg/kg）	串珠镰刀菌素（mg/kg）	增重（g）	饲料转化率
0	0	736[a]	1.60[b]
3.5	0	638[b]	1.65[b]
0	100	515[c]	2.10[a]
3.5	100	490[c]	1.91[a]

注：[a,b]$P<0.05$。

许多霉菌毒素的潜在影响是，它们会导致动物的免疫抑制（Li 等，2000；Weidong，1991）。黄曲霉毒素对家禽、猪和大鼠的免疫抑制作用早已得到证据（Bondy 和 Pestka，2000）。这将使它们更容易受到各种传染性微生物的感染。当赭曲霉毒素 A 与沙门氏菌一起接种肉用仔鸡时，这一现象在家禽中得到了很好的证明（Elissalde 等，1994）。与只感染沙门氏菌的雏鸡比较，既感染了沙门氏菌又在饲料中添加了赭曲霉毒素后鸡在 21 日龄的死亡率几乎增加了 3 倍（表 2-9）。此日龄鸡通常对沙门氏菌不是特别敏感，但霉菌毒素的存在很可能抑制了肉鸡的免疫系统，从而使其变得对病原菌更为敏感。

表 2-9 为期 21d 的试验中赭曲霉毒素 A 和伤寒沙门氏菌对肉鸡生产性能的影响

处理		生产性能	
赭曲霉毒素 A（3mg/kg）	沙门氏菌（1 亿 CFU）	增重（g）	死亡率（%）
不添加	不添加	640	0
添加	不添加	395	0
不添加	添加	545	4.5
添加	添加	325	13.2

霉菌毒素通常是相当稳定的分子，可以在原材料和人类食品中存在相当长的时间。在饲料原料中，霉菌毒素可能会在产生它们的霉菌死亡很久后被发现。这对人类和动物的健康有若干严重的后果。当动物采食饲料时，其中的霉菌毒素（如黄曲霉毒素）就会从胃肠道被吸收，并通过血液分布到全身。对鸡体内黄曲霉毒素分布的研究表明，6.2%的黄曲霉毒素残留在胸肉和腿肉中（Mabee 和 Chipley，1973）。如表 2-10 所示（Egon Josefsson 和 Moller，

1980；El-Banna 和 Scott，1984），霉菌毒素通常对正常的饲料加工和烹饪过程具有耐受性，因为它们对热相当稳定。显然，为了生产安全的食品，必须将霉菌毒素污染降到最低。

表 2-10　食品经热处理后赭曲霉毒素 A 的残留量

食品	烹调温度（℃）	烹调时间（min）	赭曲霉毒素 A 的残留量（%）
蚕豆	115	120	80.8
小麦	100	30	94.1
猪肾	160	5	76.0
猪脂肪	150	12	100.0

霉菌毒素污染的预防

霉菌只有首先污染原料或成品饲料时才会产生霉菌毒素。显然第一道防线就是要将霉菌污染和生长降至最低水平。正确使用基于有机酸的防霉剂可以防止霉菌的过度污染，甚至降低现有的霉菌水平，这对于需要贮存一段时间的原材料来说非常重要。最有效的防霉剂产品需要以酸为基础，如丙酸和山梨酸。令人好奇的是，甲酸不像丙酸那样对霉菌生长具有抑制作用，并且可能允许在贮存的材料中产生黄曲霉毒素。用丙酸和甲酸处理寄生曲霉菌接种后的大麦试验证明了这一点。甲酸处理会促进黄曲霉毒素的生长并高于对照组，而经丙酸处理后则完全抑制了霉菌毒素的产生（Holmberg 等，1989）。

由于甲酸对霉菌的抑制效果相对较差，因此导致欧盟的一项立法做出了改变，禁止将甲酸或含有超过 50% 甲酸的酸混合物用作谷物防腐剂。

霉菌毒素的清除

临近收割季节，在某些环境条件可能导致谷物不可避免地受到霉菌毒素的污染。因此，已经有相当多的工作致力于研究可能的霉菌毒素脱毒策略。霉菌毒素的共性，如含量小（通常<1 g/t）、复杂的化学多样性和强大的稳定性都是制定脱毒程序的巨大障碍。任何一种脱毒程序都不太可能对所有可能污染原材料的霉菌毒素都有效。脱毒处理的成本也较低，并且能够处理大量的原料，同时不改变饲料原料应有的营养特性。

各种物理方法，如磨碎和加热在霉菌毒素的消除上还没有得到很大的实际应用。动物饲料生产中使用的烹煮或其他热处理措施并不足以消灭所有霉菌毒素，正如表 2-10 所示，它们具有相当的热稳定性，即使是在食品烹调过程中使用高温也只破坏了少量赭曲霉毒素 A。动物饲料加工的温度通常要低得多，因此饲料加工过程不太可能对污染原料的霉菌毒素含量产生多大影响。

已经测试过许多化学物质对含有霉菌毒素原料的脱毒能力，如亚硫酸氢钠、二甲基亚砜、氢氧化钙/甲胺、次氯酸钠、过氧化氢、甲醇、碳酸氢铵、二氧化硫、甲醛、氯气和无水氨。

单端孢霉烯族毒素类是水溶性的，可以通过浸泡和洗涤被污染的谷物来去除。亚硫酸氢钠溶液也已成功地用于处理被脱氧雪腐镰刀菌烯醇污染的谷物。用甲醛溶液处理污染的谷物，可以降低玉米赤霉烯酮的含量。

最广泛使用的化学过程是氨化过程。在法国、塞内加尔、印度和英国的专门设计的工厂中，氨化是一种工业规模的操作。这是减少原料被黄曲霉毒素污染的一个非常有效的过程（Nyandieka 等，2009）。经过处理的原料被通常会保留一种浓烈的氨的气味，这是人们不喜欢的气味。然而，将这种处理过的原料加入动物饲料中却是很成功的。

降低霉菌毒素对动物的危害

理想的情况是避免给动物喂食霉菌毒素，但这并不容易得到控制。霉菌容易在饲料原料和饲料中生长，霉菌污染在环境中非常普遍。饲料中霉菌毒素含量极低，难以通过化学分析检测。因此，在全方位营养中，尽可能通过营养手段减少霉菌毒素对动物的影响。

胃肠道中的微生物是动物重要的排毒系统。这可能是反刍动物比单胃动物对霉菌毒素更有抵抗力的原因，因为毒素可能被瘤胃微生物代谢掉。开发一种足以促进能够降解胃肠道霉菌毒素的与微生物活动有关的营养方案，可能是一个有益的研究课题，这是降低霉菌毒素对动物危害的第一种策略。

第二种策略是将吸附剂掺加到饲料中去，吸附剂能吸附霉菌毒素并保持在胃肠道中。这将阻止它们进入动物体内，避免动物受到霉菌毒素的侵害。近年来，这一策略一直是大量研究的主题。活性炭、沸石、膨润土、植物油精炼废漂白黏土、水合铝硅酸钙盐（Di Gregorio，2014）等多种吸附材料被广泛应用。这里的主要问题是霉菌毒素在化学上非常多样化，因此没有一种单一的毒素吸附化合物对所有霉菌毒素都有效。

从胃肠道吸收的霉菌毒素通常在肝脏中被代谢，研究表明饲料成分可能有助于减轻动物体内霉菌毒素的作用。补充蛋白质或半胱氨酸有助于黄曲霉毒素的生化解毒，并减轻黄曲霉毒素对动物的一些不良影响。这可能是由于肝脏中的谷胱甘肽（glutathione，GSH）具有解毒作用。谷胱甘肽是一种含有半胱氨酸的三肽，它在肝脏中与黄曲霉毒素结合后可降低黄曲霉毒素的毒性，然后通过胆汁尿液、将其排泄。

抗坏血酸对蛋鸡抗赭曲霉毒素 A 的毒性具有相当大的保护作用。虽然其作用机制尚不清楚，但可能与抗坏血酸降低脂质过氧化物生成的能力有关。促进组织中脂质过氧化反应是赭曲霉毒素 A 产生毒性作用的途径之一。饲料中良好的抗氧化剂保护水平不仅能防止营养物质不被氧化破坏，而且还可能在帮助克服霉菌毒素问题方面具有额外的益处。

N-乙酰半胱氨酸是半胱氨酸的乙酰化衍生物，可预防黄曲霉毒素对肉鸡增重的影响，减轻肉鸡组织损伤的严重程度（Valdivia 等，2001）。这是一个相当有趣的发现，因为 N-乙酰半胱氨酸已在几个国家被广泛用于人类处方，因此其安全性和药理特性已得到很好确立。它是巯基一个很好的来源，能够刺激谷胱甘肽的合成，也可能参与降低霉菌毒素的影响。N-乙酰半胱氨酸可能是控制肉鸡黄曲霉中毒的一种非常有用的化合物。

细菌污染

许多细菌是人类食物中的重要病原体，必须严格控制。必须常年采取行动，以避免如弯曲杆菌、梭状芽孢杆菌、大肠杆菌、沙门氏菌和耶尔森氏菌等对人类食品造成的污染。这些微生物可能会出现在动物源食品中，如肉类、牛奶和鸡蛋。全方位营养的一个主要目标是生产安全的人类食品，因此动物生产必须致力于避免在最终产品中发现致病菌。

饲料通常过于干燥，无法支持细菌生长，因此不太可能成为食品病原菌的主要来源。如上所述，弯曲杆菌是一种重要的人类病原体，经常污染新鲜鸡肉，但对干燥条件非常敏感，不认为会通过饲料传播给肉鸡。然而，一些细菌种类，如梭状芽孢杆菌和沙门氏菌能够在干燥的条件下存活，饲料就有可能是这些微生物的潜在载体，且饲料已被认为是动物和人类沙门氏菌病的载体之一。因此，沙门氏菌已被确定为饲料微生物污染的主要致病菌（EFSA，2008）。与饲料相关的其他致病菌包括大肠杆菌 O157 和李斯特氏菌，但这些细菌被认为远没有沙门氏菌重要。

为了减少污染，许多饲料厂和原料生产厂家制定了常规监测方案及相关的饲料卫生方案，可能包括实施生产质量安全规范（good manufacturing practice，GMP）标准或更严格的危害分析和关键控制点（hazard analysis and critical Control point，HACCP）系统。

必须不断努力减少动物环境中沙门氏菌的总负载量，减少饲料和饲料成分作为沙门氏菌来源的潜在可能性，仍然是一项必要的技术措施。沙门氏菌可通过鸟类、啮齿类动物、其他动物等在环境中循环传播。

然而，由于需要对污染分布不均的原材料进行大样本采样，因此监测各种日粮内的沙门氏菌花费很多。这对于谷物原料来说尤其如此，因为它们在所有日粮中占很大一部分。在料仓比较靠近受感染的牛场和猪场时，含有鼠伤寒沙门氏菌 DT104 的啮齿类动物、野鸟和猫的粪便污染谷物的情况经常发生。然而，对原材料和饲料的调查并没有提供出完整的情况，也没有能提供关于污染来源的信息。

因此，评估饲料生产过程的污染是一个更有价值的控制方案（Davies 和 Wray，1997）。整个过程中不同阶段的微生物状况应使用棉签和样品进行排查，由微生物实验室进行检测。评估的关键点是：

——原料取料口

——原料筒仓

——气动输送系统

——升运器底滑脚

——锤式粉碎机

——混合机

——旋风分离器

——制粒机

——从制粒机出口转移到冷却机进口

——冷却机

——成品料仓

——装袋区

将从关键点采集样本放在无菌塑料瓶或塑料袋中。粉尘样本应在取料口周围、旋风分离器和贮存筒仓采集。综合材料样本应从冷却器内部，特别是冷却器盖子下面采集，如有动物粪便亦可收集。

这种方案的价值在于它能确定饲料生产系统中污染源可能存在的位置，取料口和冷却机周围的区域很可能是沙门氏菌的栖息地。一旦确定了这些地点，就可以采取严格的卫生措施来控制这些污染源。

原料和饲料中的沙门氏菌控制

动物生产中的沙门氏菌控制应从饲料原料和饲料入手。这里的主要问题很可能是饲料生产后发生的污染。因为许多加工过程，如从油籽中提取植物油时，蛋白质原料加热和高温制粒可能会消灭任何最初存在的沙门氏菌。由啮齿类动物、鸟类或环境所造成的原料和饲料生产后的污染很可能是局部分布的，而不是均匀地分散在大部分材料中。

沙门氏菌是一种富有活力的微生物，可以在饲料原料和饲料加工过程中存活。由于沙门氏菌具有在干燥物料中存活的能力及污染的多样性，因此控制原料和饲料中的沙门氏菌污染变得更加困难。这意味着一旦饲料或环境被沙门氏菌污染，则这种污染就有可能持续很长时间。例如，肠炎沙门氏菌和其他血清型的沙门氏菌可在家禽饲料中至少存活 10 个月（Davies 和 Wray，1996）。商业肉鸡场和蛋鸡场也存在肠炎沙门氏菌长期污染的问题。在一个肉鸡场，肉鸡出栏 20 周后仍能从该鸡舍外的旧风扇灰尘样本中发现肠炎沙门氏菌。在一个蛋鸡场，清栏 26 周后采集的环境样本中有 36.7%分离出了肠炎沙门氏菌。

当沙门氏菌脱水后，即使是在相对较短的时间其对热的抵抗力也会明显增强。表 2-11 清楚地说明了这一点，在 100℃的高温下仍有 43% 的脱水沙门氏菌细胞存活了 60min（Kirby 和 Davies，1990）。这些结果表明，沙门氏菌有可能会在原料生产的干燥过程和干燥物料的长期贮存过程中存活下来。

表 2-11　鼠伤寒沙门菌脱水细胞经不同温度加热后的存活率（%）

温度（℃）	时间（min）				
	0	15	30	45	60
60	100	191	120	87	126
80	100	138	112	98	81
100	100	58	49	55	43

译者注：表中数值>100%表示此期间微生物的繁殖数量。

因此，在相对干燥的材料（如饲料）中，较低的制粒温度常常不足以持续杀死沙门氏菌。在 80～82℃的温度下制粒对减少沙门氏菌污染是有用的。然而，将家禽饲料加热到 71℃ 80s 并不能杀死所有沙门氏菌（Matlho 等，

1997)。没有多少原材料是要通过常规性颗粒化或热处理的，但为了有效控制沙门氏菌，需要始终保持在80℃以上。在80～85℃加热1min，在大多数情况下可以消灭沙门氏菌（Jones和Richardson，2004)。

在适当的温度下进行热处理显然会消灭沙门氏菌，但这并不总是可行的。在一般情况下，蛋鸡饲料是不制粒的，全麦可以不经任何热处理而加入肉鸡饲料中。在这些情况下，沙门氏菌的控制必须通过化学处理来进行。在非常敏感的情况下，如种禽饲料可以同时使用加热和化学处理。

用于控制饲料细菌污染的产品必须保证使用时无毒，并且在采食前于饲料中不降解。以甲酸、乙酸、乳酸、丙酸和山梨酸等短链脂肪酸为基础的专利产品符合这些标准，并得到了广泛应用。在美国，肉鸡饲料可以用甲醛处理以控制沙门氏菌。然而自2018年初以来，欧盟已经禁止在家禽饲料中使用甲醛。

除甲酸外，这些有机酸都是用于抑制霉菌的成分。然而，一个重要的区别是，用于沙门氏菌控制的剂量远远高于用于霉菌控制的剂量。低水平的霉菌总会在饲料中存在，只要它们不产生霉菌毒素就不会被认为特别有危险。霉菌抑制方案的目标是防止霉菌进一步生长，这可以通过使用0.5～2.0 kg/t相对低剂量的防霉剂产品来实现。对沙门氏菌的控制是非常不同的，因为根本不能出现沙门氏菌，目标是从被处理的材料中去掉所有的沙门氏菌。这需要相当高的产品剂量，通常为2～10kg/t，但视被处理的材料而定。

专利的抑菌剂可作为液剂和粉剂。两者均可用于处理饲料，但液剂产品一般用于原料处理。抑菌剂中通常含有甲酸，其沸点为100℃，因此比丙酸更易挥发。

对原材料进行化学处理以防止沙门氏菌污染并不是一件简单的事情，因为会有大量灰尘形成。原材料被粉碎后，通过机械搬运系统进行运输、称重和分送，这些过程不可避免地会产生灰尘。另外，水在窗户或墙壁内部凝结，与灰尘混合后沙门氏菌得以生长。由于沙门氏菌在非常广泛的温度范围内（10～44℃）生长，因此在所有灰尘与冷凝水混合的地方都可能繁殖。

虽然原料和饲料的化学处理可以显著降低沙门氏菌污染，但这可能不是完美的解决方案。在专业的和控制良好的饲料厂，生产生物安全饲料的概念也是对抗致病性微生物的重要组成部分。生物安全饲料厂会在非常高的清洁和卫生标准下运行。他们将有一个洁净区和一个非洁净区，二者之间有一个良好的隔离。在该系统中，所生产的饲料可以不受微生物污染，并保持不受后续污染。

对饲料中沙门氏菌的实际控制措施的全面审查，清楚地说明了一个有效的沙门氏菌控制计划的复杂性（Jones，2011）。单靠热处理（通常是制粒）不足以消灭沙门氏菌。然而，选择使用液体和粉状沙门氏菌抑制剂，就有可能确保原材料、饲料生产设施、饲料、运输车辆和料仓不受沙门氏菌的影响。显然，必须在良好的管理、良好的饲料厂卫生和实施有效监测系统的框架内制定这些方案。注意其他可能引入或传播沙门氏菌的环境因素，如有效控制啮齿类动物和野鸟是非常重要的。粉尘控制也发挥着重要作用，因为沙门氏菌有可能存活下来并通过粉尘颗粒传播。

车辆和料仓的沙门氏菌控制

使用优质的原料和合适的饲料生产方式对避免沙门氏菌污染饲料极为重要。然而必须确保运输车辆和农场的料仓中也没有沙门氏菌。运输车辆和料仓的日常清洁和消毒最好使用粉状沙门氏菌抑制剂。使用干粉而不是液体沙门氏菌抑制剂的优点是不会使表面潮湿，而弄湿表面总是会有被沙门氏菌污染的风险。干燥产品的应用在技术上很容易做到，使用喷粉器可以在卡车或料仓内产生干雾。由于喷雾是用安全可食用的沙门氏菌抑制剂进行的，因此使用的产品可以留在汽车或料仓中，并提供持续的保护。

使用液体和粉状沙门氏菌抑制剂，有可能确保原材料、饲料生产设施、家禽饲料、运输车辆和料仓不受沙门氏菌污染。这些方案显然必须在良好管理和关注可能引进或传播沙门氏菌的其他环境因素的框架内制定，以有效控制啮齿类动物和野鸟。

未来研究方向

需要改进监测饲料中霉菌、霉菌毒素和致病菌的方法。现在这方面已经有了相当大的进展，因为有许多ELISA（酶联免疫吸附试验）试剂盒可用于检测饲料及动物组织中的霉菌毒素和沙门氏菌抗体。

可能会更加强调水活度（a_w）作为饲料保存的一个重要参数，这样可以在最低限度使用有机酸抑制剂产品的情况下，使饲料获得较长的保质期。

迫切需要更好的方法来去除或中和饲料原料中的霉菌毒素，仅仅销毁受污染的饲料原料并不总是可能的。然而，考虑到霉菌毒素分子结构的多样性及其少量存在（通常<1g/t），很难通过化学处理来实现。

另一种可能性是开发生物脱毒方法，很多种细菌、酵母菌和霉菌都能降解黄曲霉毒素，一些生物脱毒方法现已投入商业运作。

开发能够促进胃肠道微生物菌群降解霉菌毒素的饲喂方案可能是非常有价值的，这在反刍动物中得到了应用，但需要扩大到单胃动物中。这将需要对胃肠道微生物菌群及其与各种饲料配方的关系有更深入的了解，这将在第五章进一步讨论。

肉类中弯曲杆菌和沙门氏菌的控制

新鲜肉类中出现弯曲杆菌和沙门氏菌引起了相当大的关注。弯曲杆菌是家禽中常见的食品病原体（Saleha 等，1998；Atanossova 和 Ring，1999），而沙门氏菌在家禽肉和猪肉中都受到关注。然而，弯曲杆菌并不是家禽的病原体，大多数沙门氏菌血清型也不是猪的病原体。良好的饲料卫生可能有助于控制沙门氏菌污染，但弯曲杆菌的控制就不那么明显了，因为它似乎不是一种源自饲料的微生物。

丹麦于 1995 年实施了全国性的沙门氏菌监测计划（Mousing 等，1997）。利用血清学试验对猪群进行大规模感染监测，该测试检测的是感染鼠伤寒沙门氏菌后被屠宰的猪其血液或肉汁中产生的抗体。2012 年丹麦猪肉中沙门氏菌的检出率非常低，约为 1.2%（Alban 等，2012）。丹麦方案获得的经验可用于在其他国家制定和实施适当方式的监测方案及减轻沙门氏菌风险的措施。

弯曲杆菌和沙门氏菌是家禽或猪胴体的持久性污染物，似乎很可能需要开发饲料或饮水处理方法来控制这些微生物。可能需要在饲料中使用各种天然来源的抗菌物质，如各种草药和香料。用乙酸、甲酸或乳酸处理肉鸡的饮水可能是减少弯曲杆菌和沙门氏菌对胴体污染的一种方法（Byrd 等，2001）。

越来越多的饲料将必须在注重生物安全的企业中生产。目前，注重生物安全的企业生产的饲料通常用于家禽养殖，因为沙门氏菌污染禽类的风险具有非常严重的经济后果。然而，更多动物都需要采食生产生物安全的饲料，尽管生产成本更高。

（黄广明　译）

为生存而食：随意采食量

根据文化渊源，人类有时被分为两类：为了生活而吃饭的人和为了吃饭而活着的人。就动物生产而言，它们要吃足够数量的饲料才能维持生命和生产。饲料量是一个重要的经济因素，也是全方位营养的一个重要方面。在大多数集约化动物生产系统中，最大的成本是饲料，通常约占总生产成本的 70%，而动物养殖企业的利润往往只占总饲料成本的 12%～15%（Chadwick，1998）。

采食量是动物生长的重要决定因素，因为一般来说，动物每天摄入的食物越多，其生产力就越高。通过增加采食量获得的动物生长效率的提升通常与动物生产性能的整体提升有关。随着生产率的提高，维护费用按比例降低（表 3-1）（Lawrence 和 Fowler，1997）。

动物的采食量和能量需要量与代谢重量（$W^{0.75}$）成正比，而不是直接与活体重成正比。当按代谢体重（$W^{0.75}$）计算时，随着采食量的增加，FCR 明显且持续减少，表明动物生产效率得到了提高。

表 3-1　通过增加采食量提高体增重对体重为 20～90kg 的猪饲料转化率的影响（g/kg $W^{0.75}$）

采食量	体增重	饲料转化率
73	23.8	3.07
88	33.4	2.63

（续）

采食量	体增重	饲料转化率
102	42.9	2.38
117	52.4	2.23
132	62.0	2.12
147	71.5	2.05

因此可见，采食量是畜牧业生产中的一个关键问题，对动物健康、福利、环境和生产性能均有重要影响（Van Der Heide 等，1999）。

然而，也有某些例外。例如，妊娠母猪通常限制采食量，以保持理想的体况和生产力，不限饲时会使母猪增重太多。如果饲料摄入过多，一些腌肉型品种的猪会产生过多的脂肪。种用母禽必须采用限饲的饲养制度，才能在适当年龄达到适当的体重，否则孵化出的蛋的质量会很差。

动物随意采食饲料的原因很复杂，它涉及动物行为，如动物寻找饲料、识别饲料、饲料品质和可食性、动物摄入饲料的能力等。蛋白质浓度、氨基酸平衡及各种矿物质或维生素缺乏或过量都会影响采食量。此外，饲粮内可利用能的浓度对饲料的摄入也有重大影响。

不管猪是用可消化能（digestible energy，DE）还是家禽用可代谢能（metabolizable energy，ME）来表示饲料可利用能，猪和家禽都会根据可利用能浓度的变化调整其饲料摄入量。然而，这种调整并不精确，低能量饲粮可能会被过量采食，导致生长不良。

一般来说，动物采食量似乎不会因饲粮蛋白质含量的变化而有很大差异。极低水平的蛋白质含量经常降低随意采食量。例如，当饲料中的蛋白质含量低于6%时，仔猪的随意采食量下降，而蛋白质水平低于9%则导致生长下滑（Robinson 等，1974）。

猪、家禽和反刍动物等大多数动物对环境温度的反应方式类似，即高温时采食量减少，低温时采食量增加。炎热的气候对家禽尤其重要，如何维持足够的采食量是一个长期存在的问题。

反刍动物和单胃动物之间也存在重要的生理差异。例如，反刍动物从胃肠道吸收的葡萄糖量相对较小，血糖水平与采食量高低关系不大。反刍动物从胃肠道吸收的主要能量来源有乙酸、丙酸和丁酸，这些挥发性脂肪酸可能会影响反刍动物的采食量。

饲料的适口性和感官评估

饲料的适口性是指饲料给予动物的可接受程度，由饲料外观、气味、味道、质地、温度和其他感官特性决定。

对于人类来说，视觉、嗅觉、触觉和味觉在刺激食欲和影响食物摄入量方面起重要作用。然而，不能假设动物对饲料也有同样的感官特征。例如，颜色对人类食物的可接受程度方面极为重要；而在动物中，颜色的影响很小。许多品种动物的色觉很差，因此饲料颜色对动物的影响很小。事实上，反刍动物在恶劣的光线条件下甚至会在黑暗中吃东西，因为它们对颜色无法察觉。然而，一些哺乳动物的嗅觉非常发达，比人类敏感得多。例如，犬的嗅觉比人类强得多，人类在进食习惯方面的辨别能力却小得多。然而，人们总是认为动物对饲料的态度和人类对食物的态度相同。

使用猪喜欢的饲料成分或使用饲料添加剂（如香料）可以提高饲料的适口性，使其更容易被采食。猪的味蕾数量至少是人类的3倍，这表明它们的味觉可能更发达，从而对饲料中不同的风味物质反应更灵敏（Jacela等，2010）。

事实上，大多数动物在选择某些食物时都会表现出偏爱。仔猪和犊牛似乎更喜欢甜味饲料而不是未加糖的饲料。家禽对常见的糖类没有偏好，但对木糖比较反感。当饲喂以玉米-豆粕为基础日粮中木糖含量超过5%时，肉鸡的生长性能就会下降（Regassa等，2017）。

很难给食源性动物确定真正的饲料适口性特征。在许多情况下，适口性会以类口味偏好作为依据，但不一定反映在动物中。在动物营养中各种“饲料偏好测试”作为一种试验方法正被广泛应用，并给出有用的结果。

然而，基于选择两种饲料的饲养试验很难得到结论，因为任何一组动物都不可避免地有一定程度的变异性。在对两种饲料选择的饲养研究中，两种饲料分别获得100%或0的选择结果都是非常罕见的。更常见的结论是：一小部分动物喜欢一种饲料，另外较大比例的动物喜欢另一种饲料。目前还不清楚为什么在同一个试验处理中，总会有一小部分实验动物选择与其同伴不同的饲料。但我们很难将这种观察和实际生产情况联系在一起，因为动物通常不会有选择饲料的机会，它们通常只会面对一种饲料，要么必须食用，要么拒绝食用。

然而，饲料偏好测试已经被广泛使用，并给出了动物对各种饲料风味反应的一些有用指示。通过这些测试，与水相比，已经确定猪对蔗糖水溶液的强烈偏好，对乳糖和糖精钠也有一定的偏好。但奇怪的是，足量的环己基氨基磺酸钠（甜蜜素）却不是猪的首选（Glaser 等，2000）。

此外，电生理学测量也表明，其他几种对人类使用的甜味剂，如莫奈林、塔乌马丁或阿斯巴甜用于猪饲料中时，猪不会有任何显著反应。因此，得出的结论是，它们对猪来说味道不甜。蔗糖似乎是猪最青睐的甜味剂。猪及人类对蔗糖和果糖有类似的反应，但人类对乳糖、麦芽糖、葡萄糖和果糖的利用效率是猪的 2 倍。在一系列高强度甜味剂测试中，阿斯巴甜、环溶类、莫奈林、新海霉素二氢沙酮和奇异果甜蛋白在猪上没有效果；然而，醋酸-K、糖精、杜林和三氯蔗糖作为甜味剂能被猪很好地接受。

放牧反刍动物似乎更喜欢新鲜的绿色牧草，而不是干的或者枯黄的牧草，它们更喜欢叶子而不是秸秆。饲料颜色和外观在反刍动物中显得不重要，因为反刍动物会在完全黑暗的条件下进食。人们担心高产奶牛对混合饲料的可接受性，因为需要摄入大量饲料来支持高水平的泌乳。通常情况下将各种风味物质混入奶牛饲料中，糖蜜或许可作为能量来源和风味增强剂。

对于绵羊，葡萄糖和橙子都可引起积极的风味反应（Ralphs 等，1995）。然而，葡萄糖效应可能比单纯的风味偏好更加复杂，因为高葡萄糖饲料增加了瘤胃微生物的总量。其结果反过来可能产生营养物质，在消化道后端进一步被吸收，并通过正反馈系统使采食量得以提高，而不仅是限于单纯地对风味物质的直接反应。

饲料偏好试验中，绵羊也很好地接受了添加洋葱或牛至油与丙酸钠的小麦秸秆（Villalba 和 Provenza，1996）。然而，绵羊强烈拒食用氯化钠代替丙酸钠的调味饲料。

用 4 种基本风味甜（蔗糖）、酸（HCl）、苦（尿素）和咸（NaCl）调味的泌乳奶牛饲料的比较表明，蔗糖是奶牛首选的风味（Nombekela 等，1994）。然而，没有添加风味物质的对照组是第二个偏好。很明显，奶牛可以感觉和判别饲料中的各种风味。在另一项试验中，测试了醋酸钠、谷氨酸钠、脱水紫花粉和糖蜜，发现对照饲料和谷氨酸钠并列第一。在所有测试的风味物质中，似乎只有蔗糖能够增加奶牛的采食量。

然而实际上，奶牛采食量并没有因为补充蔗糖而增加。蔗糖在犊牛产后的前 2 周可能短暂地增加了采食量（Nombekela 和 Murphy，1995）。当给予调味饲料时，实验动物的饲料量在初次增加后很快恢复正常。这使得很难确定饲料的风味会永久导致动物的采食量增加。

在生产中，通过利用各种风味和甜味剂来永久改善动物的随意采食显然很困难。然而，即使可能很难提高饲料的适口性，但降低适口性则相对简单。第二章讨论的由于霉菌和氧化引起的饲料质量问题，与饲料适口性极其相关。

动物可能通过降低摄食率来减少氧化或酸败饲料的摄入，这在大鼠中得到了证实（Lamghari 等，1997）。以羽扇豆为基础的饲料贮存 15d 后通过加热使其不饱和脂肪酸氧化，与未氧化的饲料相比，氧化组大鼠的采食量和体增重显著降低。

同样，由于微生物腐败，人们普遍认识到发霉降低了饲料的适口性。在猪方面，有一种特定的霉菌毒素即脱氧雪腐镰刀菌烯醇（deoxynivalenol，DON，也称为“呕吐毒素”），会导致猪严重的拒食和摄入量下降（表 3-2）。据计算，饲料中 1mg/kg 呕吐毒素可导致猪采食量下降 6%（Blaney 和 Williams，1991）

表 3-2　呕吐毒素对体重为 20～50kg 的猪生产性能的影响

生产性能指标	饲料中呕吐毒素含量（mg/kg）			
	0	4	8	11
平均日采食量（kg）	2.05	1.76	1.47	128
平均日增重（kg）	0.89	0.80	0.58	0.45
料重比	2.32	2.22	2.63	2.94

当给猪饲喂受镰刀菌污染的玉米饲料时，猪的采食量在 29d 内从 1.38kg/d 下降到 1.03kg/d（Williams 等，1994）。通过向饲料中添加甜味剂也不能解决采食量下降的问题。

一般的饲料品质特征可能对随意采食量产生最强大的影响。第二章中概述的保护饲料免受自动氧化和霉菌生长的破坏性过程的措施也是最有可能以积极的方式影响采食量的措施。虽然实际上抗氧化剂和霉菌抑制剂通常不被认为是适口性改善剂，但它们对饲料摄入的影响可能比传统的香料和甜味剂更大。实际上，如果饲料腐臭或发霉，添加香料不太可能解决这些问题。

食欲

食欲通常是指刺激或抑制动物饥饿的生理或心理因素。饥饿可以通过增加热量来满足，但食欲会因适口性而得到满足。

食欲是猪和反刍动物的主要关注点，特别是在泌乳期，因为此时为了满足大量奶汁生产要求采食量大幅增加。如果食欲不足以支持泌乳，那么母体组织就要被分解代谢以支持泌乳，就会导致体重减轻。母猪哺乳期间所需的采食量约为妊娠期的3倍。也有可能的是，随着选择瘦肉型生长猪来有效生产瘦肉型猪，现在母猪食欲已经降低，关注泌乳母猪的采食量尤其重要（Cole，1990）。

温度是影响泌乳母猪随意采食量的最重要环境因素之一。猪舍设计不当或高温时会导致母猪采食量减少。一般来说，在气温为16～30℃范围内每升高1℃，母猪的采食量就会减少100～300g/d（Close和Cole，2000）。

制定适当的饲料配方可以解决由于环境温度高而导致的动物采食量减少的问题，如使用高营养浓度特别是高脂肪的饲粮。与碳水化合物或蛋白质相比，饲用脂肪的热增耗低，使用高脂肪的饲粮会使动物获得更高的能量摄入，在很大程度上弥补高温下动物随意采食量的减少。然而，当使用高浓度的脂肪时，会增加饲料氧化和酸败的风险，从而导致饲料的适口性下降。因此，良好的脂肪抗氧化对于保持饲料的适口性和保证充足的采食量非常重要（见第二章）。

动物的生理状况和采食量

采食量也会随动物的生理状况而变化。早期断奶仔猪往往吃不到足够的饲料，因此经常遭受断奶应激。另外，与非哺乳动物相比，哺乳动物的采食量会非常高。许多奶牛和母猪在泌乳早期体重下降，因为它们不能吃到足够的饲料来支持泌乳。患有疾病的动物采食量也会减少。

减少采食量来应对一些疾病综合征也可能是动物为促进恢复进化而来的一种生存策略。给予相同能量的日粮后与未感染对照组相比，感染李斯特菌并强饲的小鼠，其受李斯特菌感染的影响远大于那些受感染但采食量降低的小鼠（Murray和Murray，1979）。允许自由采食的受感染小鼠其采食量是对照组的58%，死亡率为43%。强饲受感染小鼠的死亡率从43%提高到93%，缩短了存活时间。表明在面对传染病时，减少采食量对动物的防御和生存起着重要作用。长期以来，在猪生产中让出现腹泻的仔猪停食一段时间一直是普遍的做法。

哺乳动物和禽类的采食也受到下丘脑的控制，但中枢神经系统的其他区域也参与调节采食量。

嗉囊有影响家禽采食量的能力。在哺乳动物的食道、十二指肠和小肠中有饱腹感受体。膨胀会增加迷走神经的活动，并激活下丘脑的饱腹中心。

激素在控制采食量或食欲及空腹时产生饱腹感方面起重要作用。胆囊收缩素和胰高血糖素可能是影响动物饱腹感的两种最重要激素。胆囊收缩素存在于大脑中，当消化产物（如氨基酸和脂肪酸）到达十二指肠时也会释放到胃肠道中。采用注射给药的方法使用胆囊收缩素会低许多哺乳动物的采食量，并且还涉及调节能量平衡。胰高血糖素是一种胰腺激素，可能也是一种饱腹感因子。

参与对胆囊收缩素饱腹反应的受体位于胃壁上。从大脑诱导产生的收缩素（cholecystokinin，CCK）对采食行为的直接控制在绵羊和猪中是公认的，但在其他动物中则不成立（Lawrence 和 Fowler，1997）。与产卵前 11d 相比，处于泌乳期的奶牛其 CCK 浓度在产后 19d 增加了 2.8 倍（Relling 和 Reynolds，2007）。然而，这是一个极其复杂的控制系统，因为大脑中至少有 5 种形式的收缩素，这些收缩素可能通过释放其他脑激素（如降钙素和肾上腺素）来调节其效果。

激素生长抑制素也可能在这种复杂的采食量和饱腹感调节中发挥作用。这种激素存在于大脑和胃肠道中，以抑制许多其他肽类激素。另一种脑肽激素，即食欲素，也被认为在刺激采食量方面发挥了作用，但其所有作用尚未确定（Arch，2000）。

血液中存在的许多营养物质，如葡萄糖、脂肪酸、肽、氨基酸、维生素和矿物质，可能导致动物产生饱腹感并阻止其进一步采食。人们早就知道，小剂量的用于降低血糖浓度的胰岛素，也会导致动物产生饥饿感。家禽对血糖或其他营养元素水平的反应程度似乎与哺乳动物不一样。

免疫系统的激活和随后细胞因子的产生导致动物采食量下降（Johnson，1997），与体温升高和生长下降有关。来自免疫系统的细胞因子信号使动物对机体代谢活动的调节发生改变，将营养物质从生长转移到用于对抗疾病。由免疫系统的激活而导致的生长下降现在被视为是提高动物生长效率的主要障碍，而提高动物生产效率对于需要获得最大生长速度的动物而言是重要的。使用不能激活免疫系统并减少采食量的饲粮对提高动物生产效率更有利（见第六章）。

猪

猪的随意采食量决定了营养摄入的水平，因此对生产效率有显著影响。具有更好饲料转化率和胴体瘦肉率的猪的强化选择和育种计划中不经意地选用了随意采食量低的猪。其结果是在大多数商业养猪场，很难意识到随意采食量如何，尤其是在生长阶段。现在被认为这是限制猪生产力的主要因素（Nyachoti

等，2004）。

有各种可以限制猪的最佳随意采食量的因素，如环境因素（温度、湿度、空气循环调节）、社会因素（猪舍空间面积、猪群大小、重新分群）、健康状况（疾病、病原体数量），以及饲粮因素（包括能量浓度、营养元素不足或过量、抗生素、风味、饲料加工和水的供应）。

环境温度对猪的随意采食量有很大的影响。与舒适区或热中性区的温度相比，低温会增加采食量，而高温则减少采食量。当温度太高时，对生长育肥猪而言，舒适区温度每增加 1℃，猪的采食量每天减少 40g。低温时，猪每天在舒适区以下每降低 1℃则多采食 30g 饲料（Revell 和 Williams，1993）。

生猪养殖企业经济损失的一个主要根源是仔猪断奶后难以立即维持良好的生长。由于环境变化、没有母猪、以植物碳水化合物而不是母猪乳中的乳糖为基础的新饲料的摄入，仔猪承受着断奶后的应激。仔猪断奶后的生长主要依靠采食量，但似乎采食量低于其需要的采食，且持续 3 周之久将影响后续育肥阶段的生长。实践中，许多仔猪在其断奶后 3d 或更长时间内采食量可能低于维持要求。这种减少的采食量也与胃肠道的绒毛萎缩有关，这反过来又导致各种胃肠道疾病的发生（Pluske 等，1996）。持续供应营养物质对于维持胃肠道的完整性和消化能力至关重要。

仔猪采食量受健康、空间、环境、肠道容量、饲料类型、年龄和体重的影响。尽管仔猪的生长潜力很大，但由于能量摄入不足而生产潜力往往没有得到实现。当断奶日龄少于 32d 时，急需考虑喂养。在生理方面，30～32d 断奶是最有效的。

体重为 5～25kg 的仔猪其在生长阶段摄取营养元素时也受到了身体的限制。在低于 15MJ DE/mg 的饲粮中，肠道容积的限制不可避免地限制了猪的采食量（Whittemore 和 Green，2000）。为了使仔猪在断奶前的生长速度达到 280g/d，6kg 仔猪需要摄入 475g 营养密集（16.5 MJ DE/kg）的饲料（Fowler 和 Gill，2000）。断奶后不间断生长模式的维持只能在非常高的饲养和营养标准下实现。

尽管没有大量的科学证据来证明饲料风味物质对生长性能方面的益处，但是风味物质在猪饲料中却已经得到广泛使用（表 1-3）。总体而言，给不同窝产仔猪饲喂添加风味剂和无风味剂教槽料后，断奶窝重、总体重增加及日均采食量没有区别，对于仔猪个体也没有差异。同样，在教槽料中添加风味剂并不影响仔猪总体重或每日教槽料的采食量或者吃教槽料的仔猪比例（Sulabo 等，2010）。

表 3-3 教槽料中添加风味剂对仔猪生产性能的影响

生产性能指标	风味剂	
	不添加	添加
仔猪窝数	25	24
仔猪个体重（kg）		
教槽料开始饲用时体重（第 18 天）	5.62	5.77
断奶时体重（21d）	6.50	6.65
18～21d 内总增重	0.88	0.88
18～21d 内平均日增重	0.29	0.29
仔猪窝体重（kg）		
教槽料开始饲用时窝体重（第 18 天）	57.9	57.8
断奶时窝体重（21d）	66.8	66.5
18～21d 内总窝增重	8.9	8.7
18～21d 内每天平均窝增重	3.0	2.9

另一种改善仔猪随意采食量的方法是胎儿学习或感觉学习，这种方法也被描述为印记（imprinting）效应。感官学习或印记效应的概念是，如果给母猪喂食风味物质，这些风味物质的活性化合物就会转移到初乳中，然后到达新生仔猪体内。在围产期给母猪饲喂风味化合物可能会使仔猪更易接受含有相同风味的饲料，从而增加饲料的摄入和提高生长率。

使用两种饲料香味剂在仔猪中进行了测试（Val-Laillet 等，2018）。一种含有柠檬烯和肉桂醛，另一种含有薄荷脑、香芹酮和茴香脑。饲喂这些风味剂后在母猪的初乳和乳汁中发现，柠檬烯、薄荷醇、香芹酮和茴香脑的浓度相对较高。

肉桂醛在所有样品中都无法定量测量，因为其非常活跃，不像其他香料化合物那样稳定。饲喂风味剂的母猪所产仔猪，在 160 日龄时体重和日增重较高，28～160d 的平均日采食量高于对照组母猪所产仔猪。仔猪采食量和生长速度的增加与围产期的感觉学习是一致的。只在仔猪饲料中添加饲料风味剂没有益处。这种感官学习的作用方式尚未确定，可能是风味化合物在乳汁中发挥了有益作用。

在母猪日粮中加入饲料风味剂可改善断奶仔猪的采食量和生长情况（Blavi 等，2016）。此外，当给仔猪饲喂不添加风味剂的教槽料时，与母猪日粮中添加饲料风味剂者相比较，其正面效应更好。结果同样表明，仔猪存在感觉学习，但具体的反应机制尚不清楚。

哺乳期间母猪随意采食量往往不足以满足其维持、产奶和体生长的营养需求。产奶量是重中之重，如果营养摄入不足，母猪将动用体组织来维持产奶量。哺乳期间的低采食量伴随过度的体重减轻与几种常见的繁殖问题相关，包括从断奶到发情的间隔增加。

确保母猪获得充足的饲料，以及达到这一目标需要制定新的饲料配方是对全方位营养策略的一大挑战。在温带气候条件下，通过额外添加脂肪来生产高能量母猪日粮不是一个简单的解决办法（Christon 等，1999）。饲喂高脂肪日粮的母猪其采食量下降，其代谢能量摄入量保持不变。将 2 种中草药混合物（黄芩和金银花）加入哺乳期母猪日粮中获得了更好的效果。这 2 种草药是东亚的传统药用植物，它们改善了采食量（Liu 等，2017）。可能有各种各样的营养活性物质帮助改善母猪的采食量。

家禽

采食量与现代肉鸡的生长性能密切相关。因此，保持最大随意采食量是提高肉鸡生产效率的一个极为重要的因素（Ferket 和 Gernat，2006）。

基于使能量摄入量维持正常水平的功能，肉鸡具有控制随意采食量的良好能力。当饲喂肉公鸡含不同代谢能水平的玉米-大豆日粮时，可分别提供能量 11.3MJ ME/kg、12.13MJ ME/kg、12.97MJ ME/kg 或 13.81MJ ME/kg。无论饲喂哪一种日粮，它们的能量摄入都是恒定的。

家禽似乎对其采食量具有良好的调节能力，以满足对能量、钙、磷、锌、硫胺素和各种氨基酸的需求。在实践中，常将谷物（如全麦）加到肉鸡配合饲料中一起饲喂。在该饲养方案中，不同量的全麦被添加到肉鸡饲料中，肉鸡能够自己选择适量的全麦谷物和肉鸡配合饲料以满足其对营养的需求（Bennett 等，2002）。该饲养方案通常比仅供给肉鸡配合饲料更便宜，因为掺入肉鸡配合饲料中的全谷物减少了研磨、混合和造粒成本。

反刍动物

随意采食量是高产奶牛产奶量的主要制约因素。采食量问题相当复杂，多年来一直是人们关注的焦点。对于现代高产奶牛来说，过渡期随意采食是一个特别突出的问题。新生犊牛对营养需求突然增加。通常随意采食时干物质摄入量和养分供应滞后，会导致奶牛负能量平衡。这说明奶牛用于满足维持和牛奶性能的总能量需求的部分，并不包括来自采食量的营养供应。该部分能量必须通过母体内储备的能量来提供。围产期随意采食是现代奶牛管理的主要挑战。

反刍动物与单胃动物在饲料的消化方式上有所不同。瘤胃微生物发酵饲料后产生的短链挥发性脂肪酸是主要的能量来源，一般占消化能量的50%～75%。当饲料到达瘤胃时，通过发酵产生的短链挥发性脂肪酸迅速增加。因此，这些脂肪酸在控制采食量方面起重要作用也就不足为奇了。

在反刍动物中，采食量很大程度上受瘤胃中饲料产生的信号控制。由瘤胃膨胀和瘤胃消化引发的各种化学或生化信号使反刍动物能够控制其短期采食量。从长远来看，反刍动物似乎能够选择饲料以优化瘤胃功能并满足其所需的营养平衡。

将挥发性脂肪酸混合物注入瘤胃会导致饲喂期间反刍动物的采食量下降（Faverdin，1999）。

反刍动物采食量与注入瘤胃的挥发性脂肪酸的量成反比。这种由挥发性脂肪酸诱发的饱腹反应能够评估反刍动物的饲喂量，并有助于防止过量饲喂。否则，会损害瘤胃功能的正常发挥，甚至对反刍动物的健康有害。

检测发现，反刍动物似乎对带有甜味的日粮具有偏好性。例如，奶牛对含有蔗糖的饲料表现出偏好（Nombekela等，1994）。但在反刍动物中，糖类实际上是相对次要的能量来源，所以这有点令人惊讶。然而，这种对甜味的偏爱并没有什么实际意义，因为它不能长期增加采食量（Nombekela和Murphy，1995）。

反刍动物采食的许多灌木植物中都含有高水平的单宁，单宁能够与蛋白质、细胞壁结合，并抑制瘤胃微生物和消化酶活动，因此会抑制反刍动物的采食量。将含有单宁和聚乙烯乙二醇（PEG）的复合物加入到日粮中有助于羔羊采食高单宁含量的饲料（Titus等，2000）。聚乙烯乙二醇是一种无毒的化合物，因此在必须使用含量高的单宁饲料时，可以安全地将它喂给反刍动物。

对奶牛采食量进行调控是研究热点。增加采食量将提高生产效率和动物健康，这在“全方位营养”概念中特别令人感兴趣，因为营养必须着眼于改善动物健康和经济效益。高产奶牛的许多健康问题，包括代谢和传染病都发生在泌乳早期，可能与分娩前饲料摄入的减少有关。一些感染性疾病会激活免疫系统，产生细胞因子，通常也会减少奶牛的采食量（Ingvartsen和

Andersen，2000）。

饮水

水实际上是最重要的营养元素，因为缺水比缺乏其他营养物质更能迅速地导致疾病和死亡。但不幸的是，水往往是“被遗忘的营养物质”，即使对大多数动物来说，水的饮用量也是其饲料采食量的1.5～2.0倍（表3-4）（Cobb，2000）。在许多实际生产操作中，水与饲料采食量的比值是一个有用的管理指标，可用于表示动物健康和生产性能状况（Manning等，2007）。供水减少必然导致饲料采食量减少，因为水参与饲料消化和代谢。单胃动物通常在每次采食前、采食期间或采食后都要饮水。而反刍动物由于瘤胃内含有大量具有高水含量的食糜，因此通常在采食饲料时不需要饮水，但当它们一旦喝水就会饮用大量的水。

表3-4　每1 000只肉鸡每天的饮水量和饲料采食量

日龄	饲料采食量（kg）	饮水量（L）
7	27	58～65
14	59	102～115
21	99	149～167
28	135	192～216
35	165	232～261
42	181	274～308

饲料消化和吸收的整个过程基本上发生在胃肠道的高湿环境中。因此，即使摄入的饲料其水分含量为11%～14%，也必须在胃肠道中快速水解，以便被高效利用，显然充足的饮用水供应对于维持饲料的高效利用至关重要。水也是任何生物体的主要成分，是动物尿液中可溶性废物排泄的重要媒介。

水对猪随意采食量的影响尚未得到明确研究。然而，由于水对于各种生理功能（包括消化和营养利用）至关重要，因此水的可利用性肯定会对猪的随意采食量产生影响（Thacker，2001）。此外，通过水在体温调节中的作用可以推断，水的供应将通过缓解温度对随意采食量的影响而发生影响（Nienaber和Hahn，1984）。水和饲料的比值尚未明确，但可能存在一个最低比值，低于该比值会对猪的生产性能产生负面影响（Mroz等，1995）。仔猪断奶后不久饮用水的供应是决定随意采食量的重要因素（Brooks等，1989）。

水也是致病微生物生长和传播的媒介，因此水的质量极为重要。当对各种抗生素和其他药物的使用较少时，这一点就变得更加重要。常规做法是通过饮用水给肉鸡提供疫苗，特别是肉鸡。也可以开发通过饮用水给肉鸡提供各种有机酸混合物的技术方案，以降低病原（如肉鸡弯曲杆菌）对肉鸡的影响（Byrd等，2001）。

环境和饲料采食

影响动物采食量的最重要环境因素是环境温度、畜舍条件、群养时的环境状况及动物发病率。

环境温度显著影响动物的随意采食量。体热是在动物的消化和代谢过程中产生的，这种热量产生也可以是调节采食量的信号。在高温下，体温升高，动物采食量下降，力图减少与采食、消化、吸收和新陈代谢相关的热量的产生，并缓和体温的进一步升高。众所周知，在炎热的气候下，尤其是家禽会减少采食，采食量有时会降至令人担忧的水平。相反，在寒冷的条件下许多动物的采食量会增加，目的是提高其热能。这是一个高能量需求的过程。

对于断奶仔猪来说，猪舍条件和群居状况对采食量有非常重要的作用。良好的畜舍条件会保护动物免受极端天气的影响，所有这些最终都会影响动物的采食量。另外，饲养密度、饮水、场地等环境状况也是影响动物随意采食量的重要管理因素。

在所有动物中，采食量的减少是疾病的最初迹象之一。这与免疫系统的激活有关，当称之为细胞因子的那些蛋白质产生时，动物就会出现体温上升和食欲下降的现象。这在第六章将进一步讨论。

随意采食量预测

根据饲料的某些参数预测动物的随意采食量，将确保制定的饲料配方能建立在最佳的养分采食量基础上。在必要时如果需要减少采食量，如妊娠母猪或种用母鸡，也可用此法制定相应的饲料配方。

集约化动物生产系统能够在封闭性的环境中大规模地饲养动物。使用这一生产系统，饲料供应可以得到调节和保证，日粮配方可以得到控制，外部风险（如捕食或疾病）可尽可能得以避免，运动可以受到限制，空间和群居环境状况可以受到操控，环境温度可以得到控制。尽管如此，有关采食量预测的问题仍然极其复杂，因为它必须包括不同的动物种类、不同的饲料组成和不同的生长环境。饲料成分在蛋白质、脂肪、碳水化合物、纤维的消化率，以及水分含量方面会经常发生变化。气候也会严重影响采食量。

在饲料供应没有被限制时，许多在封闭环境中饲养的动物似乎能够根据饲料的能值大小自己调整采食量，从而使摄入的能量保持恒定。有时这种现象被描述为“吃到所求”。动物的随意采食总量是由两个部分组成，即维持需要和生产需要。在饲料供应没有被限制、环境未得到充分控制的集约化生产中，这种采食量预测模型在预测处于生长和繁殖期动物的采食量方面非常成功（Yearsley 等，2001）。这个模型的理论假设是动物能吃到足够的饲料，足以支持其遗传决定的生长率或生产性能。这里还假定，动物胃肠道容积和环境等约束因素不是限制因素。在家禽中经常可以得到证明，提供低能量水平的日粮会增加采食量。如果日粮能量水平过低，动物就无法吃到足够的能量。因为出现其他因素时，如受到胃肠道容积变的限制，预测模型将无法准确反映真实情况。

预测猪采食量是很困难的，因为它受消化能含量、不易消化物质含量和饲槽面积的影响。饲料的持水力（water holding capacity，WHC）可能是预测猪纤维采食量的有用参数（Saras 等，1998）。WHC 是一个衡量水分能否固定在饲料基质中的指标，其值大小取决于饲料中各种多糖的存在，这些多糖捕获水分子后膨胀并形成高含水量的大块凝胶。使用 WHC 指标的优点是可以快速、廉价和准确地测量各种饲料原料和饲料产品（Ngoc 等，2012）。

当优质饲料被劣质可消化饲料逐渐稀释时，大多数动物会增加采食量，这些劣质饲料原料中通常含有大量的日粮纤维。然而，动物无法通过增加采食量来补偿过高含量的纤维，这可能是由于饲料的物理容积超过动物的胃肠道容积。这种现象也会因动物的年龄而异。成年动物，特别是猪或反刍动物，比年幼仔猪、犊牛、快大肉鸡更容易增加采食量。

提高动物随意采食量的重要因素

全方位营养是一种能以尽量减少药物使用、从日粮中获得最大收益，以支持动物生长和健康的营养策略。这一目标能否达到，关键在于动物能否摄入足够的饲料，因此随意采食量是实施全方位营养的一个关键因素。以下实施要点对于确保动物获得充分的随意饲料量非常重要：

◆饲料必须具有适口性。

◆饲料中包含的营养元素必须根据标准达到非常均衡。

◆确保饲料新鲜、干净，不会陈旧或变脏。

◆保证高脂肪饲料原料和饲料产品免受氧化。

◆保证饲料原料和饲料产品不发霉、不含毒素。

◆颗粒饲料应降低粉尘，粉料中应含有少的细粉。

未来研究方向

今后对喂养行为和采食量的进一步研究将十分重要。了解感染和疾病对采食量的影响将很困难，需要一些新的想法。饲料和动物福利问题仍将是消费者和立法者及动物生产行业的主要关切。

妊娠母猪的限食饲养被认为是母猪刻板行为（stereotypic behaviour）发展的重要因素，从福利的角度来看这是不可取的。需要进一步研究以开发适当的饲养方案，既不允许母猪获得过多的体增重，也不会使它们易于产生刻板行为。

饲喂含有甜菜渣的高纤维饲料时，母猪成功地保持了体况和生产性能。然而，母猪采食较多的饲料（每头每天 4.1kg）时将显著增加饲养成本（Whittaker 等，2000）。因此，只是简单地喂食低能量水平饲料不一定能解决此类问题。

对免疫系统的激活会引起细胞因子的产生，导致采食量减少。众所周知，激活猪的免疫系统肯定会降低其生长性能（Stahly，1996）。然而，这也可能是对患病动物的保护性机制，并且可能是促进动物康复和生存的具体策略措施，而不是对疾病的反应。显然有一个免疫悖论，即减少采食量可以帮助动物从传染病中得到康复，但会降低生长速度。全方位营养关注的是保持高的饲料采食量和良好的动物健康及福利。这需要更好地了解调节采食量和代谢机制及将两者进行整合。

已经开发出一种通用数学模型来预测被病原体攻击时动物的采食量（Sandberg 等，2006）。这一模型使用了相对采食量的概念，是由病原体攻击的动物的采食量（kg/d）除以未被攻击的相同状态下的采食量。监测采食量可能是评估动物健康最有用的参数之一。

提高猪生产可持续性的一种方法是将母猪泌乳期间的随意采食量包括在育种计划当中。母猪泌乳期间具有较高的采食量可以通过直接选择或间接选择，如选择生长阶段的日增重或日采食量来实现（Eissen 等，2000）。

来自各种植物提取物的饲料香味成分除具有增加饲料香味的特性外，许多其他生物活性将在全方位营养中发挥越来越重要的作用。例如，迷迭香提取物具有强大的抗氧化活性，而百里香和牛至具有抗菌活性。许多植物提取物可能很好地影响免疫系统并起到免疫调节剂的作用。饲料香料的巨大的化学复杂性也要求相对较轻的调节控制，这将鼓励人们去更多地利用所谓的“香料”的功能性作用。由于风味剂是经过充分试验和测试的成分，主要是天然来源，因此香味剂的发展应该非常符合全方位营养关于饲料必须具有维护健康和提供营养元素的理念。

（李　正　译）

第四章 CHAPTER 4

饲料原料在动物消化道内的加工：营养物质的消化与吸收

现代反刍动物或单胃动物饲料主要是以植物来源为主。特别是谷物中的淀粉、油料作物中的蛋白质和油脂，以及各种不同的草料是现代动物养殖业日粮的基础。较少量动物源性原料或许也可以使用，如肉骨粉和鱼粉。但是在英国出现牛海绵状脑病之后，这些动物源性原料的使用量大大减少。饲料中的许多成分，如淀粉、蛋白质、脂肪（甘油三酯）都是大分子物质，它们只有被降解或消化为简单的复合物后才能经过胃肠道黏膜吸收从而进入血流。营养物质只有经过消化后被小肠壁吸收，才有益于维持动物身体健康和生长。

胃肠道是身体最大的器官，是机体外界环境与内部环境的交界面。饲料是一种复杂的混合物，由许多化学物质和多种微生物组成，被动物采食后经胃肠道消化和吸收。饲料在动物的胃肠道中进行着许多不同的物理加工和化学反应，如饲料的粉碎与混合、摄入物质的运送、饲料成分的酶解、营养物质的吸收和未消化残留物的排出。

营养物质消化和吸收的主要部位是小肠。被消化的饲料混合物在到达大肠入口时，大部分水解的营养物质已被吸收。实际上小肠吸收已消化营养物质，如氨基酸和单糖等的能力可能是动物生长的一个限制因素，这对现代畜牧业可能是重要的。在现代畜牧业中，动物采食高营养浓度日粮的大部分营养物质需要经小肠吸收后用来维持动物的生产性能和产生经济效益。充分发挥反刍动物和单胃动物营养物质转运系统（nutrient delivery system）功能是极为重要的，因为它可以充分表现现代动物品种的遗传潜力。

在未来，动物营养发展面临的一个巨大挑战是使用更多经济且有效的饲料原料，同时还要确保这些原料能被动物更有效地消化和吸收。这就需要饲料加工过程的精细化，同时还需要用各种营养活性物质来增强动物消化及吸收。

消化

消化包括物理性消化、化学性消化和微生物性消化。物理性消化包括咀嚼、反刍和胃肠道肌肉收缩。胃肠道肌肉收缩可以使饲料与消化道中分泌的各种胆盐、磷脂和酶充分混合及乳化，胃肠道管壁环形肌的收缩或蠕动使肠道内容物沿着消化道移动。化学性消化主要是通过动物分泌的各种消化酶进行的水解反应。目前，外源性消化酶经常被添加到动物饲料中，并在饲料消化过程中起着重要作用。微生物性消化在反刍动物中发挥重要作用，其主要是由瘤胃内的细菌、真菌和原虫的活动来完成的。在单胃动物中，一些微生物性消化或发酵是在大肠中进行的，这对于猪来非常重要。

饲料消化起始于口腔，其中的营养物质被小肠绒毛吸收，未被消化的残留物以粪便的形式被排出体外。猪的唾液中含有 α-淀粉酶，采食的饲料一旦进入口腔 α-淀粉酶就开始对淀粉进行消化，随后进入消化道的第一部位——胃。

单胃哺乳动物的胃是一个巨大的饲料贮存器官，也是饲料的主要消化场所。单胃动物的胃液中含有蛋白酶、胃蛋白酶原、无机盐、黏液和盐酸。胃蛋白酶原是胃蛋白酶的无活性形式，胃蛋白酶是蛋白水解酶。胃液中酸的浓度可使胃的 pH 下降到 2.0～3.0。在酸性环境下，胃蛋白酶原活化为胃蛋白酶。胃蛋白酶消化蛋白质的主要场所是胃。在胃内 pH 低的环境下，胃蛋白酶具有活性，最先切断与芳香族氨基酸、苯丙氨酸、色氨酸和酪氨酸相连的肽键。另外，胃蛋白酶也有很强的凝乳作用。在胃内，蛋白质被分解为多肽、寡肽和少量的氨基酸。

部分被消化的饲料或食糜离开胃进入小肠。小肠是由十二指肠、空肠和回肠组成。小肠内的大部分消化过程都在十二指肠中进行。小肠也是消化吸收营养物质的主要器官。小肠壁的内表面排列着许多手指状突起，叫做小肠绒毛。小肠绒毛极大地增加了小肠吸收营养物质的表面积。

饲料混合物或食糜离开胃时呈酸性，pH 为 2.0～3.0，随后与十二指肠、肝脏和胰腺的分泌物混合。这些不同的分泌物具有润滑剂的作用，pH 呈碱性，可缓冲胃内产生的盐酸，以保护十二指肠肠壁。食糜的 pH 升到 6.0～7.0，更

适合于胰腺和肠绒毛细胞分泌的多种肽酶、糖酶和脂肪酶对饲料成分进行广泛的水解。

胰腺分泌非常复杂的消化酶混合物并将其分泌到十二指肠。胆囊收缩素（cholecystokinin）在这里起着重要作用，它刺激消化酶分泌到含有蛋白质水解酶原的胰液中。胰液的蛋白质水解酶原包括胰蛋白酶原、胰凝乳蛋白酶原、羧肽酶原A和B、胰肽酶原。这些酶原转化为有活性的胰蛋白酶、胰凝乳蛋白酶、羧肽酶和胰肽酶，并消化日粮中的蛋白质。在胃里没有被胃蛋白酶水解的蛋白质，可以被胰蛋白酶和胰凝乳蛋白酶水解。另外，胰液中还含有消化淀粉的α-淀粉酶、水解脂肪为甘油单酯的脂肪酶、水解卵磷脂的磷脂酶和消化各种核酸的核酸酶。氨肽酶切割多肽游离氨基末端的肽键，二肽酶将二肽转化为游离的氨基酸。

在动物营养中，蛋白质的消化很重要，因为动物完全依赖摄入的蛋白质提供氮源。虽然动物可利用游离的氨基酸（如亮氨酸和蛋氨酸），但是这些氨基酸在饲料中不以游离的形式存在。因此，机体必须大量分泌多种多样的蛋白水解酶。各种饲料蛋白质对酶促降解的固有敏感性不同，并还对蛋白质利用产生影响。即使可能存在过量蛋白水解酶，但是饲料来源的高度不溶性或严重热变性的蛋白质消化率会降低，这限制了某些蛋白质源（如羽毛粉）的使用。在全方位营养中，动物对饲料原料的先天性消化能力非常重要。

饲喂牛、猪和鸡的谷物饲料中富含极易消化的淀粉，它们进入小肠后成为主要的日粮能量来源。唾液和胰液分泌的α-淀粉酶能使淀粉颗粒部分水解为一系列的低聚糖。事实上，动物对不同植物来源的淀粉消化率不一样。例如，家禽很容易消化玉米淀粉，但反刍动物却很难消化玉米淀粉。对所有动物来说，生的马铃薯淀粉都很难被消化。

双糖（包括蔗糖和乳糖）可作为饲料成分。双糖和淀粉消化产生的低聚糖由小肠绒毛分泌的各种双糖酶进一步水解为单糖。双糖酶包括蔗糖酶和麦芽糖酶，蔗糖酶降解蔗糖为葡萄糖和果糖，麦芽糖酶降解麦芽糖为葡萄糖，乳糖酶降解乳糖为葡萄糖和半乳糖。

现代家禽和猪饲料中，脂肪是能量的主要来源，脂肪在构建现代肉鸡高能量浓度日粮中是必不可少的。脂肪消化是一个需要首要解决的问题，因为脂肪不溶于水，但是脂肪消化是在水环境中进行的。脂肪代谢的第一步是脂肪乳化，脂肪只有被乳化才能与水溶液中的脂肪酶接触。肝脏分泌的胆汁经胆管进入十二指肠后负责脂肪乳化。胆汁是混合液，包含胆汁酸盐、胆盐、牛黄胆酸、胆绿素、胆红素、胆固醇、卵磷脂和黏液。胆汁可以活化胰脂肪酶及乳化脂肪，所以它在营养物质的消化和吸收中发挥重要作用。胆盐中的表面活性剂也可形成微滴或微胶团，其中甘油单酯和游离脂肪酸聚集形成三维结构。微胶团被运输到肠道壁，其中营养物质被肠绒毛吸收。有些胆酸与消化道的残留物随粪便被排出体外。部分胆酸被回肠吸收，返回肝脏，在消化过程中被再使用。

溶血磷脂在微团形成过程中也起重要作用，因为溶血磷脂比其他磷脂具有更好的水分散性，可能在帮助幼畜吸收营养物质方面特别重要。

在所有日粮中，总有一定量的饲料成分不能被小肠消化酶水解，其中很大部分被称为日粮纤维。在营养学中，日粮纤维有许多不同的定义。通常，粗纤维、中性或酸性洗涤纤维（NDF或ADF）或非淀粉多糖（NSP）这几个术语可以互换使用。从生物化学角度来看，日粮纤维是相当复杂的，异源性的(heterogeneous)。事实上，日粮纤维包括所有那些不能被消化道内源酶消化的多糖和木质素。这类饲料成分包括与植物细胞壁相关的结构多糖、纤维素、戊聚糖、β-葡聚糖和果胶。植物细胞也含有结构成分，但它们不是多糖而是木质素，可列入日粮纤维中。胃肠道细胞也分泌各种胶和黏液，它们是多糖却不能被消化。

然而，这些难以消化的物质可能会粘住蛋白质、脂肪和碳水化合物，并阻碍小肠对它们的消化吸收。特别是在家禽中，可溶性非淀粉多糖（NSP）可能会增加小肠内容物的黏稠性，从而降低小肠对营养物质的消化吸收。在家禽日粮中添加外源酶（如纤维素酶、β-葡聚糖酶和戊聚糖酶），可显著提高营养物质的利用率。

未消化的饲料成分、大部分的日粮纤维、抗性淀粉、高度不溶性蛋白质和潜在大量可吸收的营养物质通常在大肠中进行微生物发酵。大肠内含有巨大的微生物区系，如第五章所述，为了动物的福利我们必须要调控好这些微生物区系。大肠中的细菌种类繁多，包括乳酸菌、链球菌、大肠杆菌、拟杆菌、梭菌和酵母菌。这些微生物将未被消化的饲料残渣发酵成大量不同的物质，如胺、氨、硫化氢、吲哚、苯酚、粪臭素、挥发性脂肪酸、乙酸、丁酸和丙酸。

大肠的发酵程度主要取决于日粮纤维的来源，以及氮、矿物质和维生素含量，这些对于大肠微生物的整体营养是必不可少的。消化物在大肠中的存留时间比在小肠中长得多，而且大量的水分在大肠中被吸收。随着消化物在消化道的移动，干物质比例增加。因为日粮纤维本身就比非纤维饲料成分的消化慢得多，所以消化物在大肠中滞留的时间越长，日粮纤维在大肠中发酵得就越充分。

消化物经大肠微生物发酵后产生的废物以粪便的形式被排出体外。这些废物包括细菌、胃肠道上皮细胞和分泌物、无机盐、未消化的饲料残渣及水。这些废物以粪便形式排出体外是消化过程的最后阶段。

已消化营养物质的吸收

在胃肠道内通过酶消化从大饲料颗粒中释放出来的葡萄糖、氨基酸、脂肪酸、维生素和矿物质等营养元素，但从生理学角度来说上述物质仍然是在动物体外没被吸收。这些营养物质必须经过胃肠道壁的吸收，才能被用于动物维持或生长。单胃动物的小肠是营养物质吸收的主要器官。小肠绒毛增大了小肠内皮表面积。肠绒毛的维持对于良好的营养物质吸收至关重要。这已经在早期断奶仔猪中得到了反复证实。在仔猪断奶后应激期间，经常造成小肠绒毛萎缩，导致营养元素吸收不良，并在日后的生长中持续存在，降低仔猪生长的潜力。残留的未被消化的营养物被用于病原菌生长，然后引起各种腹泻综合征。

为了快速而有效地吸收胃肠道内的营养物质，营养物质先要经过小肠壁与肠绒毛接触。已消化饲料混合物的黏稠度影响小肠绒毛对营养物质的吸收。特别是饲喂小麦或大麦型日粮的家禽，高黏性物质能限制家禽对营养物质的吸收。在日粮中添加各种能够降低黏度的酶在家禽营养方面非常成功。对于家禽来说，饲料酶无疑是重要的营养活性物质。

营养物质的吸收是一个复杂的过程，包括胞内酶、转运过程和离子泵的参与。营养物质一旦到达胃肠道壁，就会被小肠绒毛细胞通过被动或主动的转运系统而吸收。被动转运是一种简单的扩散过程，依赖浓度梯度。与小肠绒毛细胞中的营养物质浓度相比，被动转运要求胃肠道腔内的营养物质浓度要高得多。主动转运需要 ATP 供能，依靠吸收细胞膜里转运载体来转运营养物质。

营养物质，如单糖和氨基酸主要由主动转运而被吸收。细胞膜主动转运载体有两个特异结合部位。营养元素连接其中一个部位，另一个部位与钠离子结合。带电荷载体穿过肠黏膜时，将营养物质和钠离子沉积到细胞内。空载载体穿过肠黏膜返回肠腔内，再重复吸收。与营养物质共转运的钠离子被泵出细胞返回到胃肠道腔内，在随后的转运活动中被循环利用。

葡萄糖和其他单糖主要通过主动转运而被吸收。然而，这些糖的吸收率不同，依次递减顺序是：半乳糖、葡萄糖、果糖、甘露糖、木糖和阿拉伯糖。一些进入上皮细胞的葡萄糖也被用来提供细胞能量，用以维持胃肠道细胞的正常活动。

对于成年动物来说，不会有大量完整的日粮蛋白质到达小肠黏膜上皮细胞，只有少量会逃脱消化的蛋白质到达小肠黏膜上皮细胞并被吸收。这些完整的蛋白质将触发免疫应答，此时黏膜上皮细胞会产生大量抗体来应对（见第五章）。氨基酸和小肽均被多种主动转运载体吸收，其中一些依赖钠离子进行主动转运，另一些不依赖钠离子进行主动转运。

然而对于新生动物来说，营养物质吸收是通过胞饮作用进行的。小肠黏膜上皮细胞能吞食大的未被消化的分子，特别是蛋白质。这对刚出生的哺乳动物很重要，因为它们能从初乳中获得大量的免疫球蛋白，用以增强免疫系统。

油脂消化产物脂肪酸和单甘油酯，可与小肠腔内的胆盐和磷脂形成微胶团。微胶团将脂肪酸和单甘油酯转运到小肠壁，再被吸收进入小肠绒毛的细胞内。这些脂质物质被吸收后，以乳糜微粒的形式被重新合成甘油三酯，随后进入血液循环。

磷脂在营养中起重要作用，它作为乳化剂来协助脂肪消化。然而，磷脂还通过形成微胶团的结构帮助脂肪酸吸收。溶血磷脂是一类特别的磷脂，比其他磷脂更亲水，所以特别有利于营养物质的吸收。溶血磷脂自发地与胆盐、脂肪酸和单甘油酯形成微胶团。与卵磷脂和其他磷脂形成的微胶团相比，溶血磷脂形成的微胶团更小、更稳定。

在实验室内进行的大鼠肠段研究表明，溶血磷脂酰胆碱增强了肠对油酸的吸收，有助于促进脂肪酸和大鼠肠黏膜内甘油三酯的结合（Rampone 和 Long，1977）。用一种商品化的溶血磷脂混合物对各种动物进行的研究表明，其可提高营养物质的利用率（Schwarzer 和 Adams，1996）。溶血磷脂促进营养物质的吸收益处通过它与 Caco-2 单层细胞的作用得到了进一步支持（Nakano 等，2009）。上述人员研究了胆碱、卵磷脂和溶血磷脂酰胆碱对用放射性标记油酸的油脂吸收的影响和胆固醇对油脂吸收的影响。胆碱和溶血磷脂酰胆碱分别使油酸的吸收增加了 11% 和 27%；同时，卵磷脂和溶血磷脂酰胆碱分别使胆固醇的吸收量增加了 2 倍和 5 倍。溶血磷脂酰胆碱在 3 种已检测化合物中的作用最大。添加脂质微胶团和试验试剂后，在培养基中乳酸脱氢酶释放量小于 1%，表明无细胞毒性。

酶在消化中的作用和溶血磷脂在增强吸收的作用符合图 4-1 的方案，饲料除必须提供易于消化和吸收的营养物质外，还必须减少炎症反应，这对保持良好的动物生长和性能至关重要。

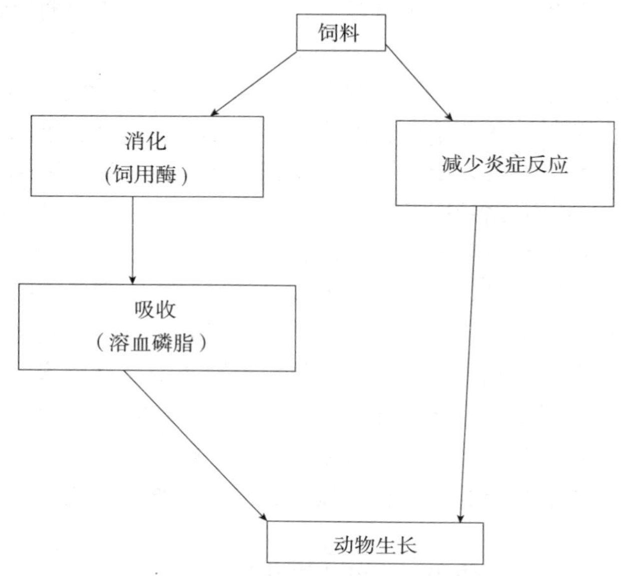

图 4-1 动物生长的最佳饲料利用效率

亚油酸的吸收对蛋重有影响。对于蛋鸡，亚油酸来源于日粮脂肪，溶血磷脂混合物和脂肪混合物的使用显著地增加了总平均蛋重（Bain 等，2000）。平均蛋重是控制鸡蛋生产利润的最重要因素之一，通过安全的、营养的手段来控制是全方位营养中一个有价值的技术措施。

矿物质吸收是在小肠通过被动吸收系统和主动吸收系统共同完成的另一项重要事项，也与其他生物化学机制紧密联系。例如，钙的吸收受维生素 D 活化形式 1，25-二羟胆钙化醇的调节。如同各种非消化性低聚糖一样，胃肠道中低 pH 环境能促进钙的吸收，饲料中草酸和植酸等化合物的存在可能降低钙的吸收，因为它们会形成高度不溶性的钙复合物。因此，植酸酶具有重要作用，它能水解植酸释放出的磷和钙。钙的酸性盐使用，如甲酸钙或丙酸钙可能是有益的。与石粉中以碳酸钙形式存在的碱性钙相比，这些钙盐是一种低缓冲性的酸性钙。

其他重要的矿物质，如锌、铁和铜，既是必需的日粮成分，也是潜在的有毒元素。锌和铁在胃肠道中的吸收很差。缺铁性贫血是哺乳仔猪的一个严重问题。母猪在妊娠期间，转移到胎儿的铁是有限的，母猪乳汁中含有非常低量的铁。一个相互矛盾的现象是，仔猪在早期生长期间，红细胞和体组织的迅速增加使得其需要大量而且不断增加日粮中的铁，这通过给新生仔猪注射铁来解决，但各种日粮来源的铁也很重要。硫酸亚铁作为铁源被广泛使用，饲料成分能极大地影响铁在胃肠道腔内的溶解度。动物难以排出过量的铁，因此铁的吸收受到严格调控，以防止过量的铁被吸收。

动物的矿物质营养也是环境污染的一个重要来源。大量的氧化锌（ZnO）作为抗菌剂，在许多仔猪饲料中得到了使用。高含量的氧化锌通常被用于控制仔猪断奶后感染。然而，对于微生物菌群来说，高含量氧化锌的影响不一定是有益的，因为高含量的氧化锌会导致与健康相关的乳酸菌属菌群的减少（Gresse 等，2017）。

高水平氧化锌的使用还存在其他问题，特别是锌可在肝脏、胰腺和肾脏中积累，这就对动物的健康产生了负面影响；而仔猪消化道中多重耐药大肠杆菌的比例不断增加，又对人类健康产生了负面影响。欧盟关于氧化锌使用的法律也发生了变化，现行立法限制氧化锌在动物生产中的最大使用量为 150mg/kg，因为疑似有环境污染。

长期以来人们认为铜对猪的生长有促进作用。但是，当给猪饲喂过量的铜时，大部分铜经过胃肠道并随粪便被排出体外，从而增加环境污染。出于这个原因，欧盟根据猪的年龄将猪饲料中铜的含量调整到 35～175 mg/kg。

解决环境问题的可行方法是提供有机矿物质元素。右旋糖酐铁是一种有效的铁源，其他可利用的有机矿物盐有丙酸盐、氨基酸络合物或蛋白质络合物等。然而，对有机矿物质的使用有几分争议，当用有机矿物盐替代无机矿物盐时很难证实矿物质的利用得到了显著改善（Cao 等，2000）。

吸收不良

动物对摄入饲料的有效利用需要各种生化反应和生理活动。饲料消化后营养成分的吸收是维持动物良好生长速度的至关重要的一步。对动物生产者来说，吸收减少或吸收不良均可导致严重的经济损失。吸收不良综合征是一个公认的问题，在家禽生产上尤为突出。在这种情况下，肉鸡虽然仍能存活，但体重几乎没有增加，因此出现了俗称“生长迟缓病（runting and stunting disease）”。吸收不良综合征（MAS）的病因通常不太清楚，因此治疗方案很难实施。小肠吸收表面受到损伤时，仔猪可能会出现吸收问题。可以确定的是，仔猪断奶后应激经常导致小肠绒毛的高度降低和绒毛功能低下，随后吸收营养物质的能力受限，进而阻碍了快速生长。通常绒毛损伤永远不会得到彻底修复，在日后的生命周期中，仔猪的生长性能也不会得到提高。

概括地说，饲料有效的利用需要满足以下条件：

■摄取到足够量的饲料。

■保证饲料成分的酶消化。

■保证消化释放的营养物质被吸收。

这些因素如图 4-2 所示。营养物质只有被吸收后才能促进动物生长。因此，营养物质的吸收处于机体供能的前沿。未被吸收的营养物质随粪便排出体外后可造成环境污染。对营养物质的有效吸收是全方位营养中至关重要的部分，需要比过去给予更多关注。

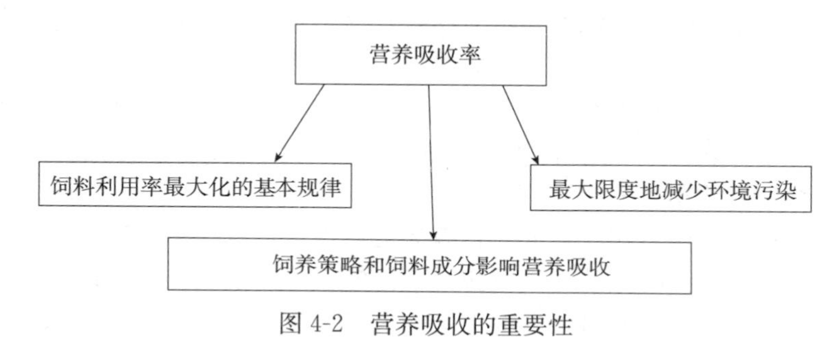

图 4-2　营养吸收的重要性

家禽饲料消化和营养物质吸收

家禽和哺乳动物所有的消化酶及生化过程是相似的。也许这并不奇怪，因为它们基本上吃同样的饲料原料。然而，家禽与猪和反刍动物的胃肠道具有不同的结构，这使得家禽在饲料的利用上与猪和反刍动物存在某些差异。家禽的消化道相对短，只有 1. 2m 长，而猪的消化道长 18m，并且家禽经大肠发酵后的饲料残渣比猪少得多。

摄入的饲料最初被保存在嗉囊中，经微生物发酵产生乙酸和乳酸。家禽体内的腺胃等同于哺乳动物的胃，直通肌胃，肌胃功能涉及饲料颗粒的机械分解和全粒谷物研磨。家禽有 2 个盲肠和 1 个结肠，由它们组成大肠，但是谷物籽粒在大肠中发酵得很少。事实上，它可能是家禽一个缺陷，因为处在无菌环境中的家禽通常比普通家禽生长得更好。尿液和粪便都通过泄殖腔而排出。

与成年家禽相比，幼禽消化系统发育不成熟导致一些日粮中的营养物质利用率很低。胃肠道发育、营养转运系统、胰酶分泌和胆盐合成都在一定程度上依赖于幼禽阶段饲料的摄入。这在现代肉鸡养殖中尤为重要。胃肠道供应系统必须迅速发育成熟，并为肌肉和骨骼的快速发育提供必要的营养底物。因此，育雏阶段的营养供应不仅直接影响雏鸡的生存和抗病能力，还影响生长速度和体重的最终实现。现在人们越来越关注幼禽的营养（Dibner，2000）。

雏鸡孵化时最初的营养来源是孵化期间未被利用的卵黄部分，其可占总体重的10%～25%。卵黄囊内容物有助于新孵化的雏鸡去适应从胚胎环境到独立生长。卵黄囊内容物富含脂肪和蛋白质，在孵化后的最初几天足以满足雏鸡的营养需求。孵化期间卵黄囊的营养成分迅速减少，孵化后第 3 天几乎耗尽。因此，为了充分发挥潜在的生长率，新孵化的雏鸡需要在出生后的 4～5d 内具备获得消化和吸收外源性营养的能力。雏鸡孵化后前 5d 是现代肉鸡整个生命周期中很重要的部分。雏鸡胃肠道必须快速生长和发育，才能获得预期的生长速度。

孵化后的 2～3d 内，雏鸡主要的能量来源是将卵黄中的脂肪变成日粮碳水化合物，并且雏鸡在孵化后不久就能消化淀粉。这一点很重要，因为淀粉是家禽饲料中占比最多的营养物质，以干物质基础计，家禽饲料中能含有高达50%以上的淀粉。家禽消化淀粉的能力很强（Svihus，2014）。

已经尝试各种早期雏鸡饲喂方案（Vieira 和 Moran，1999）。通过注射或口服一定剂量的葡萄糖既没有实用价值，也没有明显的利润。众所周知，丙酸是反刍动物有益的糖异生底物，广泛应用于治疗酮症。丙酸也是雏鸡的糖异生底物，并被雏鸡迅速吸收。丙酸和丙酸盐及丙酸钙和丙酸铵，作为霉菌和细菌抑制剂的成分，被广泛用于动物饲料。在饲料中添加霉菌和细菌抑制剂好像是明智的，其能保证雏鸡饲料很好地抵御霉菌和沙门氏菌等致病菌的污染，而且霉菌和细菌抑制剂的丙酸含量可能会额外生成一些葡萄糖。

幼禽很难消化和吸收来自饲料的饱和脂肪。充足的胆汁供应是有效的脂肪消化和吸收所必须的。幼禽十二指肠里胆汁的分泌可能不足以有效利用脂肪，特别是如果饲料里含有大量高度饱和脂肪的情况下（Jin 等，1998）。已尝试使用各种技术策略来提高雏鸡的脂肪消化率。当饲用含有大量饱和脂肪酸混合物时，添加胆汁盐可提高这种雏鸡对脂肪混合物的消化率。雏鸡饲料中添加脂肪酶提高了脂肪消化率，但降低了采食量和日增重，未能使得整体效益得到提高（Al-Marzooq 和 Leeson，1999）。在体外试验中，溶血磷脂增加了棕榈酸和硬脂酸的体外吸收率。表明溶血磷脂可能在早期雏鸡营养中发挥着重要作用（Schwarzer 和 Adams，1996）。

在雏鸡免疫系统成熟之前，卵黄囊都是提供免疫力的重要手段。鸡胚的被动免疫取决于母鸡的免疫力。特别是由母鸡提供的免疫球蛋白 IgG 在卵黄囊中积累，并在孵化期间和孵化后2d被鸡胚吸收。这些抗体更有利于给雏鸡提供早期免疫，而不是被用于营养。因此，重要的是尽早为雏鸡提供优质的可消化蛋白源，以节约免疫球蛋白。

某些饲料成分，特别是非淀粉多糖（NSP）和植酸影响家禽对营养物质的消化和吸收。大麦中的β-葡聚糖、小麦和黑麦中的阿拉伯木聚糖降低了肉鸡的整体营养物质消化率（Smits和Annison，1996）。各种甘露聚糖和半乳糖甘露聚糖也存在于植物中，因其具有凝胶形成性质而被广泛应用于食品工业中。瓜尔胶就是一个典型的例子。然而，家禽饲料成分中甘露聚糖含量通常很低，尽管大豆中有少量甘露聚糖。大量的甘露聚糖存在于棕榈仁粕和椰子粕中，但这些没有被广泛用于家禽日粮。有可能用β-甘露糖苷酶来帮助处理这些非淀粉多糖（Jackson等，1999）。普遍认为，非淀粉多糖（NSP）的摄取导致肠道内容物黏性增加。NSP对肉鸡生产性能的负面影响在很大程度上通过使用各种饲料用酶来解决，如β-葡聚糖酶和木聚糖酶（Bedford，2000）。这种做法已被证明是成功的，目前在以小麦或大麦为基础的肉鸡日粮中添加饲料用酶已经很常见了。

NSP引起黏度增加的一个显著负面结果是降低了脂肪消化率，这经常通过添加NSP-降解酶来改善。脂肪消化率、NSP酶和日粮的脂肪类型之间也存在相互作用。日粮中不饱和脂肪酸与饱和脂肪酸的比例影响脂肪的消化率和脂肪（或脂肪混合物）的代谢能（Wiseman等，1991）。肠道高黏度对饱和脂肪消化率的阻碍程度大于不饱和脂肪。此外，添加少量含不饱和脂肪酸的植物油可以改善饱和脂肪酸（如牛脂）的利用。不饱和脂肪酸和饱和脂肪酸之间这种相互作用的生理基础可能主要取决于饱和脂肪酸的乳化作用，以使饱和脂肪酸能够得到有效消化和吸收。

在家禽饲料中添加酶通常提高了小肠对营养物质的利用率。已经用含有α-半乳糖苷酶和木聚糖酶的复合酶产品证实了这一点（Jasek等，2018）。随着酶的添加，总回肠氨基酸消化率增加3.8%，蛋氨酸和赖氨酸消化率分别提高3.37%和2.61%，半胱氨酸消化率提高9.3%。饲料中添加复合酶产品使一个低能量水平饲料的回肠消化能提高0.38MJ（90kcal）/kg。

更重要的是，脂肪、淀粉和蛋白质的消化产物能快速被吸收，这使家禽的胃肠道微生物区系具有更大的竞争优势，特别是在家禽发育成熟和家禽胃肠道被细菌大量定殖时。当饲料中不再添加抗生素促生长剂时，这一点就变得更加重要，因此能有效控制胃肠道微生物菌群数量。

饲料混合物或食糜通过家禽的腺胃、肌胃到达小肠，由于食糜的pH低，因此在很大程度上没有竞争的细菌存在。当食糜进入十二指肠后，与多种消化酶、胆汁酸等分泌物混合，这些混合物也抑制了细菌的快速生长。易于消化的饲料被采食后，在健康的动物肠道内饲料成分被快速分解，营养物质更容易被吸收利用。随着饲料混合物通过小肠进入大肠，消化酶和胆酸浓度逐步下降，被细菌定殖的可能性较大。

然而，难消化的饲料其营养物质不能快速地被家禽消化和吸收，进入小肠后端将被肠道细菌所利用。促进肠道细菌繁殖的同时不可避免地促进了致病菌和其他有害细菌的生长，其中一些有害菌直接与疾病综合征相关。例如，产气荚膜梭菌（*Clostridia perfringens*）增殖将导致坏死性肠炎的发生，大肠杆菌菌群（*E. coli species*）的生长造成各种腹泻问题。与以玉米为基础日粮的家禽相比，坏死性肠炎更易发生在以小麦、大麦或黑麦为基础日粮的家禽上。说明日粮中由 NSP 引起的应激会促进致病微生物的生长（见第五章）。

抗生素生长促进剂在控制革兰氏阳性菌（如产气荚膜梭菌，*C. perfringens*）生长方面非常有效，这些产品的停用使坏死性肠炎更具威胁性。其他细菌种群能够使胆汁酸发生解离（deconjugate），导致脂肪消化受损，因为胆汁酸对于小肠中微胶团的形成是必需的。此外，胃肠道中细菌的过度生长也需要能量和蛋白质，这就减少了可用来供给家禽生长所需营养物质的数量。这些影响都对家禽构成了额外的应激，在缺乏抗生素生长促进剂的情况下，为了使家禽获得良好的性能，全方位营养必须着重减轻应激。在减少应激方面，饲料用酶的应用依然起着重要作用。虽然饲料用酶不能完全解决坏死性肠炎或其他肠道问题，但它们是解决方案的重要组成部分（Bedford，2001）。

对于家禽饲料中添加酶用于控制胃肠道微生物菌群的好处，一个有趣的解释是，酶对非淀粉多糖和其他日粮纤维的作用产生的各种非消化性的寡糖有利于益生菌生长（Courtin 等，2008）。如第五章所述，这些日粮纤维可能被回肠和盲肠中的有益菌群优先利用，而这些菌群大量增殖是以其他菌种（可能是有害菌）减少为代价的。这实际上也缓解了家禽的应激，进而促进其获得最佳生长和健康（Apajalahti 和 Bedford，1999）。这种构想在以黑麦为肉鸡的基础日粮中已经得到证实。在该日粮中，添加木聚糖酶显著减少了肉鸡胃肠道肠杆菌、总厌氧菌和革兰氏阳性菌的数量（Dänicke 等，1999）。

家禽通常采食大量以水苏糖和棉籽糖形式存在的非消化性寡糖，这些寡糖常见于豆粕和其他豆类中。由于小肠内缺乏内源性 α-1，6-半乳糖苷酶活性，因此这些寡糖中的半乳糖不能在小肠内被消化，而是进入大肠后被产气细菌发酵。然而，尚不清楚这些含半乳糖的寡糖是否也会对胃肠道的微生物菌群具有调节作用（见第五章）。

与猪相比，家禽在大肠中发酵的挥发性脂肪酸相对较少。因此，这些寡糖对家禽能量供应的贡献可能不大。这可能是尽管豆粕总能相同，但其在猪上的可利用能值要比家禽高的一个原因（Givens 和 Moss，1990）（表 4-1）。严格说来，将消化能与表观代谢能进行比较并不是完全合理的，因为猪的代谢能约为消化能的 96%，因此猪从豆粕中获得的可利用能要明显多于家禽。

表 4-1　猪和禽豆粕能值的比较（MJ/kg DM）

能值	猪	禽
总能	19.3	19.7
消化能	17.7	—
表观代谢能	—	11.2

然而，肠道黏性、日粮组成和禽类生理状态之间存在着复杂的相互作用。肠道内饲料混合物的黏性往往比单个的饲料高得多。无菌鸡的肠道食糜黏性要低于常规条件下饲养的普通鸡（Langhout，1998）。因此，饲料中添加酶类对普通家禽的有益影响要显著高于无菌家禽。

各种非淀粉多糖（NSPs）由戊聚糖、β-葡聚糖、果胶、纤维素和甘露聚糖组成，化学组成极为多种多样。这些物质加上木质素、抗性淀粉和难消化的蛋白质共同构成了一种异源性的混合物，需要多种不同的酶来降解。不同来源的酶可能具有各种不同的酶解特性和作用模式。然而，外源添加的酶类必须能足够广谱才能将这些异源性的混合物降解为适合吸收的小分子物质，但这是不大可能的。更可能的是，外源酶混合物的添加能部分降解这些物质，减少肠内容物的黏性，使正常的消化酶能更好地接触到饲料，并能将其消化。

植酸与各种金属离子络合形成的植酸盐，是动物饲料中的常见成分，它存在于所有植物种子中，但难以被单胃动物消化。禽类与其他单胃动物一样可采食大量不可利用的植酸磷。目前，植酸酶被广泛应用于家禽日粮中（Sebastian 等，1998），取代了添加无机磷的做法，这对环境有明显益处。然而，植酸酶的总经济效益取决于无机磷的相对价格和酶的使用成本。当然，出于对环境污染问题的考虑在动物生产中发挥越来越重要的作用，全方位营养也考虑到了这一方面（见第九章）。

在肉鸡和蛋鸡中，植酸酶能够大幅提高各种饲料原料中植酸磷的消化率，并增加磷的总沉积量（表 4-2）（Leske 和 Coon，1999）。

表 4-2　植酸酶对原料中植酸磷水解率和肉鸡总磷沉积率的影响（%）

原料	植酸酶水解率		肉鸡总磷沉积率	
	对照组	植酸酶	对照组	植酸酶
玉米	30.8	59.0	34.8	40.9
豆粕	34.9	72.4	27.0	58.0
小麦	30.7	46.8	16.0	33.8
麦麸	29.1	52.2	31.9	43.4
大麦	32.2	71.3	40.3	55.5
脱脂米糠	33.2	48.0	15.5	26.5
菜籽粕	36.7	55.8	39.4	45.7

植酸酶的应用比较复杂，因为许多饲料成分中含有内源性植酸酶。大麦、黑麦、小麦和小黑麦（triticale）中富含植酸酶，而玉米、高粱和油籽中的植酸酶含量要相对较少。如果麦麸没有经过过度加热处理，则可能是一种宝贵的植酸酶来源。植酸在各种饲料原料存在的部位也很重要，其存在于小麦的糊粉层、玉米的胚芽和大豆的蛋白体中（protein bodies）。

游离植酸很容易与蛋白质结合，这可能会阻碍蛋白质被酶消化，从而降低蛋白质的利用率。有报道称，植酸酶提高了家禽的氨基酸消化率。纵观植酸酶对蛋白质和氨基酸消化率的影响表明，饲料中添加植酸酶可使氨基酸和粗蛋白质的消化率提高 1%～3%（Kies 等，2001）。

植酸酶是一种磷酸酯酶，其提高氮利用率的确切机制尚未完全确立。在饲料原料中确实存在植酸-蛋白复合物，特别是在大豆粕中。植酸-蛋白复合物也可能在动物胃肠道中从头合成。另外，植酸盐还可以在胃肠道中与游离氨基酸形成复合物。蛋白水解酶可与植酸盐形成复合物，进而导致蛋白质的消化率降低。

在 pH 为 2～3 的条件下，各种饲料原料中可溶性蛋白质与植酸盐之间会形成一个非常牢固的复合物（Jongbloed 等，1997）。用植酸酶预处理植酸盐可以阻止植酸-蛋白复合物的形成。当复合物形成后，在植酸酶的作用下，胃蛋白酶从该复合物中水解蛋白质的速度明显加快。实际上，该反应似乎取决于蛋白质来源，很难确立一个固定的提高幅度来定量添加植酸酶对氨基酸的利用率（Bedford，2000）。

植酸是一种很强的螯合剂，在中性 pH 下可与各种金属离子形成多种不溶性盐，以减少金属离子在消化道内的吸收和利用。特别是锌（Zinc），能够与植酸形成高度难溶复合物，这就影响了锌的吸收。饲料中钙含量与植酸酶活性之间也存在相互作用。日粮中钙含量高会使植酸沉淀为难溶的植酸钙，植酸钙更难被植酸酶水解。植酸钙不仅与钙含量的绝对值有关，而且钙磷比也很重要，钙磷比越大植酸酶的酶解效应越差。维生素D也起作用，其含量增高，钙含量降低，甚至在没有添加植酸酶的情况下也能提高植酸盐的利用率。

利用有机酸（如乳酸或柠檬酸）可以有效提高植酸酶的表观活性。饲料中含4%～6%的柠檬酸可显著提高肉用仔鸡对植酸的利用率（Boling等，2000）。当柠檬酸被添加到含有大量植酸但磷缺乏的玉米-豆粕日粮中时，肉用仔鸡的体增重和胫骨灰分含量显著增加。胫骨灰分增加与饲料中添加植酸酶获得的结果一样。这充分说明柠檬酸通过增加植酸的利用而发挥了有效的作用。此外，对于磷缺乏但不含植酸的日粮，添加柠檬酸不会引起任何反应。

使用非常规高剂量的微生物植酸酶（＞2 500FTU/kg）进行了大量的植酸酶研究（Cowieson等，2011）。在肉鸡试验中，饲料中的植酸酶含量为950～7 600 FTU/kg，当植酸酶的添加量为7 600 FTU/kg时21日龄肉鸡的体增重和骨灰分达最大值。与无植酸酶对照组相比，体增重和骨灰分分别增加了131%和59%，表观植酸盐-磷消失率从950 FTU/kg的38.9%提高到7 600 FTU/kg的94.4%（表4-3）。

表4-3　高剂量植酸酶对肉鸡生长、骨灰分和植酸盐-磷消失率的影响

植酸酶（FTU/kg）	21日龄增重（g）	骨灰分（%）	植酸盐-磷的消失率（%）
0	85	25.6	无报道
950	156	33.7	38.9
1 900	176	36.1	55.6
3 800	182	40.2	88.9
7 600	196	40.6	94.4

在猪和家禽中，可以取得显著的性能效果，包括降低料重比和改善体增重。虽然确切的机制尚未确定，但可能涉及恢复营养物质释放的平衡，特别是对于Ca和P，更完全和快速地破坏植酸盐。此外，还可能与较低分子质量肌醇磷酸酯和肌醇的产生有关，肌醇磷酸酯可以帮助脱磷酸吸收。超剂量使用植酸酶是有益的，大量使用不仅对动物生产性能、健康和福利有影响，而且对肉

和蛋品质可能也有影响。

猪的饲料消化和营养物质吸收

谷物和油料籽饼粕蛋白质是猪和家禽的传统饲料原料，同时也是人类食品、生物燃料和生物工业产品的原料，因此市场上对其的需求量越来越大，它们产生的副产品，如干酒糟及其可溶物（distillers dried grains with solubles）、小麦制粉副产品、菜籽粕和葵花籽粕都能用于猪饲料生产。尽管如此，在猪日粮中加入上述原料并不一定会降低每千克增重的饲料成本。因此，现有的饲料原料和新的饲料原料在猪日粮中的使用必须遵循能量、氨基酸之间的平衡。替代原料中也有高含量的多种抗性营养因子，如高水平的纤维、单宁、硫代葡萄糖苷和热不稳定的胰蛋白酶抑制剂。总之，替代原料的饲喂可能降低猪肉的生产成本，但必须仔细评估（Woyengo 等，2014）。

替代原料成分或副产品中可能含有高水平纤维，生产中比较经济。然而，猪的胃和小肠不能产生内源性的酶以降解纤维组分，如细胞壁非淀粉多糖（NSP）和木质素。因此，日粮纤维和消化率之间呈负相关（Yin 等，2000；Lin 等，2011）。干物质、粗蛋白质和氨基酸消化率也有类似关系。总能量回肠表观消化率下降 32%，而粗蛋白质表观消化率下降 12%，氨基酸消化率下降 6%。

对猪来说，日粮非淀粉多糖、回肠消化率和营养物质吸收之间呈负相关，这至少部分是因猪和禽都缺乏 α-1，6-半乳糖苷酶。α-1，6-半乳糖苷酶是消化 α-半乳糖苷、水苏糖、棉籽糖所必需的，这些寡糖在大肠中被发酵成挥发性脂肪酸。很明显，给生长猪饲喂于高纤维日粮（主要是小麦的 NSP），小肠中挥发性脂肪酸的产量会增加（表 4-4）（Yin 等，2000）。

表 4-4 小肠中挥发性脂肪酸产量和饲料中粗纤维含量之间的关系

粗纤维（g/kg）	28.9	29.0	50.2	63.8
挥发性脂肪酸（g/kg 干物质采食量）				
乙酸	2.78[a]	2.81[a]	3.83[b]	3.82[b]
丙酸	0.51[a]	0.46[a]	1.02[b]	1.28[b]
丁酸	0.35[a]	0.30[a]	0.47[b]	0.46[b]
总计	3.64[a]	3.57[a]	5.32[b]	5.56[b]

注：[a,b] $P<0.05$。

在猪日粮中添加 α-半乳糖苷酶可降低盲肠中挥发性脂肪酸（VFA）的产量并改善整体生产性能。表明这些寡糖在小肠中被 α-半乳糖苷酶消化（Baucells 等，2000）。然而，尚不清楚这些寡糖在调节大肠微生物菌群方面是否有价值，或者它们是否能更好地直接用作小肠的能量源。猪大肠的发酵能力强，对不易消化的寡糖的利用率比家禽高更多。如表 4-1 所述，猪比家禽从豆粕中获得更多的能量，可能是由于这些寡糖被更有效地发酵成 VFA。

NSP 对营养物质消化率的影响也可以用食糜通过消化道的流通速度来解释。日粮纤维不仅对大肠微生物发酵有影响，也对小肠微生物发酵有影响。猪的小肠比家禽的相对要长，这增加了食糜在胃肠道中的转运时间，为微生物在小肠中的定殖提供了更多的机会。

在饲料中添加 α-半乳糖苷酶、β-葡聚糖酶和木聚糖酶等酶可以提高营养物质的利用率。木聚糖酶有望通过破坏或溶解细胞壁多糖而发挥作用。这将减少或消除细胞壁的囊化作用（encapsulating effects），并可能提高营养元素的消化和吸收。然而，在一项 Meta 分析研究中发现，单独添加木聚糖酶或与 β-葡聚糖酶同时添加对仔猪生长和营养消化率有不一致的影响（Torres-Pitarch 等，2017）。外源植酸酶添加后，提高了仔猪生长率、磷消化率和骨盐沉积。当甘露聚糖酶和/或蛋白酶被添加到饲料复合酶时，生长和营养元素消化率都得到了改善。

给猪和禽饲料中添加酶的结果有差异，一种解释可能是猪与家禽的解剖结构不同。对猪来说，胃是摄入饲料的主要贮存器，胃液的 pH 可能下降到有害酶活性的低水平，自由采食的猪其胃液 pH 很少高于 3.0。虽然家禽的嗉囊和肌胃可能达到这种低 pH 水平，但是与猪相比，家禽暴露在低 pH 下的时间要短得多。因此，对于禽而言，大部分酶活性可能被保留到小肠中。为了使外源性添加的酶对猪产生有利影响，它们必须被保护起来，以免受胃区低 pH 的影响。因此，在决定猪营养中饲料酶的效率方面，酶包被或具有固有的稳定性是一个重要因素。

磷代谢、植酸酶和植酸盐的利用在猪及家禽中已经得了充分研究（Dersjant-Li 等，2015）。来自酵母和黑曲霉的植酸酶提高了生长猪饲料中磷的生物利用率（Matsui 等，200）。植酸酶处理组的猪其回肠食糜中的植酸磷含量比对照组平均低 42%。另外，植酸酶处理还降低了粪便中总磷和无机磷含量（平均比对照组低 36%）。然而，饲料中添加柠檬酸在提高猪植酸利用率方面没有作用，但在家禽上效果显著（Boling 等，2000）。

饲料中添加超过 7%～10% 的纤维会抑制猪的生长（Varel 和 Yen，

1997)。对高纤维水平的这种影响有几种解释：能量会被稀释，营养物质和矿物质的消化和吸收会被降低，小肠内源性损伤可能会增加。另外，高纤维能赋予一些好处，比如降低胃溃疡的发生率和肠道致病菌的量，特别是在不使用抗生素的情况下。

与仔猪相比，成年猪和母猪利用高纤维日粮的能力更强。在成年猪和繁殖母猪饲料中创造性地使用新的高纤维饲料原料非常有前景。一些纤维性饲料原料容易经发酵处理，如甜菜渣、大豆皮和麸皮，它们可能是有用的饲料原料。

由于母猪体重过重会对运动和繁殖功能产生不利影响，因此限饲是妊娠母猪的一种常见饲养措施（Agyekum 和 Nyachoti，2017)。但限饲存在的一个问题是不能提供足够的饲料来满足母猪的饱腹感，这种饱腹感的缺乏会导致攻击性和重复性定型化行为（stereotypic behaviours)。母猪限饲也是一个福利问题。因此，通常会在限饲妊娠母猪的日粮中掺入纤维性饲料，以减少其饥饿感，并克服与限饲有关的攻击性和行为问题。这样做的好处是由母猪较少的定型行为可减少维持所需的能量，从而留下更多的能量供母猪支配和仔猪生长。高纤维日粮也能产生更多的挥发性脂肪酸（VFA)，特别是乙酸。乙酸能直接参于乳脂合成，从而提供高能乳汁。

反刍动物的饲料消化和营养物质吸收

反刍动物的消化情况比单胃动物要复杂得多。哺乳期的幼龄反刍动物基本上属于单胃型消化，但是当羔羊或犊牛开始采食固体饲料时典型的四室瘤胃就开始发育。

在反刍动物中，在进食过程中饲料先与大量唾液混合，然后在反刍过程中再次与唾液混合。饲料被分解一部分是通过瘤胃壁物理性收缩来实现，另一部分是通过反刍来实现，其中粗粒饲料在返回瘤胃前被完全咀嚼。

饲料同样被酶消化分解，但是反刍动物不像单胃动物一样自己产生消化酶，而是由瘤胃微生物菌群产生。瘤胃系统实际上是一种适合多种厌氧细菌和原虫生长的连续培养系统。已消化的饲料成分主要由瘤胃微生物发酵成挥发性脂肪酸、甲烷和二氧化碳。这些气体通过嗳气排出，挥发性脂肪酸通过瘤胃壁吸收，构成了反刍动物主要的能量来源。一些微生物细胞和未降解的饲料成分经皱胃运送进入到小肠，在小肠被酶消化，已消化的营养物质通过小肠壁吸收。

反刍动物可以高效消化和利用饲料纤维，尽管即使在完美的饲养条件下，整个胃肠道的纤维消化率也低于 65%（Taghizadeh 和 Nobari，2012)。提高饲料纤维消化率肯定是可行的，比较普遍的做法是在反刍动物日粮中补充酶，以力图提高饲料的总体利用率。在奶牛饲料中添加酶可以提高平均 1.6kg/d 的干物质采食量及 1.3kg/d 的产奶量（Beauchemin 和 Rode，2001）。饲料用酶能有效用于全混日粮，但是它们要么被添加到谷物饲料内，要么被添加到干草内。将酶添加到干饲料成分内可以创造出一种稳定的酶-饲料混合物，酶将在瘤胃中继续维持活性。

酶在反刍动物体内的作用方式还没有完全确立，要完全消化反刍动物常规日粮中复杂的纤维需要大量的不同种类的酶，目前还没一种饲料酶产品能提供纤维完全消化所需的所有酶类。据推测，酶制剂与瘤胃微生物菌群的协同作用将有助于日粮纤维的消化，提高瘤胃的总水解能力。

在反刍动物，饲料消化的一个重要方面是对瘤胃内 pH 的管控，因为瘤胃内的 pH 是一个关键决定性因素，它可决定用于被吸收的营养物质的组成和比例。通过产生过量的酸来降低瘤胃 pH，进而降低纤维降解和乙酸/丙酸比及降低甲烷的形成（Dijkstra 等，2012）。在全方位营养策略里，瘤胃 pH 的管控可能是现代奶牛营养面临的主要挑战。瘤胃内低 pH 会导致一系列代谢性疾病，如酸中毒和常见的亚急性瘤胃酸中毒（subactute ruminal acidosis，SARA）。

反刍动物大肠同样有很强的发酵能力。当饲料成分在瘤胃未被充分消化而到达盲肠时，大肠的这种发酵能力就占优势。马有发达的结肠，可用于摄入的饲草料的消化。

未来研究方向

相当多的精力已经投入到设计控制瘤胃发酵策略上，这无疑将继续下去，特别是致力于管控瘤胃 pH 方面。对于单胃动物来说，更有效地调节胃肠道的生长和发育将是今后提高动物生产性能的重要途径。胃肠道的调节不仅在营养物质消化和吸收方面有价值，而且在控制各种肠道疾病方面也极为重要。抗生素促进剂在提高饲料利用率和调节胃肠道微生物菌群方面发挥了重要的作用。全方位营养未来制定的策略必须是围绕如何利用营养活性物质和新型饲料资源，在更加经济的方式上实现高水平的动物生产。

新型饲料资源

现代饲料生产和集约化动物生产依靠的原料范围相当狭窄，主要是以谷物和油料种子为基础。这与人们经常表达的担忧有关，即把谷物饲喂给动物而不是直接给人类食用，就是所谓“小麦或肉类战略（wheat or meat strategy）”（见第九章）。多种纤维性饲料原料是可用的，但人类不能直接食用，包括来自人类食品加工的各种副产品，如小麦和大米加工副产品。许多其他原料也可用于动物营养，如油籽粕、甜菜粕、棉籽粕、椰子粕、棕榈仁粕，以及大量的饲草和糖蜜。

由于大肠中微生物菌群组成存在差异，因此成年猪和繁殖母猪比人类具有利用日粮纤维的更强的能力。猪的大肠内具有在反刍动物中发现的所有重要的纤维降解菌。因此在未来，不适合人类直接食用的原料可用来养猪。但必须确定这些原料的营养特性，并开发饲料加工系统以便高效利用这些纤维性饲料原料。

家禽的消化道比猪的短很多，本身消化纤维能力就低。那些谷物来源但不能供人类直接食用的原料，可以通过添加各种酶进行预处理来提高消化率，之后再将其用于家禽饲料配方中。

涉及饲料营养物质消化和吸收方面的一项重大创新也将来自基因工程。传统的植物育种总是寻求提高农作物的营养品质，现已经培育出高赖氨酸和高油玉米品系。低芥酸水平的油菜籽问世是商业上的一个成功。然而，用作饲料原料的农作物仍含有许多抗营养因子，如大豆中的胰酶蛋白酶抑制剂、油菜籽中的硫代葡萄糖苷、葵花籽中的果胶、大麦中的β-葡萄糖苷及小麦和黑麦中的戊聚糖。

植物来源的饲料原料通常含有少量的蛋氨酸和赖氨酸。例如，玉米中的赖氨酸含量低，大豆中的蛋氨酸含量低。作物的许多品质特征可通过基因来修饰改良，以生产具有增强营养品质的饲料原料。高赖氨酸、高油玉米（O’Quinn等，2000）和高含量的β-胡萝卜素“黄金玉米”（Potrykus，2001）的成功培育，已经在一定程度上实现了这一目标。由于β-胡萝卜素是维生素A的前体，而常吃米饭的人缺乏维生素A，因此这种大米对人类营养具有极大的价值。维生素A在人类视力的发育和维持中非常重要，显然富含这种维生素的基础粮食将具有重要价值。但由于存在人们接受转基因植物的顾虑，因此妨碍了它们的广泛利用。

矿物质

饲料中各种矿物质的过量使用对环境是一个严重的污染，因此欧盟饲料中铜和锌的含量已经降低。人们对各种有机矿物质络合物的使用非常感兴趣。它们提供更多使用的可能性，即给动物的饲料中矿物质的含量得以降低，肯定会对环境产生有益的影响。

植酸、有机酸和植酸酶之间的相互作用也值得进一步研究。有机酸已广泛用于饲料卫生计划（见第二章）和调节胃肠道微生物菌群方面（见第五章）。添加有机酸等化合物有很多好处，它是安全、便宜而且直接用于人类食品中。在全方位营养的理念中，有机酸将是重要的饲料成分。

酶

在饲料原料加工制备中，酶作为辅助手段发挥着有益的作用。有许多不同的商品级蛋白水解酶可用于消化屠宰场副产品中（如猪血、家禽原料和水解羽毛）的蛋白质。对仔猪来说，这种酶促水解蛋白质是一种宝贵的饲料原料成分，饲喂该种原料与饲喂鱼粉获得的生长性能相同（Lindemann 等，2000）。另外，采用这种方法还有额外的价值，因为当诸如此类的副产品转化为高价值的饲料原料时，它们就变成了一种经济资产，而不是环境污染源。

液体饲喂已广泛用于猪的饲养，这里酶作为辅助加工手段将有许多应用机会。非淀粉多糖和各种蛋白质都能用各种商品级酶进行预先消化。

改善酶在饲料中的应用将取决于对饲料原料成分中各种底物的更好了解。饲料原料中果胶和细胞壁成分对酶攻击的敏感性仍不完全清楚。抗性淀粉、难消化的蛋白质和植酸之间的相互作用使得酶的应用极为复杂。植酸和植酸酶之间的相互作用可能对单胃动物利用蛋白质有影响（Selle 等，2000）。植酸与蛋白质结合后可能对蛋白质的消化产生不良影响，并且是不可用的磷源。因此，设计日粮时需要充分考虑到植酸-蛋白质相互作用的营养相关性，以使蛋白质和磷二者的利用率达到最大化。

构成营养物质的各种分子中含有多种化学键，这就需要不同种类的酶将其降解成适合小肠吸收的单位。由于通过使用商业酶的混合物很难实现这一点，因此拓宽饲料用酶的类型具有巨大的空间。然而这可能在经济上难以证明其合理性，因为许多常用的饲料酶最初是为能在其他工业上使用而开发的，如造纸、酿造、纺织加工和食品制造。令人感兴趣是，在未来动物营养专用酶的开发方面将来会取得哪些成果。

阿魏酸酯酶是一种具有潜在价值的新的饲料用酶。阿魏酸（4-羟基-3-甲氧基肉桂酸）是一种酚酸，存在于植物细胞壁的半纤维素中，其与阿拉伯糖残基交联后可形成阿拉伯木聚糖分子。源自链霉菌属的阿魏酸酯酶能从玉米糠、脱脂米糠和麦麸等饲料组分中分解出半纤维素，释放阿魏酸（Uraji 等，2014）。魏酸酯酶具有促进健康的作用，在消化过程中可用于分解植物细胞壁结构（Faulds，2010）。

酶自身的特性也很重要。许多酶不能承受现代饲料制造业中广泛使用的高温制粒、蒸汽调节或挤压工艺的严格要求，目前的解决办法是采用在制粒后喷涂液态酶。然而这方法有一个缺点，即需要复杂且昂贵的液体应用系统。因此，需要研发出更多耐高温的酶制剂，其粉末制剂可用于饲料高温加工过程中，而不需要在制粒后喷涂液体。耐热酶存在于自然界的微生物中，这些微生物栖息于温泉中，即所谓的“极端微生物”，将来这些酶可以进行规模化工业生产。

另一种提高饲料原料消化率的策略是对作物进行基因修饰，使其含有消化酶。转基因谷物或油籽可以生产高含量的植酸酶。β-葡聚糖酶和木聚糖酶等非淀粉多糖降解酶引入到谷类中可以减少肠道高黏度的问题。磷脂酶 A_2 将卵磷脂转化为溶卵磷脂，有助于营养物质的吸收。富含这种酶的饲料原料或许能被消化道更好地吸收。

饲料消化的终产物

在消化道内有两个重要的生理过程，即饲料成分的消化和营养物质的吸收。然而，消化在本质上会产生一系列新的分子物质，如各种肽、寡糖、甘油三酯衍生物和磷脂。这些消化产物肯定具有各种生理功能并可作为宿主动物的营养来源，从而使人们越来越多地重视消化道内酶催化产生的终产物。

此外，鉴于饲料成分的分子复杂性，饲料酶添加剂不大可能将所有难消化的饲料成分都分解为简单的单糖或氨基酸，以便于吸收。相反，它们将产生各种不易消化的寡糖和肽。从生理学角度来说，这些寡糖和肽对胃肠道而言可能是新的东西。更好地理解这些低聚产物在维持肠道有益菌上发挥的作用，将成为全方位营养的一个重要组成部分。

传统认为到达小肠的饲料蛋白质可作为必需氨基酸和非必需氨基酸的来源。然而考虑到动物摄入蛋白质的数量和种类的复杂性，就会产生出多种多样的肽。这些肽在消化道内经常能耐受进一步的蛋白酶解，这就意味着大量不同的肽能一直存在于消化道内容物中。这些来源于饲料蛋白质的肽类被称为生物活性肽（bioactive peptides，BAP）（Froetschel，1996；Sánchez 和 Vázquez，2017）。BAP 能被完整吸收，通过与特异受体结合来调节消化、食欲、免疫功能和内分泌代谢。植物和动物蛋白源中都含有生物活性肽，现已对奶、小麦和大豆蛋白进行了深入研究。

β-酪蛋白中的一条特殊肽链序列已得到了广泛研究。这种生物活性肽是从β-酪蛋白水解产物中分离出来的，称为β-酪啡肽。在β-酪蛋白消化过程中，生物活性肽被完整地吸收而释放到小肠中，可以抑制胃肠蠕动和减缓胃排空速度。

生物活性肽存在于各种蛋白源中，如小麦、奶和大豆，类似于三肽大小。它们影响不同物种的胃肠蠕动和食糜流通率。然而，在营养物质介导控制的消化功能、新陈代谢和采食方面，它们的重要程度尚不清楚。从牛奶和其他蛋白源获得这些肽类表明，肽类大小、结构和功能表明其普遍存在，但大多数情况下其作用尚不清楚。

毫无疑问，从日粮蛋白源中获得更大的生理价值是有潜力的。使用特定的蛋白水解酶可能在饲料中产生生物活性肽，并对动物生长和生产性能产生有益的影响。这将需要大量的工作来确定已知饲料蛋白源中生物活性肽序列的存在，并且找到合适的酶以在胃肠道中产生这些生物活性肽。这在将来是可以实现的。

源自非淀粉多糖酶的作用产生新型寡糖的重要性和潜在益处尚未得到充分认识。非淀粉多糖酶被认为是有益的，因为它们降低了肠内容物的黏度。然而，它们还必须产生一群可以作为益生元的新型寡糖。如前所述，使用相对少的非淀粉多糖酶类不会将β-葡聚糖、戊聚糖、甘露聚糖、果胶或纤维素降解为单糖，而是会产生一群寡糖，并且在很大程度上这些寡糖的生理功能尚不清楚。在家禽营养中已经考虑到这种可能性了（Courtin 等，2008）。

如第五章所述，已经广泛研究了各种已知的非消化性的寡糖或益生元具有调节大肠中微生物组的能力。应用非淀粉多糖降解酶类产品的难点在于大多数情况下终产物尚未被鉴定，所以会产生哪些生理反应都无法确定。

脂肪、油和磷脂的消化产物也具有发挥生理作用的潜力。例如，棕榈仁油和椰子油中富含中链脂肪酸——月桂酸，这种脂肪酸通过脂肪酶作用释放到胃肠道中。来自椰子油的月桂酸对金黄色葡萄球菌属、链球菌属和乳酸菌属有抗菌活性，但对大肠杆菌的抗菌活性不是很活跃（Abbas 等，2017）。月桂酸和月桂酸单甘酯对革兰氏阳性菌具有抗菌活性（Kabara，1978）。月桂酸、月桂酸单甘酯、辛酸和乳酸的混合物对控制奶牛乳腺炎有效（Bodie 和 Nickerson，1992）。特别是日粮中不再添加抗生素生长促进剂时，应用各种脂肪酸可能是有益的。使用特殊的饲粮油脂，如棕榈仁油或椰子油，连同适当的脂肪酶可通过全方位营养调节方式来更好地控制肠道微生物菌群。

同样，磷脂的消化产物可能具有重要的生理作用。卵磷脂时常作为营养源或乳化剂被掺入到日粮中。如上所述，磷脂酶 A_2 作用于卵磷脂后可产生溶血磷脂，而溶血磷脂具有促进吸收的作用。

全方位营养一方面需要将消化的终产物看作营养源，另一方面需要将其视作具有不同生理效应的物质的来源。可以想象，将来明智地选择饲料成分和恰当的消化酶将提高饲料的价值。精心的饲料配方有助于动物应对健康挑战，并确保饲料成分能有效地被消化成易于动物吸收的养分。

（罗　正　译）

第五章 CHAPTER 5

争夺主导权：胃肠道的全方位管控

胃肠道不仅是动物体内最大的器官，因其需要耗用摄入能量的 20%，而且也是动物体内消耗代谢能最多的器官（Cant 等，1996）。在单胃动物中，与其他器官相对来讲，胃肠道有着最高的蛋白合成率，其合成率超过了整个机体每天蛋白合成率的 20%（Van Der Meulen 和 Jansman，1997）。肠道也是动物机体内最大的内分泌腺，分泌至少 20 种激素、功能性肽及其受体。另外，肠道还是动物机体内最大的免疫器官，在肠道相关淋巴组织（gut-associated lymphoid tissue，GALT）中存在大量的淋巴细胞核免疫细胞。

在单胃动物和反刍动物中，胃肠道存在有两个重要的生物化学过程：酶解消化和微生物发酵。在反刍动物中，食糜经瘤胃微生物发酵之后，进入肠道进行酶解消化过程；而在单胃动物中，食糜经过胃和小肠酶解消化之后进入大肠进行微生物发酵。在反刍动物中，由微生物发酵提供机体主要的营养元素供给而显得十分重要；而在单胃动物中，由于微生物发酵在营养元素供给方面有限，因此其重要性不明显（Ewing 和 Cole，1994）。

胃肠道内主要包含两种不同的物质，一种是摄入的饲料成分或食糜，另一种是微生物菌群。微生物菌群通常是被定义为定殖在肠道中的共生微生物菌群和致病微生物菌群，主要包括细菌、真菌、原虫和病毒。

胃肠道微生物菌群是个复杂的动态生态系统，由数百种不同的微生物组成，其中以细菌为主，占到粪便总重量的 60%。胃肠道微生物菌群影响胃肠上皮细胞的生长和分化，在营养元素利用、代谢、免疫和机体防御方面有重要功能。胃肠道微生物紊乱，又称微生物菌群失衡（dysbiosis），是免疫、心血管和代谢疾病的致病因素。

胃肠道微生物菌群的数量很不容易估计，多年来学者们通常认为人类胃肠道微生物菌群细胞数量大约为人体细胞的 10 倍。但是随着研究的深入，现在对这一估算值大大降低。结肠中的细菌数量最多，而胃和小肠中的细菌可以忽略不计。据估算，结肠内含有 3.9×10^{13}个细菌。一个体重为 70kg 的男性，其体内的细胞总数大约为 3.0×10^{13}个。据此计算，胃肠道细菌数/体细胞细菌数的比值为 1.3（Sender 等，2016）。尽管如此，3.9×10^{13} 这个数值依然是非常大的。现在普遍共识是，在所有物种中，微生物菌落中都含有大量的微生物细胞。

在猪胃和小肠前端的细菌数量（优势菌为乳酸菌和链球菌）相对比较少（10^3～10^5个，以每克或每毫升内容物计）；反之，在小肠末端微生物种类多样性和数量都增加（10^8个，以每克或每毫升内容物计）（Kiarie 等，2013）。

对于鸡来讲，淀粉分解开始于嗉囊，生成的葡萄糖在由各种乳酸菌占优势的微生物菌群（细胞数高达 10^9 个/g 以上）的作用下经发酵形成乙酸。当然乳酸菌也是腺胃和肌胃的优质菌群。由于胃液中含有盐酸和胃蛋白酶，因此 pH 比较低，乳酸菌总数限制在 10^8个/g 以下。在小肠内栖居着大量以乳酸菌、肠球菌和各种梭菌科为主的菌群，细胞数量为 10^9～10^{11}个/g。盲肠是微生物细胞数量最多的部位（10^{11}个/g），消化道食糜在其中滞留的时间最长，达 12～20h。盲肠是涉及肠道健康和营养利用有关的尿素循环、水分调节和碳水化合物发酵最重要的场所。鸡盲肠中最常见的是类杆菌、蛋白杆菌，其余部分为放线菌（Barnes，1972）。

在牛的瘤胃中，微生物菌群是一个非常大的群体，估计每毫升内容物中含有超过 10^{10}个细菌细胞、10^9个噬菌体、10^8个原虫、10^7个古生菌和 10^3个真菌孢子（Foutsetal，2012）。

消化道内微生物菌群的发育是促进免疫耐受的基本要求，因此可以减轻或消除自身免疫性疾病（Price 等，2016）。这些微生物菌群中 90% 以上的细菌分属于两个门，即拟杆菌门和硬壁菌门。在这些微生物菌群中最常见的细菌有双歧杆菌、乳酸菌、类杆菌、鲁米诺球菌、梭菌、大肠杆菌、链球菌和葡萄球菌。各种双歧杆菌、乳酸菌、类杆菌和鲁米诺球菌普遍被认为是对健康有益的，而梭菌、大肠杆菌、链球菌和葡萄球菌则是致病菌。因此，不同种类细菌之间的平衡对健康有着重要的影响。正常的生态平衡受到干扰将出现菌群失衡，导致共生或无害的微生物与致病性微生物之间产生不平衡。

消化道微生物菌群中含有大量的基因。在人类胃肠道微生物菌群中大约有330万个基因，而整个人类基因组中大约有22 000个基因。因此，肠道微生物菌群拥有的基因数是人类基因组的150倍（Zhu等，2010）。基于如此庞大的基因阵列（array of genes），微生物菌群中的各种微生物能够产生出非常广泛的代谢产物。

在所有动物中，消化道微生物菌群中含有大量的各种各样微生物，它们含有的基因数量远远超过了动物机体内细胞和基因数量的总和。如此庞大的多种微生物必然意味着消化道微生物菌群实际上是一个生化的发电站，承担着各种生理活动，包括营养物质消化、对免疫系统的影响、维生素合成和可能的致病效应等。在大肠内，细菌发酵纤维和蛋白质产生的挥发性脂肪酸，如乙酸、丙酸和丁酸是结-直肠组织的重要能量来源，并维持该组织的完整性。挥发性脂肪酸也被吸收到血液中，并影响到肺等组织的免疫功能和炎症。然而，一些蛋白质发酵产物，如氨、酚类和硫化氢是有毒的。

现在，消化道微生物菌群的重要性已变得更加明显，它被认为是一个对宿主健康和疾病具有重要影响的复杂群落。有人建议，人类和其他高等生物体实际上应该被认为是与它们的微生物菌群相互作用的“超生物”（Oakley等，2014）。动物宿主和其体内的微生物菌群是一种共存的关系。宿主为微生物菌群提供了栖居环境和恒定的营养源，与此同时微生物菌群基因补充了具有额外代谢途径的可用基因信息，并且宿主-微生物菌群的相互作用调节了动物发育和大脑进化（Wileyetal，2017）。

现在已经很清楚消化道微生物菌群与动物健康、营养、食品安全和公共卫生有着非常重要的关系。因此，制定维持最佳微生物菌群的营养策略是非常重要的，反过来将减少抗生素的使用。

健康微生物菌群的一个重要参数是包括抵抗力和恢复力在内的稳定性（Backded等，2012）。这种稳定性取决于微生物菌群对响应应激因素改变的能力，或在被应激因素扰动后恢复到平衡状态的能力。例如，一个健康的微生物菌群能够抵抗病原体进入、日粮改变或使用抗生素等药物而产生的扰动，并在之后恢复健康状态。经抗生素治疗后，健康的微生物菌群通常在几周后恢复到原来的状态。面对持续的和潜在的破坏性扰动，微生物菌群保持稳定的能力对于动物保持健康和避免疾病是很重要的。

日粮变化发生在孵化、出生和断奶时对胃肠道上皮细胞分化及生长的影响尤为明显。刚出生几周的动物，其胃肠道形态就发生了很大的变化，蛋白质从头合成增加，日龄增加和日粮改变导致消化功能也发生了变化。在同一时期，迅速变化的黏膜上皮表面被微生物菌群中的各种细菌群所占据。在大多数动物中，宿主生理、饮食和胃肠微生物之间的动态平衡导致构建以共生生物存在为特征的稳定的微生物生态系统，它们对维持和建立健康的胃肠道免疫系统有着积极的影响。然而，对胃肠道生态系统的干扰往往发生在新生动物身上，断奶前仍然是发病率和死亡率最高的时期。营养不良会导致肠道感染，导致仔猪和其他幼仔的黏膜损伤。这些症状是由发育中的黏膜免疫系统相对不成熟，以及在幼龄动物迅速变化的黏膜表面上定殖的机会性病原体（opportunistic pathogens）而引起的。

胃肠道的自身代谢需要消耗大量能量，由于过多能量消耗用于满足胃肠道功能的发挥，因此就可能影响动物生产性能的发挥。在小肠中，一些微生物的发酵活动实质是微生物与宿主动物竞争易于消化的营养物。试验表明，猪小肠中的微生物发酵可造成日粮中6%的净能损失（Mikkesen和Jensen，2000）。调控小肠食糜流通速度和流通率有可能提高家畜的生长性能。给动物饲喂高能量水平日粮时，能增强葡萄糖和其他营养物质的转运能力，减少流入大肠的葡萄糖的数量，从而提高它们的利用效率。

如图5-1所示，与饲料和水一起摄入的致病性微生物会对小肠黏膜造成初始损害。损伤的黏膜上皮随后至少从两个方面损害动物的生长性能。首先，肠道绒毛萎缩导致酶丢失，这些酶是正常消化和吸收营养所必需的；其次，黏膜上皮损伤干扰了小肠的屏障功能，使抗原大分子能够同时进入黏膜组织和血液中。这些被吸收的物质会刺激免疫和炎症反应，导致肠黏膜上皮进一步受到损害。

一般来说，胃肠道微生物菌群、消化生理、免疫刺激、炎症等，或多或少地都会受到饲料成分和营养的影响。最终的结果要么是动物健康和生长良好，要么是动物出现疾病和生产力低下。全方位营养面临的挑战是确保动物健康和良好地生长。在全方位营养策略中，胃肠道管控的主要目的是构建有利于益生菌（如乳酸菌和双歧杆菌）生长的条件，进而抑制病原微生物的生长。另外，减少对动物的应激也很重要，比如肉鸡的坏死性肠炎或仔猪腹泻都会因应激而加重。这种应激可能来自喂养难以消化的谷物，如小麦或大麦。有多种解决方案可以帮助动物抵抗病原体的侵害，而无需使用抗生素或其他药物。

通过管控动物胃肠道微生物的发酵，从而促进动物健康和提高生长速率是一个非常重要的课题。胃肠道微生物发酵在很大程度上受到饲料中蛋白质、氨

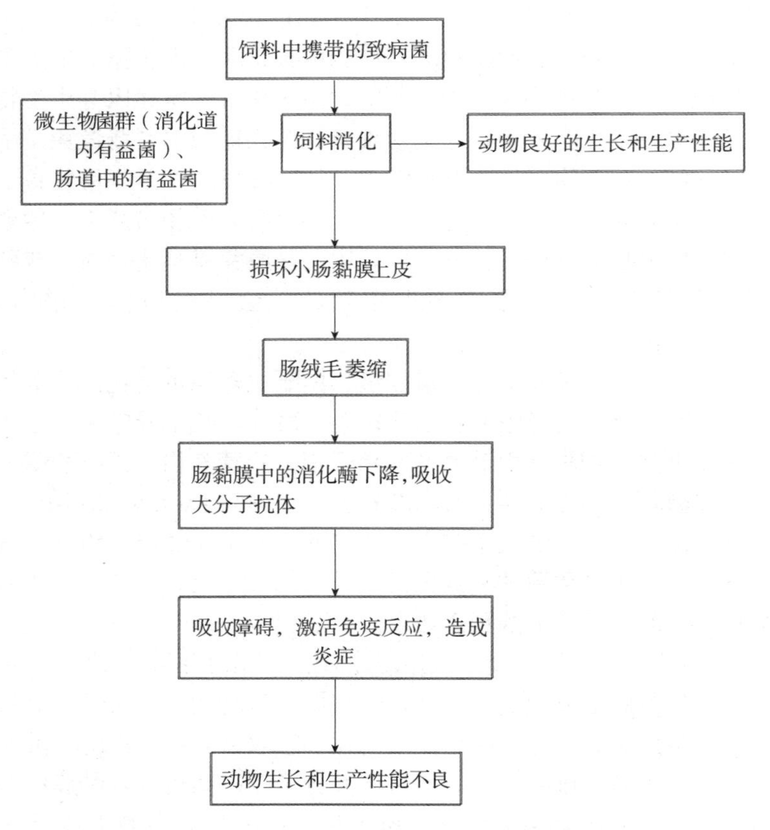

图 5-1　饲料中携带的病原体、消化道内的有益微生物菌群与动物生长和生产性能间的相互关系

基酸和碳水化合物的影响。酶类、磷脂和有机酸等营养物质在胃肠道管控中也起重要的作用。

新生仔猪消化道的生长发育和固有分化极大地受到饲料成分和微生物区系相互作用的影响。例如，初乳和常乳中含有的高水平生长因子，有助于促进新生仔猪胃肠道的发育成熟及共生菌的成熟。共生菌在调节肠上皮细胞分化和提高免疫能力方面起积极的作用。对断奶前后的仔猪来说，这一相互作用的特点和它们对肠道发育及健康的影响，对于设计以提高自然抗病力和生长性能为目标的现代营养策略是重要的内容。

拥有健康的胃肠道是建立在良好的日粮基础上的，在全方位营养策略中，通过饲料喂养来维持动物健康非常重要的一点是能抑制胃肠道致病菌的增殖。

这可以通过有机酸作为致病菌的抑制剂，或者使用竞争的细菌作为益生菌来影响蛋白质和碳水化合物在胃肠道的代谢来实现。

蛋白质、氨基酸和胺的代谢

蛋白质

动物胃肠道内蛋白质代谢非常活跃。胃肠道蛋白质合成率高的主要原因是内源蛋白质的合成。这些蛋白质由动物合成并分泌到胃肠道的腔内，包括胃液、肠液和黏膜上皮中的蛋白质。内源蛋白质的合成和分泌过程在很大程度上受饲料摄取水平和日粮组成的影响。蛋白酶抑制剂、凝集素、单宁和非淀粉多糖等抗营养因子可促进胃肠道内源蛋白质的合成和分泌。然而，这些内源蛋白质并不一定会大量丢失，有 70%～79% 在小肠中被重吸收（Van Der Meulen 和 Jansman，1997）。

蛋白质代谢在大肠中也很重要。当碳水化合物浓度不足时，栖居在那里的细菌菌群会分解蛋白质以获取能量。这可能产生诸如吲哚、胺、氨和酚类等有毒物质。然而，如果能在大肠内维持足够水平的碳水化合物，则能刺激乳酸菌，进而抑制大肠杆菌等病原体，避免蛋白质分解。用小肠消化不良的变性糯玉米淀粉饲喂仔猪，能显著提高乳杆菌/大肠杆菌的比例。表明可以操控胃肠道内的微生物区系来获得对病原菌更强的抵抗力（Reid 和 Hillman，1999）。

另外，大肠中存在发酵底物可能并不总是可取的。由普尔氏菌引起的猪痢疾病情加剧的可能原因是大肠端发酵底物，尤其是存在非淀粉多糖或可能涉及抗性淀粉（Pluske 等，1996）。

氨基酸

多数情况下动物饲料配方中只包括特定数量的赖氨酸和蛋氨酸，在某些情况下，也把苏氨酸和组氨酸考虑进去。然而，饲料中的氨基酸含量通常只从生长的角度而不是从“全方位营养”的角度来考虑。

维护胃肠道完整性的氨基酸有精氨酸、谷氨酰胺、甘氨酸、组氨酸、脯氨酸和苏氨酸。胃肠道内壁上的黏液合成需要大量这些氨基酸，它们含量不足都

会损害黏蛋白的更替，相应地将会导致饲料转化率降低，并使坏死性肠炎和肌胃糜烂的发病率上升（Moran，2017）。

精氨酸在组织修复和免疫细胞功能中起重要作用（Corzo 等，2003）。它也是巨噬细胞中一氧化氮合酶的底物，是先天性免疫系统的重要组成部分。可是在实际生产中，使用精氨酸的高成本限制了其在动物饲料中的应用。

谷氨酰胺是在哺乳动物血液和体内游离氨基酸库中发现的含量最丰富的氨基酸。它是胃肠道黏膜上皮通过氧化产生 ATP 的主要代谢燃料。当患有严重疾病或炎症时，谷氨酰胺的利用可能超过合成，常常成为条件必需的氨基酸。饲喂谷氨酰胺饲料的断奶仔猪胃肠道屏障功能可获得改善，黏膜修复得更好(Domeneghini 等，2006)。有相当多的证据表明，日粮中的谷氨酰胺对维持胃肠道的完整性非常有益。

足够水平的苏氨酸对黏膜蛋白的产生和维持仔猪胃肠功能的完整性至关重要。饲料中添加苏氨酸可提高肉用仔鸡的免疫力、抗氧化能力和胃肠健康(Chen 等，2017)。

多种氨基酸在维持动物健康方面具有重要的代谢功能，是动物生长的重要营养物质。确保各种氨基酸、维生素 A、维生素 E 和维生素 B_6 的充足供应，是动物全面营养的一个重要途径，以优化胃肠黏膜的维持，进而改善动物健康。

胺

谷物等饲料原料中含有相对丰富的不同种类的多胺，它们是饲料中的常见成分并且具有多样生物活性（Bardoczetal，1998）。生产中主要有三类生物胺：胺（组胺、酪胺、色胺、5-羟色胺、苯乙胺、腐胺、身体碱和胍丁胺）、多胺（精胺、亚精胺、腐胺、身体胺和胍胺）和谷氨酰胺。这些胺均可见于正常饲料中，但是除了多胺和谷氨酰胺似乎是健康必不可少营养物质外，生物胺通常是有害的。

生物胺

细菌通过氨基酸脱羧合成生物胺。经发酵生产的饲料或在贮存期间，以及暴露于细菌污染的饲料都可能含有大量的生物胺。另外，腐胺、尸胺、胍丁胺等生物胺是由植物合成的，并非由细菌脱羧酶作用产生。

生物胺对动物和人类的健康及福利都有多种影响，饲料和人类食品中的生物胺含量应尽可能低。大量摄入生物胺会对机体产生毒性，导致恶心、呼吸窘迫、出汗和心悸。

高蛋白质日粮始终是生物胺的潜在来源，通常在使用肉骨粉等动物性原料时要确保用量最低。

多胺

多胺在 DNA、RNA 和蛋白质合成的每一个步骤中几乎都起重要作用，因此对机体的生长至关重要。多胺是一种非常稳定的化合物，具有耐热性和耐酸性。在哺乳动物中多胺来源可能有：机体内从头合成、饲料和胃肠道栖居微生物菌群中的细菌。然而一般来说，饲料似乎是多胺的一个非常重要的主要来源。

碳水化合物

动物摄入的碳水化合物种类繁多，大致可分为两类：

（1）可消化碳水化合物淀粉、蔗糖和乳糖很容易被小肠内的内源酶，如α-淀粉酶、蔗糖酶和乳糖酶所消化，而这些糖是单胃动物的主要能量来源。

（2）日粮纤维包括各种非淀粉多糖（NSP）、非消化性低聚糖（NDO）、果胶、抗性淀粉和纤维素，这些物质在单胃动物胃肠道的前部不被消化。

非淀粉多糖

非淀粉多糖（NSP），如大麦中的β-葡聚糖、小麦或黑麦中的戊聚糖、众多饲料原料成分中的果胶等，在单胃动物的小肠中经常形成凝胶，这会干扰营养元素的消化和吸收。在家禽日粮中，NSP 最明显的影响是增加垫料中的水分含量和黏性粪便的排泄。但其带来的负面影响是会使垫料中释放的氨气浓度增加，从而给家禽健康带来进一步的危害，使肉鸡跗关节灼伤（hock burns）和腹部水泡（breast blisters）的发病率升高。饲料中使用酶制剂能够成功地降低在小肠中经常形成的凝胶的量，从而提高营养元素的吸收率。

仔猪摄入可溶性 NSP 似乎不像肉鸡或其他单胃动物那样产生黏性物质，而且部分 NSP 可作为有益细菌在胃肠道增殖的底物，从而对胃肠道健康产生积极影响。

逃离小肠的酶消化的部分碳水化合物，通过大肠的微生物体进行厌氧发酵产生 VFAs（乙酸、丙酸、丁酸）、乳酸、甲烷等气体，并且微生物菌群大量增加。乳酸不是 VFA，所以在大肠产生的有机酸也被称为短链脂肪酸（SCFA）。酸度的增加会抑制对于 pH 敏感的致病菌的生长，同时也改善大肠的肌肉张力。SCFA 的吸收伴随水和电解质的吸收，包括钙的吸收。在饲料中添加非消化性的低聚糖，可能会增加 SCFA 的产量，从而促进钙的吸收。SCFA 被迅速吸收，为大肠黏膜上皮细胞提供了重要的能量，它们能促进结肠细胞增殖，并有助于恢复因饲用低纤维日粮而出现萎缩的大肠细胞结构。

非消化性寡糖（NDO）——益生元

益生元通常是不被动物消化的饲料碳水化合物，被选择性地在大肠中发酵，以促进微生物菌群中有益细菌的生长和繁殖（Gibson 和 Roberfroid，1995）。大多数益生元都是非淀粉低聚糖，如低聚果糖（FOS）、半乳糖（GOS）、甘露寡糖（MOS）和β-葡聚糖。

益生菌具有一些可能存在的功能，如可以作为大肠发酵的底物，激活巨噬细胞发生反应，刺激 SCFA 的产生，调节免疫系统。大多数益生元能够促进激乳酸菌和双歧杆菌的生长与增殖。

许多肠道病原体能利用碳水化合物结合蛋白，进而附着在胃肠道的细胞上并引发疾病。这些病原体结合蛋白需要特殊的碳水化合物配体，通常由各种单糖组成，如半乳糖、岩藻糖和甘露糖（Steer 等，2000）。可溶性低聚糖可防止细菌附着，清除已附着在胃肠道壁细胞上的细菌。在日粮中加入低聚糖可阻断病原菌的结合。

添加低聚果糖增加了双歧杆菌和乳酸菌数量，同时也略微降低了肉鸡盲肠中大肠杆菌数量（表 5-1）（Xu 等，2003）。

表 5-1　添加低聚果糖对 49 日龄肉鸡盲肠内细菌的影响（CFU/g，以干物质计）

盲肠内细菌	果寡糖（kg/t）			
	0	2.0	4.0	8.0
双歧杆菌	8.36^{b}	$8.81^{a,b}$	8.94^{a}	$8.68^{a,b}$
乳酸菌	8.42^{b}	9.02^{a}	9.08^{a}	$8.80^{a,b}$
大肠杆菌	7.72^{a}	7.11^{b}	7.17^{b}	7.73^{a}

注：$^{a,b}P<0.05$。

研究表明，添加益生元对断奶仔猪肠道微生物菌群产生了有趣的影响，能使乳酸菌比例增加并使梭菌和肠杆菌科等潜在有害菌群数量减少。遗憾的是，目前尚未有研究报告表明添加益生元能够显著降低断奶仔猪携带大肠杆菌 K88 或斑疹伤寒菌的数量（Gresse 等，2017）。

酵母细胞壁、棕榈仁粕和椰子粕中含有高水平的甘露聚糖。酵母中的甘露聚糖能够降低鸡盲肠内斑疹伤寒菌的数量，但不能降低总大肠杆菌的数量（Spring 等，2000）。值得注意的是，甘露糖聚糖对乳酸、乳酸、VFAs 或盲肠 pH 没有影响，表明其作用是结合病原体而不是参与发酵以产生抑制性有机酸。

MOS 对大肠杆菌、沙门氏菌和球虫有一定的抑制作用，而 FOS 则具有改善鸡生产性能、诱导产生有益细菌、提高绒毛高度和辅助消化的作用。蘑菇和草本多糖在鸡体内具有益生活性；能增加潜在有益乳酸菌和双歧杆菌的数量，同时降低大肠杆菌的数量（Stanley 等，2014）。部分低聚糖已在犊牛饲养中使用（Uyeno 等，2015）。然而当犊牛处于健康状态时，益生菌的作用是微乎其微的。

对火鸡的研究结果表明，MOS 的性能优于抗生素生长促进剂（Parks 等，2001）。生长性能的改善可能是由于火鸡在农场条件下遇到的病原体数量减少所致，但这种推论很难去证明。此外值得注意的是，为了充分发挥病原体结合益生元的作用，它们必须对小肠中的消化酶具有耐受性。对此尚需更多研究加以确定。

抗性淀粉

饲用抗性淀粉是影响胃肠道中微生物代谢的另一种可能措施。抗性淀粉被定义为在小肠中不被消化的淀粉，并为大肠的微生物菌群提供可发酵底物的来源。在大肠中厌氧发酵可产生 SCFA，用作宿主动物的能量来源。

抗性淀粉可能是无法接触小肠消化酶的淀粉颗粒，这可能是因为给动物饲喂全谷类饲料时胚乳细胞完整，而淀粉颗粒被细胞壁包裹或者是由于饲料中含有非淀粉多糖，导致小肠食糜黏度增加。抗性淀粉也存在于马铃薯淀粉等特定根茎淀粉颗粒中，也可能是饲料加工过程中产生的回生淀粉或者老化淀粉。

给大鼠喂食抗性淀粉会增加粪便中 VFA 的含量（Kleessen 等，1997）。如表 5-2 所示，乙酸是主要的挥发性脂肪酸，但喂食 10% 的抗性淀粉的变性马铃薯淀粉组，丙酸和丁酸的含量显著增加。虽然没有测定乳酸含量，但其产量有很大可能会增加。

表 5-2 喂食抗性淀粉（变性马铃薯淀粉）**对 5 月龄大鼠粪便中挥发性脂肪酸的影响**（μmol/g）

VFA	处理	
	对照组	抗性淀粉组
乙酸	43.4	88.4
丙酸	4.1	16.7
丁酸	4.3	12.3

喂养抗性淀粉通常会增加大肠内有益菌（如双歧杆菌和乳酸菌）的数量。这些有益菌通过控制致病菌的生长来缓解对肠道疾病的抵抗力。具体作用机制可能是以下几个方面：降低 pH；直接竞争底物和黏膜附着位点；产生细菌素等抑制分子和激活胃肠道免疫系统。因此，抗性淀粉可能是动物饲料中一种有用的成分，可导致大肠中 SCFA 浓度的增加，并刺激某些对动物健康有益的细菌生长。

猪摄入抗性淀粉或 NSP 往往会导致大肠重量增加，而这可能是一个不好的结果（Pluske 等，1998a）。特别是在经济指标上，会导致净胴体率下降。正如营养学中经常出现的那样，这也提出了一个取舍的悖论。抗性淀粉可能有助于维护动物健康，但也会降低胴体重。

有机酸

进入大肠中的不同的非消化性碳水化合物可被发酵生成各种有机酸，主要是乙酸、丁酸、乳酸和丙酸。它们不仅可以通过充当底物或碳源来促进非致病性细菌的生长，而且还能够抑制病原菌的生长。

肉用仔鸡在生长过程中，主要是依赖乳酸、乙酸、丙酸和丁酸来维持其盲肠 pH（为 5.0～5.5）（Van Der Welen 等，2000）。此外，肠杆菌科包括沙门氏菌的肠杆菌科的数量和盲肠中酸的浓度之间存在显著的负相关。这些有机酸对肠杆菌科的生长有很强的抑制作用，但对乳杆菌的生长却没有影响。因此，就像“全方位营养”理论中建议的一样，确保盲肠中有足够数量的有机酸是降低有害菌数量的一种有效手段。毫无疑问，营养学家在动物饲料中使用了各种有机酸添加剂，以试图控制胃肠道中的微生物菌落。有机酸可以在胃肠道中电离并在宽的 pH 范围内供应氢离子以帮助补充胃酸，如乳酸盐或富马酸盐。电离的有机酸在胃肠道中保持为阴离子状态，它们可以发挥抗微生物作用，并最终被用作可代谢能的来源。

有机酸可以直接加入饲料中或在液体饲料发酵中产生（Geary 等，1999；Mikelsen 和 Jensen，2000），但缺点是必须在生产现场对发酵系统进行操作。发酵饲料中含有大量的乳酸菌和酵母菌，乳酸浓度较高，pH 比较低（在 4.0 左右）。在猪生产中使用发酵饲料能降低消化带来的问题，如腹泻。

在饲料内添加有机酸能稍微降低饲料中的 pH，但不会大幅度降低胃肠道内的 pH，因为胃肠道本身是一个高效的缓冲系统。从表 5-3 可以看出，在仔猪料内无论是添加 1.5%富马酸还是 1.5%柠檬酸都不会降低胃内食糜或胃肠道其他部位食糜的 pH。

表 5-3　在饲料中添加 1.5%富马酸或 1.5%柠檬酸对 8 周龄仔猪胃肠道食糜 pH 的影响

胃肠道	处理		
	对照组	富马酸组	柠檬酸组
胃	4.73	4.30	4.83
空肠	7.06	7.01	7.00
盲肠	5.96	6.04	6.05
结肠	6.51	6.53	6.47

饲用有机酸的主要好处是控制胃肠道内的微生物菌群。尤其是有机酸可以减少胃肠道中的大肠菌菌群负荷，这对保证动物健康非常有益（Mathew 等，1996，Overland 等，2000）。另外，有机酸还具有免疫调节作用，并通过控制致病细菌数量来减少其对免疫系统的不必要刺激。在育肥猪中，有机酸可以帮助蛋白质在胃中消化；在仔猪中，能提高蛋白质和氨基酸的表观回肠消化率。有机酸可以影响胃肠道中的黏膜结构并刺激消化酶在胰腺中的分泌，帮助消化和吸收许多营养物质。各种有机酸组合添加剂已经显示出了改善断奶仔猪和育肥猪增重比的趋势，一般而言有机酸可作为抗生素替代物（Partanen 和 Mrzz，1999）。有机酸的生长作用略小于使用抗生素的效果，并且比抗生素价格更加贵一些。考虑到目前使用抗生素生长促进剂受到很大限制，因此使用有机酸是非常有效的替抗手段。

添加植酸酶提高了家禽对磷的利用率（见第四章）。有机酸也能提高磷的利用率。鉴于植酸酶在价格和受热稳定性方面存在一些局限性，因此探索其他提高磷利用率的方法是可取的途径。一种方法就是添加有机酸。研究表明，柠檬酸能提高玉米-大豆日粮中的磷利用率，并使有效磷需要量降低约 0.10%（Boling-Frankenbach 等，2001）。

丁酸和戊酸

在 SCFA 中，丁酸盐被认为是优选的能量来源，约占结肠细胞消耗总能量的 70%，并且能刺激黏膜上皮细胞增殖。如果黏膜上皮细胞丁酸盐代谢能力受损，就会引发结肠黏膜炎症，出现溃疡性结肠炎。

戊酸是一种重要的 SCFA，其能取代丁酸作为猪结肠细胞的能源，与肠道健康息息相关。丁酸是一种已被广泛研究的重要 SCFA，但对戊酸的研究较少。已在猪胃肠道微生物菌群中鉴定出几株可产生戊酸的 Oscillibacter 细菌（Pajarillo 等，2015）。对猪和家禽胃肠道内微生物菌群进行以产生戊酸为目标的优化改变可能是未来“全方位营养”策略一个有实用价值的研究技术。

有机酸另一个吸引人的地方是其原本就是天然来源，诸如柠檬酸或乳酸；有些有机酸诸如丁酸、甲酸、富马酸、丙酸和戊酸，是加工生产出的与天然来源一样的物质。各种有机酸在食品工业中也被广泛用作保鲜剂或用于风味和调节 pH 的酸化剂。它们是对包括人类在内的高等动物几乎没有毒性的天然分子，不能在食品中留下任何非天然的或有毒的残留物。如第二章所述，有机酸在饲料卫生、控制原料和饲料中的微生物方面也起着重要作用。有机酸在“全方位营养”中是一种非常重要的营养活性物质。

益生菌

利用日粮组成成分（如蛋白质和各种碳水化合物），或者添加营养活性物质有机酸力图调控胃肠道中的微生物菌群，可以达到对宿主健康有益的目的。另外，通过向动物提供称之为益生菌的细菌源来与病原体竞争，去排斥胃肠道中病原体的生长也能达到对宿主健康有益的目的。益生菌应能够促进或支持胃肠道微生物菌群之间的良好平衡。乳酸杆菌、双歧杆菌、枯草芽孢杆菌和酵母菌是最重要和广泛使用的益生菌菌类。

已知益生菌的功能有：提高胃肠道微生物菌群中有益菌/病原菌的比例；在胃肠道黏膜上皮细胞上与病原体竞争结合位点；免疫活性调节；维护上皮健

康和减少炎症反应。然而，目前仍未充分了解益生菌功能的精确机制。

益生菌对断奶仔猪的影响被广泛报道。对新断奶仔猪中乳酸菌的研究发现，乳酸菌不仅增加乳酸杆菌的数量而且还增加双歧杆菌的数量，抑制大肠杆菌增殖，同时增加 SCFA 的产量（Gressse 等，2017）。

病原体黏附肠黏膜的能力在发病和感染中起着重要作用。大肠杆菌、鼠伤寒沙门氏菌、肠杆菌和梭菌具有很高的黏附能力，然而益生菌双歧杆菌和乳酸菌通过竞争排斥作用可以降低这种黏附能力（Clavijo 和 Flórez，2018）。另外，益生菌还可以直接抑制病原体，如沙门氏菌、空肠弯曲菌和产气荚膜梭菌。部分益生菌已被证明对许多病原体有效。例如，枯草杆菌对肠杆菌、伤寒沙门氏菌、大肠杆菌、蜡状杆菌、金黄色葡萄球菌、霍乱弧菌和产气荚膜芽孢杆菌有抑制作用（Stanley 等，2014）。益生菌对有害菌的抑制作用可能是因为其能够产生不同的抗菌代谢物，如过氧化氢、双乙酰、细菌素和有机酸（Clavijo 和 Flórez，2018）。

在调节胃肠道微生物菌群的各种方案中，益生菌似乎具有良好的潜力。然而，在动物饲料中的使用依然存在严重的实际问题，主要困难是有益菌的热稳定性和存活率。许多益生菌菌种可以生产为冻干的粉末，当包装好时该粉末具有长的保质期，因此益生菌产品本身的稳定性不用太多关注。然而当这些细菌被加入到饲料混合物中，特别是那些饲料混合物随后被加工制粒时，会出现一些使人担忧的问题。制粒工艺被认为在降低饲料中的微生物负荷方面具有有益效果，因此也可能降低益生菌的数量。

限制益生菌使用的另一个实际问题是，在理想情况下，益生菌应该在胃肠道内定居，但要做到这一点，它们必须是适合宿主动物特有的菌株。因为标准化的产品必须是商业化生产的，所以要做到这一点在实践中是很难实现的，益生菌只能在胃肠道内短暂定殖。这可能是由于益生菌在通过胃和小肠环境时丧失了生存能力。益生菌应保证在低 pH 环境条件下，面对蛋白水解酶依然能存活下来。

益生菌竞争排斥的概念很有吸引力，因此得到了广泛研究，许多有专利的益生菌产品正在市面上销售。益生菌竞争排斥一个成功的领域是在雏鸡胃肠道内能构建起一个合适的微生物区系，以避免出现沙门氏菌。新孵化的雏鸡对沙门氏菌的肠道定殖特别敏感，随着日龄的增长，正常胃肠道微生物菌群建立后，对沙门氏菌的抵抗力才会增加（Nurmi 和 Rantala，1973）。

在雏鸡饲料上喷洒根据成年鸡的天然微生物区系制成的益生菌混合液对 1 日龄雏鸡进行接种，这一过程不需要任何热处理，因此益生菌细菌种群有更大的机会生存下来，从而能定殖在鸡的胃肠道内。使用未确定的正常胃肠细菌培养益生菌的竞争排斥，增加了商业条件下饲养时鸡对沙门氏菌的抵抗力(Goren 等，1988)。

使用未经确定的益生菌培养物会引起生产安全及质量控制问题，尽管这些产品可能是从无病的鸡中获得的，而且已确知不存在致病菌。但是在目前情况下，我们还无法了解单个益生菌在竞争排斥中到底起到哪些具体作用的知识，这确实还是一个问题。

对出现的未经确定的益生菌培养物问题的解决方法是开发已经明确的微生物混合培养物，然而这并不那么简单。在许多情况下，已经明确的培养物通常不会比未经确定的培养物更有效，尽管目前已经获得了 29 株已知的盲肠细菌培养物（Corrider 等，1995)。在屠宰场中，用已经明确的益生菌培养物能将盲肠内容物呈沙门氏菌阳性的数量从对照组中的 5.7%降低到处理组的 2.7%。然而，从公共健康的角度考虑，需要更加明显的作用，理想状态是全部抑制到零。

益生菌较为合理的应用是将细菌制剂与碳水化合物类营养活性物质或称益生素结合起来，此类预混剂被称之为“合生素”（synbiotics)。将已经确定的盲肠细菌培养物和乳糖结合起来可显著降低雏鸡盲肠内沙门氏菌的数量。此外，雏鸡对肠球菌（*S. enteritidis*）在盲肠和其他肠道器官内的定殖产生了更大的抵抗力（Corrier 等，1994)。然而，由于乳糖是以 5%的水平加入饲料中的，因此该方法在生产中很难得到应用。

益生菌的另一个有趣的应用前景是黏合真菌毒素和其他在动物胃肠道中的有毒物质。霉菌毒素是由霉菌污染和饲料原料而产生的，对动物健康和生产构成了严重威胁（见第二章)。一些通常基于各种矿物质的与毒素黏合的产品已经在市面上销售。然而，很多乳酸菌株也具有与真菌毒素黏合的能力(Peltonen 等，2000)。由此推测，某种益生菌（如乳酸菌）能够将真菌毒素黏合到自身的细胞壁上，并将它们从胃肠道中移除。益生菌的这种应用并不是严格意义上的“益生菌效应”，而是一种化学反应，因为失活的细菌细胞似乎也能黏合真菌毒素。这将有助于解决上述与活细菌细胞的受热稳定性有关问题，尽管饲喂失活的细菌给动物所需的剂量要比能在消化道内繁殖的活菌剂量高很多，然而这是益生菌微生物应用非常有趣的一种可能。

灭活益生菌

益生菌被普遍接受的定义是，它们是活的、非致病性的和有益的微生物。

然而大量已发表的证据显示，由益生菌的死细胞及其代谢物组成的制剂也能产生生物反应，在许多情况下类似于活细胞的反应（Adams，2010）。因此，以益生菌为基础的产品，不管是由活细胞还是由死细胞及其代谢物组成，均能在宿主的健康维护和避免疾病方面发挥重要作用。这就是所谓益生菌悖论的关键所在，即活细胞和死细胞似乎都能够产生生物反应。灭活益生菌中的生物活性成分现在被称之为后生元（postbiotics），这是未来研究的一个热门领域（Tsilingiri 和 Rescigno，2013）。

死亡的益生菌细胞也有效果，一个范例是通过热杀灭粪肠球菌后，其生产出的商业产品 EC-12（Sakai 等，2006）。这是一种高温杀灭的细胞干粉，能够抑制抗万克霉素（vancomycin）肠道球菌（*Enteroccocci*）。用添加 0.05%EC-12 的饲喂新孵化的雏鸡显著降低了泄殖拭子（cloacal swabs）的 VRE（vancomycin-resistant *Enteroccocci*）检测频率。试验第 3 天和第 7 天，EC-12 处理组中的泄殖拭子 VRE 检测频率低于对照组和饲喂活乳酸菌种处理组（表 5-4）。

表 5-4 用活的或灭活的益生菌处理的肉用仔鸡对于泄殖拭子中 VRE 检测率的影响（%）

处理	数量（只）	日龄（d）		
		1	3	7
对照组	13	100	100^{b}	$77^{a,b}$
乳酸菌组（活菌）	6	67	100^{b}	100^{b}
EC-12 组（灭活菌）	13	46	31^{a}	38^{a}

注：$^{a,b}P<0.05$。

使用灭活的益生菌调节微生物组分有几个吸引人的优点。使用活菌的益生菌本身可能引起某些病理。严重免疫缺陷的受试者可能面临使用活的益生菌治疗的风险，因此使用灭活细胞是一种更安全的选择。死细胞很可能不会受到胃内较低 pH 的影响。虽然从微生物学角度看灭活益生菌不能存活也不具有活益生菌那样的生物活性，但这些饲料产品更容易贮存，并有较长的货架保质期。

植物来源的营养活性物质

植物来源的营养活性物质也称为植源素（phytogenic），或植生素（phytobiotics），或植物制剂（botanicals）。它们是从植物中提取的天然生物活性化合物，并被掺入到动物饲料中以提高生产率。众所周知，生姜、胡椒、香菜、月桂、牛至、迷迭香、鼠尾草、百里香、丁香、芥末、肉桂、大蒜、柠檬和柑橘（柠檬酸橙和柑橘果橙）等具有合成生物活性化合物的能力。植物来源的提取物是通过蒸馏从植物中提取来获得精油，或通过有机溶剂萃取来获得油树脂（oieoresins）。动物营养中使用的大多数植物化学物质在饲料和人类食品中用作人造香料和防腐剂已有很长的时间。

通过对66种精油和植物来源化合物的研究已经确定它们对重要的病原体（如鼠伤寒沙门氏菌DT104和大肠杆菌O157：H7）具有活性，但对乳杆菌和双歧杆菌的抑制作用很小（Gong等，2006；Michiels等，2009）。活性最高的植物化合物是百里香酚、香芹酚、肉桂油、丁香油和丁香酚。与猪盲肠食糜一起孵育后，所测试的化合物还保留了其对所测试病原体的功效和选择性。这表明它们能够在体内起作用。但是几乎没有证据表明，植物化学物质在调节胃肠道微生物菌群方面具有明显的有益作用。

胃肠道疾病

动物生产的基本原则是将饲料转化为人类食品。如第四章所述，胃肠道在此过程中担负着重要作用，因此具有最佳功能的胃肠道对于动物在生长和发育各个阶段的整体代谢、生理、疾病状况和生产性能至关重要。

胃肠道健康引起了人们的广泛关注。影响胃肠健康的3个因素分别是日粮、黏膜上皮和微生物菌群。黏膜由消化道上皮、肠相关淋巴样组织（GALT）或免疫系统和覆盖在上皮上的黏液组成。微生物菌群和黏膜相互作用，在胃肠道内形成复杂而动态的平衡，从而确保胃肠道的有效运作。

动物的胃肠道容易被一系列病原性微生物感染，这将会造成不良的饲料转化率、疾病，并在某些情况下提高死亡率。动物日粮与病原菌的存在与扩散之间有许多联系。那些在小肠消化和吸收不完全的饲料成分随后进入大肠，从而引发一些疾病，如家禽坏死性肠炎、猪腹泻和马蹄叶炎，其他则是大肠杆菌、沙门氏菌和弯曲杆菌污染及家禽的湿垫料问题。

对这些胃肠道疾病的控制仍然是动物生产中面临的主要挑战。例如，胃肠道微生物菌群在肉鸡生长和健康中起重要作用，其组成会受到日粮、应激、益生菌和抗生素添加等多种因素的影响（Wisselink等，2017）。

在控制微生物菌群数量和减轻胃肠道疾病的影响方面，各种营养活性物质的使用和精准的饲料配方非常重要。控制胃肠道疾病的原理也适用于胃肠道中的其他细菌种群。例如，有可能将污染肉类并威胁人类健康的病原性细菌降至最低，避免亚临床状况。肉鸡弯曲杆菌感染是一个重要问题，但很难控制，因为它似乎不是通过饲料传播的。不过由于它会出现在胃肠道内，因此还应该可以通过日粮措施加以控制。

胃肠道的病毒感染也是动物健康面临的重大挑战。猪和家禽都易患多种胃肠道病毒性疾病。病毒感染取决于多种因素，如动物年龄、免疫状况、营养和环境。另外，胃肠道病毒感染可能导致其他疾病综合征。由病毒引起的胃肠道黏膜损伤可能为其他病原体（如大肠杆菌或沙门氏菌）提供入侵门户。病毒对胃肠道的损害也将导致饲料消化不良和营养吸收不良，进而导致营养缺乏。病毒感染会产生一种级联性作用（cascade effect），导致动物健康不良、生长迟缓及抗感染力下降。

在活体动物中对沙门氏菌的控制

幼龄动物特别是刚孵出的雏鸡，很容易受到沙门氏菌的感染，严重情况下会导致高的死亡率。幸运的是，随着动物体内正常微生物菌群的建立，动物对由沙门氏菌引发的疾病的抵抗力会随着年龄的增长而提高。

由于沙门氏菌类栖居于被感染动物的胃肠道中，因此开发控制沙门氏菌的方法非常重要。现在已经研究出了利用各种营养活性物质和饲料成分来控制活体动物中沙门氏菌数量的方案，其中包括利用有机酸、益生元和益生菌。

在肉用仔鸡饲料中添加β-葡聚糖益生元对盲肠沙门氏菌定殖率和肝沙门氏菌侵袭力具有显著的抑制作用（表 5-5）（Shao 等，2013）。

表 5-5 肉鸡饲料中添加β-葡聚糖对肝沙门氏菌侵袭力和盲肠沙门氏菌定殖率的影响（100g/t）

参数	对照	沙门氏菌	沙门氏菌+β-葡聚糖
肝沙门氏菌的侵袭力	0/15	15/15	4/15
盲肠沙门氏菌的定殖率（CFU/g 肠内容物）	0^{c}	4.08^{a}	1.30^{b}

注：${}^{a,b}P<0.05$。

与对照组和接受较大颗粒径麸皮组相比，平均粒径为 280 mm 的细磨麸皮降低了盲肠沙门氏菌的定殖率并在感染后不久就会脱落（Vermeulen 等，2017）。体外发酵试验表明，与对照发酵组和较大粒径麸皮发酵组相比，粒径小的麸皮发酵效率更高，丁酸和丙酸的产量也明显增加。

减少活禽中沙门氏菌数量的另一个办法是饲喂糖类，如上述提到的乳糖或甘露糖。从生产实践的角度来看，这具有诱人的前景，因为糖类是相当稳定的分子，很容易掺入到饲料中。然而，使用这种方法的缺点是需要在饲料中添加或通过饮用水向禽类施用大量的糖类。在对沙门氏菌污染处于换羽期的产蛋鸡的研究发现，饮用水中应添加2.5%的乳糖（Corrier等，1994）。

目前正在积极研究控制活体动物沙门氏菌感染的可行方法，日粮中添加磷酸钙在这方面展现了一些希望（Bovee-Ouderhoven，1999）。大鼠饮食中添加磷酸钙能够增加乳酸菌数量并减少回肠和粪便中的沙门氏菌数量（表5-6）。磷酸钙被认为能与胆汁酸产生相互作用以减少沙门氏菌的细胞毒性，似乎会减少沙门氏菌对组织的入侵，并帮助动物抵抗沙门氏菌的定殖。

表5-6　大鼠饮食中添加磷酸钙对回肠内容物和粪便中乳酸杆菌及沙门氏菌数量的影响（log10CFU）。

细菌种类	部位	处理	
		对照	磷酸钙
乳酸杆菌	回肠	3.44[a]	4.06[b]
沙门氏菌	回肠	4.56[a]	3.34[b]
乳酸杆菌	粪便	7.68[a]	7.96[b]
沙门氏菌	粪便	5.01[a]	4.20[b]

注：[a,b]$P<0.05$。

作为沙门氏菌控制项目的一部分，对家禽进行疫苗接种变得越来越普遍，这将有助于生产不含沙门氏菌的禽肉和鸡蛋成为现实。沙门氏菌活疫苗和灭活疫苗均可用。疫苗接种在保护家禽免受因啮齿类动物或饲料所致的感染并防止感染在整个鸡群中的传播方面非常有用。

针对沙门氏菌病的疫苗已广泛用于家禽，可以通过饮水来模拟自然感染以刺激黏膜和全身免疫反应(Revolledo和Ferriera,2012)。理想情况下，应在孵化室或孵化处就给雏鸡接种疫苗，以便在其出生后的最初几周内防止沙门氏菌感染。

在一项对种用母鸡进行疫苗接种综合操作的研究发现，种用母鸡盲肠和生殖道中沙门氏菌病的发病率较低（38.3%比64.2%、14.22%比51.7%）(Dórea等，2010)。另外，种用母鸡的疫苗接种还会降低肉用仔鸡沙门氏菌病的发病率（18.1%比33.5%）。鸡场给肉用种鸡所产雏鸡接种疫苗，也会使环境样品中含有较少的沙门氏菌（14.4%比30.1%），也会使进入加工厂屠宰的肉鸡沙门氏菌病的发病率较低（23.4%比33.5%）。

活菌疫苗和灭活疫苗一起使用，能够减少沙门氏菌对肉鸡的垂直感染和水平感染。但重要的是，要注意沙门氏菌只是有所减少而并未被完全根除。因此，沙门氏菌疫苗接种应作为全面预防计划的一部分，该计划必须包括其他控制措施（如饲料卫生），而不应把疫苗接种作为控制家禽沙门氏菌的唯一干预步骤。

自 20 世纪 90 年代末以来，英国为防止沙门氏菌感染而引入的种鸡和产蛋鸡的大规模疫苗接种使病例数急剧下降（O’Brien，2013）。已确认的人类沙门氏菌病病例的减少恰好与种鸡和产蛋鸡群中接种疫苗计划的实施时间非常吻合。这有力地表明，疫苗接种为改善英国的公共卫生做出了重大贡献。

对于猪来说，料型似乎对其体内的沙门氏菌状况有很大影响。与颗粒料相反，粉料和湿料的益处更大，其很可能会使胃肠道环境呈酸性而导致沙门氏菌更不能生存（Andres 和 Davies，2015）。较低的胃肠道 pH 也会促进其他细菌（如乳酸杆菌）增殖，从而能竞争性地抑制沙门氏菌。

猪的沙门氏菌感染可能引起发热、腹泻、虚脱和死亡。但是，大多数被感染的猪康复后会成为带菌者，这些被感染的猪在育肥期结束时可能对人类健康构成威胁。在屠宰线上可能会发生胴体污染，这与胴体之间的交叉感染及环境中沙门氏菌的存在有关。

此外，各种胃肠道疾病，如猪痢疾和大肠杆菌腹泻都增加了猪群中沙门氏菌感染后的发病率，这也表明在实施农场沙门氏菌控制计划时应重视其他肠胃病原体的控制。猪的沙门氏菌感染是多重因素造成的，因此应采取多方面的控制措施（Argüello 等，2018）。

猪饲料中不应该含沙门氏菌，因此必须防止饲料加工中的污染，应使饲料清洁生产和消毒程序得到改善。对母猪和仔猪接种疫苗可能会有一定作用，但会干扰监测程序，因为尚无法在自然感染和接种疫苗的猪只之间进行区分，应当严格评估和改善禁食、运输及猪栏（lairage）的条件。

人们非常清楚沙门氏菌带来的风险，许多国家和企业都启动了沙门氏菌控制计划，特别是丹麦已经制订了肉鸡、蛋鸡和猪的沙门氏菌控制计划。这使人类食源性沙门氏菌病的发病率大大降低，并且控制计划会结合农场和食品加工厂的预防措施一并实施。具体办法是通过监视猪群和鸡群，清除受感染的动物，以及根据所确定的风险对动物及其产品进行多样化处理（根据沙门氏菌的污染状况对动物及其产品进行不同的处理），目的是实现疾病控制（Mousing 等，1997；Wegener 等，2003）。

坏死性肠炎

坏死性肠炎被认为是全球肉鸡行业中最严重的胃肠道疾病之一，肉鸡场坏死性肠炎的暴发使得全球经济总损失每年超过 20 亿美元。坏死性肠炎的病原体是产气荚膜梭状芽孢杆菌，其是一种革兰氏阳性孢子形成的厌氧菌。

健康鸡体内的这种梭菌通常在胃肠道下部生存，并在盲肠和大肠下部发现。健康的小肠其 pH 和高含氧量不支持这种梭菌生长。要使疾病症状显现，就需要有一个触发因素促使菌群向有利于梭菌生长的条件上倾斜，使它们能增殖并迁移到肠道上部。

需要特别指出的是，日粮特性已被证明是影响坏死性肠炎发生的重要因素。例如，含有高水平不消化的水溶性非淀粉多糖的日粮会导致坏死性肠炎的发生，这是一个由有利于病原菌（如产气荚膜梭菌）生长的饲料成分引起的菌群失调（dysbiosis）的一个很好的例子。抗生素生长促进剂，如阿伏霉素、杆菌肽或维吉尼亚霉素通常用于预防坏死性肠炎（Kaldhudal 和 Hofshagen 1992）。然而，自欧盟禁止使用抗生素生长促进剂以来，我们需要找到其他手段来控制坏死性肠炎。

有证据表明，与以玉米为基础的日粮相比，用小麦和大麦作为家禽日粮的主要原料可以增加肉鸡坏死性肠炎的患病率（Branton，等 1987）。日粮中小麦的使用提高了肉鸡的死亡率（表 5-7）。在日料中使用小麦作为唯一的谷物会增加患坏死性肠炎的肉鸡的死亡率，比只使用玉米作为唯一谷物的日料的肉鸡死亡率高 6～10 倍。食用含大约等量小麦和玉米饮食的鸟类表现出了中等死亡率。

表 5-7　谷物类型对感染坏死性肠炎的 42 日龄肉鸡死亡率的影响（%）

谷物	重量（kg）	FCR	死亡率
玉米	1.749[a]	1.946[a]	12/420[a]（2.9）
小麦	1.659[a]	1.861[b]	101/350（28.39）
玉米/小麦	1.757[a]	1.871[b]	44/350（12.6）

注：[a,b] $P<0.05$。

小麦使家禽易患坏死性肠炎的确切原因尚不明确。小麦的水溶性戊聚糖不能直接促进产气荚膜梭菌的生长（Branton 等，1996）。在含小麦戊聚糖的日粮中补充使用抗生素，即普鲁卡因青霉素不能改善禽类的生长性能（Choct 和 Annison，1992）。因此，为什么小麦会引发家禽的坏死性肠炎问题仍不清楚。

作为使用常规抗生素的替代措施，在肉鸡中预防由产气荚膜梭菌诱发的坏死性肠炎还有很多其他选择，包括疫苗开发及益生元和益生菌的使用（Caly 等，2015）。

例如，研究发现来自健康鸡胃肠道的特定枯草芽孢杆菌菌株具有可抑制产气荚膜梭菌的抗梭菌因子（Teo 和 Tan，2005）。

坏死性肠炎的发病似乎是由最初的胃肠道应激引起的。这种应激可能会改变吸收表面并减少胰腺酶的分泌，其结果会导致小肠中存在过量的未能被完全消化吸收的营养物质，这些营养物质随后进入盲肠，在那里多种微生物快速增长，其中穿孔孢梭菌也快速增殖。然后这些微生物返回到小肠，通过分泌毒素使小肠受到破坏。因此，通过改善营养物质消化和吸收的措施可减少到达大肠的营养物质的数量，从而降低引发坏死性肠炎的风险（表 5-8）。

表 5-8 通过采用全方位营养措施降低坏死性肠炎的风险

从饲料方面考虑的调控措施	预期效益
使用合成氨基酸降低日粮蛋白质含量	降低进入盲肠的氮含量
饲喂全谷物或粒度粗的饲料	促进鸡肌胃发育，并改善营养物质的总消化率
酶类制剂	改善小肠中营养物质的消化，并减少营养物质进入大肠的流量
有机酸类	减少饲料中的微生物负荷，并限制小肠内的发酵反应
益生元	促使有益细菌的发展并限制病原体生长
益生菌类	促进细菌素合成
精油	具有抗菌作用并刺激消化酶的分泌

家禽的弯曲杆菌

弯曲杆菌是最近才被认可的一种病原体，在 1963 年它才被确认为是细菌一个种而被提了出来。它是杆状革兰氏阴性菌，是一种能够在高达 42℃的温度下生长的嗜热菌。空肠弯曲菌是鸡胃肠道中常见的微生物，但通常不被认为是禽类的病原体。

然而这种观点正在改变，因为研究表明空肠弯曲杆菌与胃肠道上皮密切相互作用并影响宿主的细胞功能，从而影响营养在肠道中的吸收（Awad 等，2018）。现在看来，空肠弯曲杆菌感染具有诱导肠损伤并改变胃肠道上皮屏障功能的能力。一些研究发现，胃肠道微生物菌群以各种方式影响空肠弯曲杆菌在鸡中的感染和易位（translocation）。肉鸡中弯曲杆菌的感染很可能干扰禽类的生产性能和健康。

人体中的弯曲杆菌是公认的病原体，人一旦被感染就会引起头痛、发热、呕吐和腹泻等症状。这些症状与由沙门氏菌引起的症状相似，但程度较轻。大多数禽源性食物疾病是有极限的且持续时间很少超过 1 周。

弯曲杆菌感染的来源尚不清楚。家禽群肯定会受到污染环境的感染。垂直感染的出现仍存在争议，尚未得到证实。鸡群在饲养初期很少受到污染且原因尚不清楚。弯曲杆菌在肉鸡胃肠道中的定殖通常仅在肉鸡出生后的 2 周龄或 3 周龄时发生。

在德国进行的一项调查表明，家禽羽毛废弃物、肉鸡胴体和野生雉鸡中弯曲杆菌的感染水平很高（表 5-9）（Atanossova 和 Ring，1999）。

表 5-9　德国家禽体内的弯曲杆菌

样品来源	样品数量（份）	阳性弯曲菌数量（份）	阳性弯曲菌比例（%）
家禽群	509	209	41.4
肉鸡	111	51	45.9
野生雉鸡	52	14	25.9

目前尚不清楚弯曲杆菌是否能从其他动物或昆虫感染肉鸡，但是家禽中空肠弯曲杆菌的种群高度多样化表明，在农场弯曲杆菌的引入或再引入可能有不同来源（Marotta 等，2015）。然而，当弯曲杆菌在肉鸡群肠道中定殖成功时，它们就会在肉鸡的胃肠道中大量繁殖。据报道，每克肉鸡粪便中弯曲杆菌的量超过 10^8CFU（Stern 等，1998）。如此大量存在的弯曲杆菌说明，可能存在与其他鸡群、家畜、啮齿类动物和昆虫潜在交叉污染的可能。肉鸡群的污染源和感染途径需要控制，从一种生物到另一种生物的水平传染问题需要给予重点关注。

饲喂甘露糖能够对鸡体内的空肠弯曲杆菌的定殖产生保护作用（Schoeni 和 Wong，1994），尽管后来使用酵母来源的甘露寡糖的研究表明其未对几种弯曲杆菌菌株显示出有任何效应（Spring 等，2000）。用乙酸、甲酸或乳酸处理肉鸡的饮用水是减少弯曲杆菌对胴体污染的一种可行办法（Byrd 等，2001）。

弯曲杆菌严重影响公共卫生，因为它影响食品安全。肉鸡生产上很难解决此类问题，因为它不是明显致病的，被感染的家禽经常没有疾病的临床迹象，因此必须通过采用日粮措施加以控制。但由于弯曲杆菌似乎不是以饲料为载体的，因此仅用抗菌性有机酸混合物来简单处理饲料是不可能成功的。可能需要在饲料或饮用水中添加能抑制胃肠道弯曲杆菌的产品，并且需要做大量工作来进一步了解弯曲杆菌与日粮的关系。尚无明显的日粮应激因素被发现与鸡胃肠道弯曲杆菌的发生有关。

家禽湿垫料

肉鸡生产中的湿垫料问题已经有近 1 个世纪了。由于湿垫料及其相关状况，尤其是脚垫皮炎（footpad dermatitis）已演变成为经济和健康安全问题，因此在现代肉鸡生产中它仍然是一个日益重要的问题（Dunlop 等，2016）。湿垫料的发生原因有许多，包括对饮水系统和通风是否进行了恰当管理。

NSP 含量高的家禽饲料原料（如小麦和大麦）在肉鸡的胃肠道中能产生更高的黏度，这与由湿垫料导致的营养物质利用率差和生产性能问题有关。实际上，这似乎是胃肠道微生物菌群与饲料成分之间的相互作用所致的。

黏度测定进一步证实了这一点。由小麦或大麦形成高黏度凝胶的悬浮液较容易给予证明。然而，当给肉鸡饲喂以小麦为基础的日粮时，其胃肠道内容物的黏度通常比单一饲喂小麦日粮时要高得多。而且即使饲喂以小麦为基础的日粮，限菌（gnobiotic）或“无菌（germ-free）”的肉鸡也不会产生如此高的肠道黏度（Langhout，1998）。这清楚地表明，饲料组分和微生物组分之间必然存在某些相互作用才能产生这种高黏度。如第四章所述，在饲料中添加酶已经解决了许多此类问题。

仔猪腹泻和猪痢疾

断奶后腹泻或大肠杆菌病（Collibacillosis）是养猪生产中长期存在的问题，并且是全世界范围内养猪生产中遇到的重要肠道疾病。该病是由大肠杆菌的溶血菌株增殖引起的，在断奶后的最初几周内会引起腹泻、脱水、体重减轻甚至死亡（Gresse 等，2017）。断奶后通常要立即给仔猪喂食优质、易消化的饲料，以避免断奶后的生长停滞。然而，这些饲料如果没有得到充分的消化和吸收，致病菌就会在胃肠道中繁殖，仔猪出现腹泻问题。

在商品生产条件下仔猪断奶显然与微生物菌群微生态平衡被破坏或菌群失调有关（Pluske 等，2018）。在猪的胃肠道内栖居着许多特定的细菌病原体，当断奶时微生物菌群的生态系统受到干扰后通常会引发疾病。微生物菌群微生态系统不平衡的特征是，乳酸杆菌属细菌的减少和微生物多样性的丧失，而梭状芽孢杆菌属、普氏杆菌属或兼性厌氧菌，包括大肠杆菌在内的细菌数量往往会出现增加趋势（Gresse 等，2017）。乳杆菌属是预防疾病的主要参与者，在仔猪断奶期间突然减少会增加患胃肠道疾病的风险。

氧化锌（ZnO）在许多国家已广泛用作抗菌饲料添加剂，通常被认为是控制猪胃肠道疾病的最有效产品之一。日粮中添加高水平的 ZnO（2.5～4.00 kg/t）通常被用于抵抗仔猪断奶后感染。然而，这对微生物菌群的影响不一定有益，因为高添加水平的 ZnO 会导致与健康相关的乳酸杆菌属的数量减少(Gresse 等，2017)。

日粮中添加高水平的 ZnO 还有其他负面作用，如锌在肝脏、胰腺和肾脏中积累会给动物及人类健康造成影响，同时仔猪胃肠道内多种抗药性大肠杆菌所占比例也会增加。此外，在欧盟中有关使用 ZnO 的法律已更改。由于可能存在环境污染，因此目前的立法规定在动物生产中能使用的 ZnO 限制最多不能超过 150mg/kg，因为 ZnO 不可能作为微生物菌群的调节剂来发挥主要作用。

猪痢疾是世界上引起许多猪场重大经济损失的疾病，其特点是出现带血的黏液性腹泻，并伴随生长性能降低和不同的死亡率。该病最常见于生长育肥猪(Burrough，2017)

猪痢疾是由猪痢疾杆菌（*Serpulina hyodysentariae*）（以前称“猪痢疾短螺旋体”）感染所引起的，但猪体内这种杆菌存在并不总是导致出现感染症状。这与在产气荚膜梭状芽孢杆菌的家禽中观察到的情况及患猪痢疾出现坏死性肠炎的表现非常相似。这两种肠道疾病的出现，似乎需要某种应激参与，而这种应激很大可能与日粮有关。如上所述，家禽出现坏死性肠炎与以小麦和大麦为基础的日粮密切相关。

给猪饲喂以煮熟的白米和动物蛋白为基础的高度易消化日粮，完全可以使猪免受猪痢疾链球菌的毒株感染（Pluske 等，1996)。饲喂以蒸汽压片玉米和蒸汽压片高粱为基础日粮后猪痢疾的发病率较低，而以小麦或大麦为食的猪其痢疾的发病率较高。用燕麦糠喂养的猪也没有出现猪痢疾的临床特征（Pluske 等，1998b)。燕麦糠是不溶性 NSP 的良好来源（16%)，而可溶性 NSP 含量相对较少(0.52%)。这进一步证实了可发酵的碳水化合物与猪痢疾发作之间的可能联系。

抑制分泌因子

迄今为止，在所有研究的哺乳动物组织中都发现了抑制分泌因子(antisecretory factor，AF)，它是一种内源产生的蛋白质，相对分子质量约为 60 000（Lange 和 Lonnroth，2001)。使用 AF 是一种非常有效和安全的治疗腹泻的方法。在一项针对6～24月龄幼儿的大规模试验中发现，AF的效果都非常好并且幼儿未出现任何不良反应（Zaman等，2018）。抑制分泌因子通过调节水和离子跨细胞膜的转运而在体内起作用，但AF还可以介导有效的抗炎作用。饲料中增加抑制分泌因子还可以保护动物免受腹泻的侵害，并且含有AF的饲料已在瑞典大量应用。

新生仔猪对肠道疾病几乎没有免疫力，因而从乳汁中获得AF能对仔猪起到有效的保护作用，对仔猪的存活至关重要。从乳汁中每天摄入1μg AF就足以预防仔猪腹泻（Lönnroth等，1988）。这些结果表明，母猪乳汁中的AF含量对新生仔猪抵抗腹泻很重要。

在配制日粮时降低日粮蛋白质和可发酵碳水化合物（如可溶性NSP或抗性淀粉）水平将有利于减少仔猪小肠中溶血性大肠杆菌的定殖数量，并减少种猪痢疾的发病率。

仔猪饲料中掺入有机酸已成为生产中广泛采用的做法，其目的是减少仔猪断奶后出现的各种腹泻问题。如上所述，各种有机酸都具有抗菌作用，并且可以减少胃肠道中的致病细菌数量。AF的更广泛应用也有助于控制猪的胃肠道疾病。

在全面营养中为仔猪和其他生产阶段的猪配制饲料时，必须认真考虑以上方面，所配制的日粮必须起到维护猪群健康和避免疾病的作用。

马匹中的蹄叶炎

蹄叶炎（Laminitis，也称为Founder），是当马食用谷物或牧草中含有大量可快速发酵的碳水化合物时就会引起的疾病。这种碳水化合物在马的大肠中能快速发酵，使食糜中乳酸含量显著增加，进而导致pH降低。乳酸是由革兰氏阳性细菌繁殖产生的，属于牛链球菌和乳杆菌种。

在食糜中乳酸浓度的增加也会导致粪便pH降低，这与马的行为有关，如马喜欢咀嚼木材和食用垫草（Willard等，1977），表明大肠的发酵活动与马的健康和行为之间存在联系。控制胃肠道中的微生物菌群仍然是所有动物营养面临的主要挑战。

反刍动物的亚临床瘤胃酸中毒和蹄叶炎

反刍动物的饲料变化可能会对胃肠道微生物菌群产生显著影响，这种变化可能会增强特定微生物种群（主要是变形菌门）的优势地位。变形杆菌门是与厚壁菌门、拟杆菌门和放线菌门一起被称为瘤胃微生物菌群中的 4 个主要菌门之一。变形杆菌门由许多致病菌（如大肠杆菌）组成，它们的数量增加会导致微生物菌群微生态平衡被破坏或菌群失调。饲喂以精饲料为基础的日粮会增加变形杆菌门的相对丰度，使变形杆菌门/厚壁菌门 + 拟杆菌门的比例升高，这是瘤胃菌群失调的良好指标（Auffret 等，2017）。

亚急性瘤胃酸中毒（SARA）是奶牛生产中公认的消化系统疾病，也是一个严重的健康问题。泌乳奶牛中微生物菌群的变化与 SARA 有关。即使瘤胃发酵条件相似，也能观察到在谷物和饲草诱导的 SARA 之间瘤胃微生物种群数量有所不同。出现 SARA 时最显著的变化是革兰氏阴性拟杆菌数量下降（Uyeno 等，2015）。

蹄叶炎是反刍动物和马中常见的代谢疾病。牛、羊饲料中由大量易发酵的碳水化合物引起的瘤胃酸中毒与蹄叶炎密切相关，而瘤胃微生物菌群在由过量饲喂碳水化合物引起的蹄叶炎的发展中起重要作用。

未来研究方向

胃肠道是机体最大的器官，消耗约 20% 的日粮能量。因此，对胃肠道的有效管控将对动物的饲料需要量有重要影响，进而会产生严重的经济影响，这就要求我们进一步开发更有效的养分吸收系统，以使养分易于从胃肠道内腔进入胃肠道组织内，然后进入动物机体以帮助动物生长。

从某种程度上说，胃肠道结构中大量组织的沉积和大量日粮能量的消耗可被认为是与生产食物的竞争。但是，调节胃肠道器官的大小和代谢活动谈何容易，尽管这可能是有价值的经济目标。

胃肠道也是动物及环境之间极其复杂的一个界面，它必须应付动物在出生时、断奶时及生长期内一系列日粮的突然变化。为了在动物生产中减少药物的使用，了解营养、胃肠道生理学、微生物菌群学、免疫学，以及它们对动物健康和生产力之间的相互作用变得越来越重要。这对于设计新技术策略来增强抗病性和通过营养促进动物健康至关重要。

未来将面临的另一个问题是，随着全球范围内猪饲养数量的增加，优质谷物作为饲料原料的供应可能会受到限制。生物燃料工业也使用了大量的谷物和油料种子，这将增加对其他能源的需求。将有必要研究制定基于最大限度地利用高纤维饲料的基础上猪的饲养策略。

猪具有很大的利用纤维作为能量来源的能力。它们使用日粮纤维的能力比人类强得多，并且可以从大肠中产生的 VFA 获得高达 30% 的维持能量需求（Varel 和 Yen，1997）。猪的大肠中含有通常只在牛瘤胃中发现的所有主要纤维素降解细菌。但是与瘤胃不同，猪的大肠中既不含有原虫也不含有厌氧真菌。与反刍动物相比，猪产生的甲烷气体却少得多。反刍动物生产中产生的甲烷通常被认为是浪费的，因此在这方面猪对纤维的利用率可能比反刍动物的高。

给动物饲喂非消化但可发酵的碳水化合物（如低聚果糖或抗性淀粉），似乎会显著降低血清甘油三酯和磷脂水平（Delzenne 和 Kok，1998）。这些碳水化合物可以发挥系统性作用，并影响肝脏代谢以减少脂质合成。属于碳水化合物的营养活性物质的另一种有趣的可能应用就是能减轻或降低某些病原体的毒力。例如，当来源于纤维素且被称为纤维二糖的碳水化合物存在时，单核细胞增生李斯特氏菌的致病性就会受到抑制（Park 和 Kroll，1993）。这种微生物在其自然栖息地土壤中，与纤维二糖等接触、分解植物材料时没有毒性。然而由于人缺乏游离纤维二糖，因此可使其毒性得以表达，进而成为致病菌。如果发现其他病原体也存在类似情况，则表明一些属于碳水化合物营养活性物质可在控制病原体活性方面发挥重要作用。

众所周知，某些病毒的毒性与动物的营养状况有关（Beck，1999）。柯萨奇病毒 B3 的正常良性株在硒或维生素 E 缺乏症小鼠中具有毒性（Beck，1999）。毒力的这种变化是由病毒本身的特定突变所致，因此一旦发生突变，即使是营养正常的小鼠也容易受到该病毒的攻击。对小鼠柯萨奇病毒的研究表明，宿主动物的氧化应激会导致病毒突变，进而导致特定病毒的毒性增加。在氧化应激下，柯萨奇病毒的菌株其毒性变得更强。

这些观察对于全面营养的未来发展非常重要。日粮中某些属于碳水化合物的营养活性物质的存在及对动物氧化应激的得以控制，可能影响各种病原体的毒力变化和脂质代谢。如果能进一步发展，那么使用营养策略来控制病原体将具有重要优势。这种现象对动物健康具有重大影响。关于碳水化合物在营养中的各种生理作用，仍有许多知识值得进一步学习。

肉鸡弯曲杆菌感染是一个令人特别头疼的问题，因为该菌似乎不是通过饲料传播的。因此，良好的饲料卫生尽管很重要，但不能解决弯曲杆菌感染的问题，有必要开发一些可以调节胃肠道弯曲杆菌的饲料成分。在非消化性碳水化合物领域还需要做更多的工作，目前的初步研究结果差强人意（Spring 等，2000）。一些有机酸（如乳酸和富马酸）会被胃肠道缓慢吸收，它们在控制弯曲杆菌感染中也可能发挥作用。因此，未来还有开发针对弯曲杆菌的竞争性排斥产品的潜力（Schoeni 和 Wong，1994）。

近年来，已发现胃肠道内的微生物菌群在营养物质消化、维生素合成，以及帮助动物抵抗胃肠道疾病（Durmic 等，1998）中起多种重要作用。在单胃动物中，微生物菌群对于转化未被消化的碳水化合物至关重要，并且能为动物提供一些额外的能量。这对于成年猪特别是母猪来说尤为重要，因为其能提供的能量约占母猪总能量的 16%（Mikkelsen 和 Jensen，2000）。人们一直致力于研究瘤胃发酵的策略，今后无疑将持续下去，尤其是反刍动物养殖中产生甲烷是当今重要的环境问题。一个有趣的发现是，使用 3-硝基氧丙醇可能明显地将动物体内的甲烷产量降低 30%，而对动物的健康或生产力没有任何风险（Duine 等，2016）。今后还需要制定营养策略以进一步减少甲烷的产生。

单胃动物胃肠道中的微生物种群非常多样且复杂，因此至今仍然不清楚猪和家禽中微生物菌群的确切组成。这就会使不同细菌群如何与饲料成分相互作用，以及它们如何及何时增殖并引起胃肠道疾病的问题变得更加复杂，我们很难预测饲料中特定的营养活性物质将如何影响任何特定的病原体。显然有关微生物菌群组成的更多基本信息是使饲料配方设计成能满足控制肠道疾病的重要要求。

关于胃肠道微生物菌群的许多可用信息是采用传统培养技术通过对各种不同微生物进行培养而获得的。然而将传统技术应用于诸如微生物菌群这样的复杂系统存在严重的局限性。胃肠道中不仅存在许多微生物（如厌氧菌），并且不易于分离和培养。胃肠道中大量的细菌种群使得传统生物学的表征极为费力。近年来，已经出现与培养无关的分子技术，尤其是用那些基于核糖体 RNA 小亚基的基因 16S rRNA 的技术来研究微生物菌群（Dethlefsen 等，2008）。16S rRNA 基因技术提供了物种特异性的标签序列（signature sequence），可用于细菌鉴定。

16S rRNA 基因测序技术的应用已被用于分析包括猪和家禽在内的由许多微生物物种组成的肠道细菌群落，并证实尚未培养和鉴定出定居于胃肠道的大多数细菌物种。显然未来有大量工作要做，以使营养学家能够设计、建立和维持合适的微生物菌群，以维护动物健康并避免疾病发生。

饲料的组成成分和消化率对胃肠道微生物菌群具有重大影响，因为日粮来源的化合物是微生物和宿主最重要的生长底物。在现代动物生产中，必须针对特定目标动物或禽类的营养需求来配制饲料。但是现在发展的营养也需要针对微生物菌群的有效管理，因为这对宿主的健康维护和疾病预防具有重要作用。

因此，未来的研究需要针对为微生物菌群及特定目标宿主来设计合适的饲养策略（Adams 和 Gutierrez，2018）。

动物生产中要求不再常规使用抗生素，这使得使用日粮来控制胃肠道疾病引起了人们更大的兴趣。非治疗性疾病管理技术的发展可能会主要以预防疾病为策略。具有生物活性的益生菌、非活细菌产品或益生菌代谢副产物的应用是未来可能的发展方向。

另一个重要的未来规划是控制可能污染肉类并威胁人类健康的肠道病原体数量。肉制品中存在的沙门氏菌和弯曲杆菌已成为重大的公共卫生问题。用适当的营养元素配制饲料以保证动物健康，以及最终保证人类食品质量可能是未来发展的一个非常有吸引力的目标。

猪的断奶过程仍然需要优化，也许这可以通过开发饲料配方来实现。该配方可以提高有益微生物菌群的数量，从而提高 SCFA（尤其是丁酸）的产量。各种 NDO 和抗性淀粉可以通过增强大肠中有益的 SCFA 谱的生成来提供帮助。

毫无疑问，疫苗接种技术在保护动物免受肠道疾病侵害方面具有广阔的应用前景。针对沙门氏菌病的疫苗已经可用，并且将来可能会开发出许多针对其他胃肠道疾病的疫苗。有效的疫苗和日粮控制相结合，利用各种有机酸和属于碳水化合物营养活性物质，应可使动物避免出现许多胃肠道疾病。全方位营养将不得不基于使用营养活性物质和新型饲料成分来设计营养策略，从而以更经济、有效的方式实现高水平的动物生产。

（张　嵩　译）

第六章 CHAPTER 6

外部威胁：面对外界风险时的免疫系统和防御机制

动物生活在恶劣环境中的情况不可避免，因此它们必须不断地与外界环境作斗争，包括恶劣气候、有毒物质、捕食者和各种致病微生物等。动物接触的微生物种类繁多，其中的一些微生物很容易穿透呼吸、胃肠和生殖系统的上皮，侵入人体。许多微生物在大多数动物的胃肠道、微生物菌群内和其他体腔中生存。如第五章所述，胃肠道中的大量细菌种群可能对动物健康有利或有害，必须加以妥善管理。胃肠道病毒感染通常发生在猪和家禽身上，它们存在时猪和家禽要么很少或根本没有症状，要么可导致灾难性生产损失。此外，胃肠道的病毒感染可能会有助于其他疾病的发展。病毒可能会破坏胃肠道黏膜，并为其他潜在病原体（如大肠杆菌或沙门氏菌）提供一个入侵点。这种损伤也可能使其他病原体附着在胃肠道壁上。各种病原体对胃肠道的损害和腹泻综合征的出现也会对受感染动物消化吸收营养物质的能力产生次生性影响。因此，必须控制病原微生物的生长，以避免出现疾病综合征、机会性感染（opportunistic infections）和严重的肠道疾病。

如图 6-1 所示，致病微生物感染动物后会有几个与营养直接相关的重要后果。抑制食欲将会全面降低对维持动物良好生长至关重要的营养元素的摄入量。胃肠道组织损伤可能发生在绒毛上，也可能是由于病变发展进而引发如家禽坏死性肠炎，这种损害通常表现为腹泻和饲料营养吸收不良。其总体结果是摄入的营养元素流失，这些营养元素本来应该用于生长。体温升高和免疫系统激活增加了动物对营养元素的需求，但这些营养元素并不能再用来支持动物生长。病原微生物感染对动物生产能力有严重影响，因此全方位营养策略对防止疾病的发生，将感染降低到最低限度给予了高度关注。

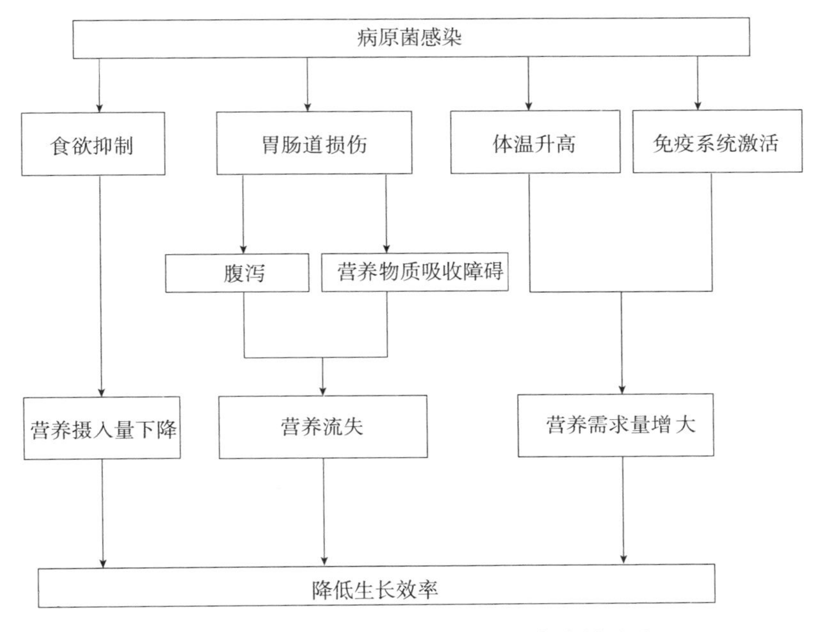

图 6-1　致病菌感染导致动物生长率降低图示

尽管环境对动物健康构成了严重而持久的挑战，但由于动物存在一系列针对环境危害的防御机制，因此仍然存活得非常好。这些防御机制包括非特异性物理屏障，基于酶、酸和生物活性肽的化学防御体系，以及免疫系统的生理防御体系（表 6-1）。

表 6-1　动物对由微生物引发的疾病的防御体系

防御体系类型	防御系统的组成
非特异性物理防御体系	皮肤、羽毛、毛发、消化道和呼吸道的上皮层
化学防御体系	酸：HCl、脂肪酸、有机酸 酶：溶菌酶、乳过氧化物酶、胃蛋白酶、细胞色素 P450 氧化酶体系
生理防御体系 （细胞和体液免疫体系）	先天性免疫系统：巨噬细胞、中性粒细胞 获得性免疫系统：T 淋巴细胞和 B 淋巴细胞

所有这些防御体系的维护都受到营养的影响。各种饲料成分对免疫系统的刺激现在引起了研究者的极大兴趣，被称为营养免疫学（nutritional immunology）或免疫营养（immunonutrition）（Grimble，2001）。在处于应激或暴露于致病微生物的情况下，动物的免疫功能通常会降低。因此，将免疫刺激恢复到免疫系统最适度以下至关重要。

因此，全方位营养策略还必须积极关注支持和强化动物的各种防御体系。当我们不再依赖抗生素和药物来保护动物免受环境危害时，这一点就变得更加重要。

物理屏障

动物拥有非特异性的物理屏障，如羽毛、皮肤和毛发，它们保护身体组织免受伤害，并防止病原体进入身体。这些防御屏障的破坏将会使病原体很容易进入机体。家禽之间啄羽毛、猪之间相互撕咬都会对皮肤造成严重损害。只要有可能都需要调整并配合日粮，以保持良好的羽毛和皮肤发育，从而对机体进行物理性保护。

呼吸系统和胃肠道黏膜上皮表面是防御空气或饲料中有害病原体及抗原进入机体的第一道防线。胃肠道黏膜上皮必须具有良好的物理完整性，以防止病原体进入机体内部，但黏膜上皮必须足够薄才能保证有效地运送营养物质。但这些黏膜上皮表面可能以各种方式受到损伤，如畜舍建筑内部高氨含量会损害肺组织；日粮变化和断奶应激可损伤胃肠道黏膜上皮层，使幼畜更易感染病原体；断奶仔猪采食量减少会导致胃肠道绒毛迅速萎缩（Pluske 等，1996）。因此，仔猪日粮配合和饲养技术都要确保仔猪能获得持续且足够的采食量。

化学防御体系

一旦病原体通过饲料、环境或损伤进入机体，则它们首先会被化学防御体系处置。化学防御体系包含几部分物质，如酸、酶和肽。进入动物胃的病原体必须能抵抗由胃产生 HCl 而导致的极低 pH。人们普遍认为，仔猪出现的一些肠道问题是由于未成熟的胃分泌的盐酸不足导致的，这会使仔猪更容易患上肠道疾病，从而提出了在仔猪饲料中加入各种有机酸混合物的实践措施（Partanen 和 Mroz，1999）。

如第二章所述，几种不同的脂肪酸具有良好的抗菌活性，它们在饲料卫生及影响胃肠道状况方面发挥着重要作用。中链脂肪酸、月桂酸对革兰氏阳性菌具有良好的活性（Conley 和 Kabara，1973）。在不使用抗生素的情况下，各种有机酸将在日粮配方方面发挥重要作用。

各种酶也在化学防御体系中发挥作用。溶菌酶存在于眼泪、汗液、胃液、唾液和蛋清中，对革兰氏阳性菌特别有效，在牛奶中有杀菌作用。胃蛋白酶是一种蛋白质消化酶，在低 pH 下起作用。胃蛋白酶和胃内低 pH 的作用可使胃内的细菌数量保持在低水平。

细胞色素 P450 是一种多功能氧化酶体系。其主要功能是代谢有毒物质，通常是通过羟基化或氧化反应增加有毒分子的水溶性，从而促进它们从体内排出。

从两栖动物到人类，所有脊椎动物似乎都发育一种基于一系列广谱抗菌肽（也称为生物活性肽）的防御体系（Nicolas 和 Mor，1995）。这些肽类由呼吸道和胃肠道黏膜上皮表面的细胞及皮肤的颗粒腺体分泌，能分解许多致病微生物，包括病毒、革兰氏阴性菌、革兰氏阳性菌、原生动物、酵母菌和真菌。

这些肽分子相对较小（20～46 个氨基酸），呈碱性（赖氨酸或富含精氨酸），具有亲水亲脂两亲性。它们的抗菌活性很可能是由于它们在微生物膜内形成通道或孔，以便渗透到细胞中并削弱其进行必要代谢过程的能力。这种化学防御体系为动物提供了一系列小肽，这些小肽在诱导后迅速合成，易于大量贮存，并随时可用于对抗入侵的病原体。它们的产生速度比微生物的繁殖速度快得多。这种化学防御体系在经典免疫系统失效的情况下可能也很重要，就像在免疫抑制的动物中免疫失效一样（Sánchez 和 Vásquez，2017）。

免疫系统

所有脊椎动物都具有一个免疫系统，旨在识别并有选择地消灭入侵的病原体。免疫系统能够识别非自身来源的大分子。免疫系统极其复杂，可能是仅次于大脑的第二复杂的机体系统，由不同器官和细胞类型组成。哺乳动物的主要免疫器官是胸腺和骨髓，禽类的是胸腺和法氏囊。免疫系统的次级器官包括脾脏、各种淋巴结和派尔斑（Peyer’s patches）。目前还不完全了解免疫系统是如何识别和排斥有害病原体的，包括那些动物机体以前从未遇到过的病原体，以及与此同时又能在胃肠道中栖居的数十亿个有益细菌。免疫系统能够识别和破坏毒素，同时允许消化和吸收重要的营养物质。

免疫细胞数量最多的部位是胃肠道内黏膜表面，70%以上的机体免疫细胞存在于胃肠道壁上，它也被称之为肠道相关淋巴组织（GALT）。饲料成分与免疫系统的首次主要接触部位在胃肠道。因此，营养与免疫状态密切相关。被称之为抗原的有害物质，包括细菌、病毒和杀虫剂，不同于无害的饲料蛋白质。在微生物抗原存在的情况下，如果胃肠道防御体系被破坏，则免疫系统就会完全被激活。然而对于饲料蛋白重要的是，它们能抑制这种免疫反应，并允许饲料蛋白从胃肠道被消化和吸收。

因此，免疫系统的一个重要特征是它能够保留对某一特定病原体存在的“记忆”，便于随后在同一病原体感染时能引起更快速的反应。这种对免疫系统的“记忆”是疫苗接种的依据。在疫苗接种过程中，动物被故意暴露在一种安全的病原体中。在随后暴露于有毒病原体时，免疫系统的记忆功能会对病原产生防护性反应。

哺乳动物和禽类的免疫系统包括两个基本免疫系统：先天性免疫系统和获得性免疫系统（Warrington 等，2011）。先天性免疫系统被认为比获得性免疫系统进化得更早，它发现在所有多细胞生物中，而获得性免疫系统只存在于脊椎动物中。先天性免疫系统位于淋巴系统的细胞中，而获得性免疫系统最终存在于血清中。这两个免疫系统性质不同，但两者一起为机体提供双重保护。

先天性免疫系统

当微生物成功地穿透胃肠道或呼吸道的黏膜上皮层时，首先会遇到先天性免疫系统的干预，这是限制感染性疾病传播的免疫防御的第一道防线。在哺乳动物中，巨噬细胞、中性粒细胞和自然杀伤细胞（NK）构成了抵御入侵微生物的先天性免疫防御的主要部分。巨噬细胞是可移动的清道夫细胞，广泛分布于全身。它们在自然界中具有吞噬性，在遇到细菌等外来抗原后没有任何延迟期就加以结合、吞噬和降解细菌。在家禽中，易嗜白细胞（heterophils）相当于哺乳动物中的中性粒细胞（neutrophils）。在尚未对病原产生获得性免疫力的雏鸡中，易嗜白细胞尤其重要。

先天性免疫系统的细胞似乎能够识别病原体中共有的各种分子结构，这些分子结构被称为病原体相关分子模式。例如，脂多糖和磷壁酸等分子分别是革兰氏阴性菌和革兰氏阳性菌的识别结构，双链 RNA 与病毒识别有关，而甘露寡糖是酵母菌的可识别分子结构。

在识别 pamp 的先天性免疫系统介质中，有 toll 样受体（Takeda 等，2003）。胃肠道细胞对微生物 pamp 的识别反应依赖于细胞表面 toll 样受体的表达，其结果会导致巨噬细胞活化，产生具有抗菌作用的活性氧和活性氮。转录因子主要是核因子 kappa B（KF-κB）通过衔接子分子（adaptor molecules）和下游激酶（如 IRAK-4）被激活。这个系统控制能刺激获得性免疫反应的促炎细胞因子的产生。先天性免疫系统的反应要么是抑制病原生长和复制，要么会引发级联反应，导致在获得性免疫反应中产生抗体。这将确保宿主动物对微生物入侵作出快速和适当的反应。

先天性免疫反应对肠道疾病的抵抗和黏膜获得性免疫的诱导至关重要。它是一种非常快速的防御机制，尤其是 NK 细胞对病毒的防御作用非常重要，因此它是抵御微生物病原体的重要前线。

获得性免疫系统

如果入侵的微生物在先天性免疫系统中存活下来，那么获得性免疫反应就会被激活。获得性免疫是由淋巴细胞介导的，这些细胞只参与对外来物质的特异性免疫识别。淋巴细胞表面携带膜结合抗体和抗体样分子，它们作为抗原受体发挥作用，还产生可溶性抗体。淋巴细胞能够产生数十亿种不同的抗原受体或抗体，这赋予了动物识别其一生中可能遇到的任何抗原的能力。

当动物第一次遇到抗原时，在获得性免疫系统中只有少数抗原特异性淋巴细胞。在病原被破坏之前，这些细胞必须进行克隆扩张并分化为活性效应细胞。因此，获得性免疫系统对病原的首次接触反应缓慢，可能需要 4d。然而，与更快速作用的先天性免疫系统不同，获得性免疫系统留下了一个先前激活的淋巴细胞池和一个预先形成抗体的“记忆”，这些抗体在随后的机体感染中可以立即发挥作用。血液中有适当数量的活化特异性 T 细胞的动物对某种特定病原体具有免疫力。这在疫苗接种计划中被广泛利用。

免疫系统的本质是它能够识别大分子的表面特征，这些大分子不是动物身体的正常成分。这种特异性识别是由血清蛋白或抗体及 T 淋巴细胞表面的抗体介导的。抗体属于一类称为免疫球蛋白的蛋白质，可分为 IgM、IgG、IgA、IgD 和 IgE。IgA 抗体对胃肠道微生物起防护性屏障作用，同时也是牛奶和初乳中的一种主要免疫球蛋白，其功能是保护犊牛的胃肠道。

许多感染伴随急性期反应，其特征是肝脏急性期蛋白的合成。在哺乳动物和家禽中，巨噬细胞在免疫应答过程中产生的细胞因子能诱导肝脏分泌多种急性期蛋白。这些蛋白的产生早于特异性抗体，从而会引起动物发热，加速体内蛋白质的周转。急性期蛋白有助于先天性和获得性免疫系统运作。急性期反应涉及所有器官，特别是肝脏和肌肉的代谢变化。急性期反应可能在感染期间会消耗大量营养元素，需要在全方位营养策略中给予考虑。

免疫病理学

如上所述，免疫系统极其复杂，它是由许多不同的细胞（如淋巴细胞、巨噬细胞）和特定的分子组成的，包括无数个抗体和细胞因子。因此，毫不奇怪的是，当这个系统出现故障时会给动物带来一系列的健康问题。免疫病理或免疫系统疾病可分为两类：免疫缺损和免疫抑制。

免疫缺损

免疫缺损（immunodeficiency）是指免疫系统抵抗传染病的能力受到损害或完全丧失的状态。免疫缺损可能是由继发性原因引起的，如病毒或细菌感染、营养不良或使用诱导免疫抑制的药物治疗等。众所周知，任何营养缺乏都会导致动物对疾病的免疫反应受损，会影响细胞介导的免疫、抗体产生和细胞因子产生，并导致全身免疫缺损。某些疾病也可以直接或间接损害免疫系统，如白血病和获得性免疫缺损综合征（艾滋病）。在艾滋病的发展过程中，人类免疫缺陷病毒（HIV）能直接感染T辅助细胞（Th），并间接损害其他免疫系统反应（Warrington等，2011）。免疫缺损表现为对动物病原感染的抵抗力降低。

免疫抑制

免疫抑制是畜禽生产中经常出现的问题，可能是由许多因素引起的，如应激、营养、病毒、细菌和霉菌毒素。表现为畜禽对特定疾病的易感性增加或表现为亚临床感染和对疫苗的不良反应。

世界范围内养猪生产的一个主要问题是免疫抑制病毒的出现，如猪圆环病毒2型（Porcine circovirus 2）、猪繁殖与呼吸综合征病毒和猪流感病毒。这些病毒的迅速传播使猪易受到二次感染，并已将急性呼吸道疾病从育肥阶段提前到断奶后阶段。表6-2列出了猪和家禽中发生的由免疫抑制病毒引起的一些更重要的病毒综合征。

表 6-2　猪和家禽中的免疫抑制病毒综合征

动物种类	病毒或疾病种类
猪	圆环病毒 2 型 繁殖或呼吸道系统疾病 猪流感
禽	马立克氏病 传染性法氏囊病 网状内皮组织增生症 鸡传染性贫血 呼肠孤病毒（病毒性关节炎/腱鞘炎） 出血性肠道病毒（火鸡）

霉菌毒素是由污染饲料的霉菌产生的，是众所周知的免疫抑制剂。如第二章所述，良好的饲料卫生标准对于减少霉菌毒素的产生具有重要意义。

免疫抑制的动物或家禽更容易受到任何机会性病毒或细菌感染。在家禽中，普遍的免疫抑制也会导致许多禽类对新城疫疫苗的免疫反应不良，并导致禽类被大肠杆菌感染的概率增加。

在奶牛生产中，一些因素可能会损害免疫机制，如在泌乳早期感染奶牛的细菌可引起乳腺炎、泌乳的生理应激、酮病和乳热。母牛分娩后，其血液中能够吞噬和杀灭细菌的循环中性粒细胞数量可能会减少。

免疫耐受

免疫系统必须处理许多对动物无害的抗原，并且必须能够区分可能造成损害的抗原和不可能造成损害的抗原。这就是免疫耐受现象，它是一种防止生物体对自身大分子的抗原决定簇和无害饲料分子产生免疫反应的机制。饲料来源的胃肠道的抗原和微生物菌群来源抗原在健康动物中都能触发免疫耐受，而病原体诱导免疫防御机制的强烈激活。一些饲料蛋白（如大豆蛋白），会在幼畜中产生不必要的免疫反应。在这种情况下，免疫耐受的效果不如预期。如果丧失免疫耐受则会导致消化系统疾病，如过敏反应和大肠发炎。免疫耐受是极其重要的，但人们对免疫耐受的认识仍然有局限。

黏膜免疫系统可能产生耐受性，而不是对所接触到的大多数抗原作出主动反应，这就是所谓的调节功能。同时，它必须保持对潜在病原体作出积极反应的能力，这就是所谓的效应子功能（effector function）。动物的免疫系统必须在遇到抗原的情况下，不断平衡这些调节功能和效应子功能，然后作出适当的免疫反应。错误的决定将导致肠道功能丧失，原因是动物对病原体控制不当或对饲料过敏。

免疫系统已经进化成具有对外来分子攻击性的反应能力。然而不可避免的是，少量无害但属于抗原蛋白可在人、啮齿类动物和猪的肠道中被吸收(Bailey等，2000)。虽然这些蛋白质在营养上不重要，但足以在肠内引发强烈的、破坏性的、过敏性的免疫反应。通常免疫耐受现象会积极阻止这些反应。在有害和无害抗原之间进行有效和准确的区分，并对每种抗原表达作出适当的反应是动物健康的一种表现。

胃肠道微生物菌群的发育对建立正常的免疫功能至关重要。仔猪断奶时微生物菌群和免疫系统的破坏可能对黏膜功能有长期性的影响。例如，生长猪的非特异性结肠炎表现为对黏膜抗原不能产生反应的慢性症状，这可能是断奶实践产生的不良后果。

如果胃肠道微生物菌群的发育对免疫系统的成熟至关重要，那么将某些经过选择的微生物作为益生菌加入进去可能有助于其发育。益生菌已被广泛研究并大量用于担负竞争排斥功能，而不是用于刺激免疫系统（见第五章）。它们可能对增强先天性免疫系统有一些有益的作用，特别是增加巨噬细胞的活性(McCracken和Gaskins，1999)。

免疫激活

饲料或环境来源的细菌和病毒可导致白细胞分泌细胞因子。这些细胞因子是存在于全身的蛋白质分子，可以激活细胞免疫和体液免疫中的一些成分。细胞因子是由机体产生的一组复杂分子，包括白细胞介素和肿瘤坏死因子。它们能改变向免疫系统输送的营养。细胞因子释放导致淋巴细胞、巨噬细胞快速增殖，抗体产生和肝脏急性期蛋白合成。活化的免疫系统然后帮助组织进行修复，保护健康组织免受自由基和其他氧化分子的影响，并从血流中去除有助于病原体繁殖的营养物质。

细胞因子也是免疫系统中的重要信使，免疫系统利用它们来通知身体内其他受威胁的部分。它们在家禽和猪体内可产生类似的代谢反应：减少饲料摄入量，提高体温，降低生长速度（Klasing等，1991；Johnson，1997；Williams等，1997a和1997b)。来自免疫系统的细胞因子信号允许身体重新引导其代谢活动，并将营养物质从用于生长转移到用于对抗疾病。由于免疫系统被激活，因此这种生长的降低现在被看作是生长效率下降的一个主要原因，而在通过饲养动物来提供畜产品时要求动物必须达到最快的生长速度，其中生长效率是非常重要的。就动物生产效率而言，使用不去激活免疫系统的日粮将会更好(Niewold，2007)。

动物的快速生长加上免疫系统的激活会导致营养需要量的增高和降低。与细胞因子产生相关的体温和发热增加了能量需求。发热与基础代谢率有关，体温每高于正常值1℃基础代谢率会增加10%～15%。免疫系统的淋巴细胞和巨噬细胞的增殖能力大大增强，抗体的产生和肝急性期蛋白的合成增加。这就需要额外的能量供应。然而，活动量减少、睡眠时间增加和生长率下降等原因导致能源需求也相应有所减少。

在抗原暴露水平高或低的情况下饲养的猪，其免疫激活水平或高或低，生长性能有很大不同（Williams等，1997a，1997b）。与免疫系统激活水平高的仔猪相比，6～27kg免疫系统激活水平低的仔猪有更好的食欲、更快的生长速度和更高的饲料转化率。蛋白质的增加和机体的瘦度（body leanness）也有显著差异。与免疫系统激活水平低的仔猪相比，免疫系统激活水平高的仔猪对赖氨酸的摄入量大大减少（表6-3）。

表6-3　免疫系统激活对6～27kg仔猪生长性能的影响

（赖氨酸，1.2%）

生长指标	免疫系统激活	
	高（健康状况好）	低（健康状况差）
日采食量（g）	889	1 052
赖氨酸摄入量（g）	8.78	12.21
平均日增重（g）	510	644
FCR	1.72	1.63

这些生产性能差异在体重高达112kg的猪的一生中一直存在。与高抗原暴露的猪相比，低抗原暴露导致食欲增加、生长率提高、瘦肉率提高和饲料转化率提高。低免疫激活状态猪提前20d前达到市场出售体重，饲料减少了42kg。

对不同赖氨酸水平的详细研究表明，为获得最佳生产性能所需的猪的日采食量和赖氨酸日粮浓度取决于猪的免疫激活水平。低免疫激活且采食量较高的猪也需要额外增加的赖氨酸才能获得最佳生长性能。在低免疫系统激活的猪中，赖氨酸在日粮中占1.5%时生长速度和饲料转化率是最理想的，免疫系统高度激活的猪只需要1.2%的日粮赖氨酸。这可能是因为免疫系统激活改变了生长和维持之间的平衡。在瘦肉组织生长中，赖氨酸的含量大约是维持蛋白质所需水平的3倍。这清楚地表明，动物免疫状态对营养元素的利用有重要影响，建议在日粮配合中应把动物免疫状态考虑进去。

更为复杂的是，免疫系统高度激活的动物其食欲下降的程度难以预测，而且在实际衡量动物的免疫状态方面也存在困难。这不是一项微不足道的任务，将在关于全方位营养评估的第八章中作进一步讨论。然而这是一项值得研究的话题，因为如果日粮配方与动物的免疫状态不匹配，将面临严重的经济损失。当动物在高疾病威胁下被饲养时，它们需要获得更多的营养物质来支持免疫系统，否则就会导致生长缓慢，每吨饲料产出的肉量减少。

高度免疫刺激猪的蛋白质沉积较少，因此需要较少的能量用于体内蛋白质的合成。几乎没有实际证据能表明，在面临免疫威胁期间给动物增加一般营养元素需求会带来任何好处。减少病原菌负荷进而降低免疫刺激将有助于改善饲料采食量和猪的生长性能（Goodband 等，2014）

免疫营养（营养免疫学）

一种传染病的发展或动物对该疾病的抵抗力，取决于病原体和宿主免疫系统之间的相互作用。此外，营养和免疫系统之间存在一种合作互利的相互作用。营养调节免疫系统和免疫系统的反应，反过来它们又调节营养需要。饲料来源的真菌毒素、细菌和病毒对免疫系统有重要影响。断奶仔猪多系统衰竭综合征是一种与免疫应答和病毒有关的疾病。如上所述，真菌毒素被公认为抑制免疫系统的因素（Li 等，2000），它使得动物更容易受到继发感染或亚临床感染，对疫苗的反应也很差。

免疫营养被定义为通过特定营养元素或营养活性物质诱导、增强或抑制免疫反应来治疗疾病，这些营养元素或营养活性物质的摄入量要高于日粮中通常遇到的水平（Grimble，2001）。可以将用于调节免疫系统活动的各种营养元素和营养活性物质定义为免疫调节剂。如前所述，免疫营养也是一种调节由免疫激活引起的生长抑制作用的方法。对动物营养学家来说，免疫系统的调节非常困难，不过全方位营养必须利用免疫营养。这将是代替抗生素使用的另一种技术策略，也是全方位营养必须加以考虑的一个重要因素。

免疫营养是动物生产的一个重要但需小心处理的技术，因为它要在动物暴露于传染病威胁的情况下进行生产，既需要避免免疫抑制，同时也能避免免疫系统的过度激活，因为这会引起生长抑制。

免疫调节剂，往往主要指免疫激活剂，能够非特异性地增强先天免疫功能和提高动物对疾病的抵抗力。然而，免疫调节剂的有效性依赖于一个功能正常的免疫系统，因此并不总是一个可行的选择。例如，在刚出生不久的动物身上，免疫系统还没有完全发挥作用，严重的应激和疾病也会限制免疫系统的功能发挥。有多种多样的分子都具有免疫调节作用（表 6-4）（Cheng 等，2014）。

精氨酸、半胱氨酸和谷氨酰胺等几种氨基酸在支持免疫系统方面发挥着重要作用。这些氨基酸可能需要视为条件性必需营养元素。起初根据营养缺乏水平确定的营养需要量的概念与全方位营养观点无关，因为许多饲料成分并不具有传统的营养缺乏水平。然而，条件性必需营养元素是一个更有用的概念，因为它们很多能被机体合成，从传统意义上讲，它们是非必需的。然而，这些营养元素的内源性合成可能不足以满足动物在各种生理条件下的需要，如免疫应激。为此，全方位营养必须同时考虑营养活性物质和条件性必需营养元素，以便配制有利于动物健康和生长的日粮。

表 6-4　饲料中影响免疫调节的重要成分

免疫调节因子	功　效
氨基酸	作为一氧化氮（NO）合成的底物，精氨酸能改善辅助性 T 细胞数量；半胱氨酸通过合成谷胱甘肽来提高抗氧化能力；谷氨酸是免疫细胞的营养元素，能改善肠壁功能，是谷胱甘肽的前体
β-葡聚糖	上调先天性免疫应答
类胡萝卜素	抗氧化，激活疫苗应答
铬	促进 T 淋巴细胞和 B 淋巴细胞增殖
初乳	含有保护新生动物免受疾病侵害的抗体
黄酮类化合物	增强血液对病毒清除的能力
卵黄抗体	针对大肠杆菌、沙门氏菌和弯曲杆菌的抗体
ω-3 多不饱和脂肪酸	抗炎症，逆转免疫抑制
锌	维持 T 细胞反应和抗体产生

精氨酸

与大多数哺乳动物不同，因为家禽不能自身合成精氨酸。因此，精氨酸在家禽中特别重要，是家禽营养中的一种必需氨基酸。精氨酸似乎对免疫系统的几个方面都有益，并影响抗病力。家禽饲料中添加精氨酸能显著影响免疫系统器官的发育，对胸腺和脾脏也有显著影响（Kwak 等，1999）。

半胱氨酸

半胱氨酸是谷胱甘肽生物合成的限制性底物，反过来谷胱甘肽又是免疫系统的限制性因子，是一种重要的细胞抗氧化剂（见第七章）。半胱氨酸供应和细胞内谷胱甘肽水平对 T 细胞系统有很大影响，因为这些 T 细胞在被抗原刺激后体积迅速增大的过程中对半胱氨酸的需求特别强烈（Dróge 等，1994）

谷氨酰胺

谷氨酰胺被免疫系统的细胞用作能量来源，谷氨酰胺供应的任何限制都会降低免疫系统细胞的增殖速度，并降低它们对免疫挑战的快速反应能力。谷氨酰胺是维持胃肠道免疫系统的关键营养元素，适当添加后感染大肠杆菌的仔猪其免疫系统会受到很大影响（Yoo 等，1997）。添加精氨酸也有类似的反应（Flynn 和 Wu，1997），添加谷氨酰胺可有效预防仔猪胃肠道上皮损伤。一个标准的仔猪饲料不会包含足够的谷氨酰胺支持胃肠上皮生长，因此往仔猪饲料内添加一定量的谷氨酰胺饲料是必要的。在患病的动物中，如果增加的代谢需求超过内源性供应，则谷氨酰胺可能会出现条件性缺乏。因此，当动物受到严重的感染压力或生病时，饲料中谷氨酰胺的含量可能变得更为重要。在治疗危重病人中，谷氨酰胺被认为是支持这些病人康复的一个有价值的成分（Griffiths，2001）。谷氨酰胺在动物营养中将得到更广泛的应用。动物饲料中谷氨酰胺的含量也需要考虑。

β-葡聚糖

来自酵母细胞壁的β-葡聚糖已经被用作水产养殖的免疫激活剂，现已证明β-葡聚糖能够增强未发育成熟的鸡对沙门氏菌的先天性免疫应答（Lowry 等，2005）。用酵母细胞壁中的β-1，3/1，6-葡聚糖对肉鸡进行有限的处理能够减少因大肠杆菌引发的呼吸系统疾病所造成的生产损失（Huff 等，2006）。然而，饲喂葡聚糖的对照组体重也有所下降，这很可能是由葡聚糖摄取过度的免疫激活而抑制了其生长。这是一个说明免疫调节需要精准处理的有用的例子。

类胡萝卜素

类胡萝卜素，如叶黄素在支持免疫系统方面很有价值，许多动物能迅速从饲料中吸收叶黄素，其中一些被吸收的叶黄素沉积在脾脏中（Park 等，1998）。这表明叶黄素具有免疫调节的作用。这一点在猫和犬的饮食叶黄素研究中得到了进一步证实。研究显示，叶黄素对细胞介导免疫和体液免疫反应都有激活作用（Kim 等，2000b）。

有证据表明鸟类对叶黄素有免疫反应（Blount 等，2003）。给斑马雀（Zebra finches）喂食高叶黄素饮食，然后用凝集素和植物血凝素处理（Blount 等，2003）。结果显示，凝集素能诱导由细胞介导的免疫反应，该种反应可以通过鸟皮肤上的肿胀程度来测量。饲喂添加叶黄素的鸟类其血浆类胡萝卜素总量增加了 2 倍，产生的免疫应答明显大于对照组鸟类（表 6-5）。这一结果表明，免疫功能可能受到饮食中类胡萝卜素可利用率的限制。

表 6-5　添加叶黄素对血浆总类胡萝卜素及产生的免疫应答的影响

观察指标	组别	
	对照组	叶黄素组
血浆类胡萝卜素总量（μg/mL）	32.0	68.0
免疫应答（mg/mL）	0.80	1.75

叶黄素在家禽健康中的意义进一步支持来自对中雏炎症反应的观察（Koutsos 等，2006），该项目研究了叶黄素对脂多糖（LPS）刺激中雏全身炎症免疫反应的影响。在产蛋母鸡中，叶黄素的补充也激活了机体对传染性支气管炎病毒疫苗接种的抗体反应（Bédécarrats 和 Leeson，2006）。表明叶黄素的另一个好处是提高疫苗接种的效力。许多动物饲料，特别是在欧洲，类胡萝卜素含量极低，因为它们通常以小麦、大麦、杂交玉米和大豆粉为基础配制，可能无法使动物获得最佳的免疫系统。

初乳

初乳能提供母源抗体，充足的初乳供应对所有动物的健康和生长都很重要，对仔猪和犊牛而言更是如此。初乳摄入量通过提供热量调节，帮助仔猪早期存活，以及提供免疫球蛋白促进生后长期健康，在仔猪生长发育中发挥着重要作用（Devillers 等，2011）。

铬

铬能激活免疫系统，不仅能提高 T、B 淋巴细胞的增殖率和数量，而且还影响胰岛素和皮质醇代谢，增强疫苗的使用效果（Wu，2017）。

黄酮类化合物

黄酮类化合物主要存在于大豆和三叶草中，其中的异黄酮是活性营养物质的一个有趣的例子，它是一种具有潜在的免疫调节作用的营养活性物质。豆粕中发现的一种特殊异黄酮是染料木黄酮（genistein），饲料中添加 200～400g/t 可提高猪对血清中病毒的清除率，并能改善遭受病毒侵袭的生长性能（Greiner 等，2001）。

卵黄抗体

卵黄抗体，通常被称为 IgY，是给蛋鸡注射那些会导致各种动物患有特定疾病的微生物后获得的。

注射那些微生物抗原可诱发母鸡的免疫反应，从而在蛋黄中产生抗体。这些抗体可通过饲料以多种形式，包括全蛋粉、全蛋粉、水溶性冻干粉或纯化的 IgY 给动物投饲。在家禽中的应用表明，蛋黄抗体对家禽被大肠杆菌、沙门氏菌和弯曲杆菌感染具有一定的积极作用（Yegani 和 Korver，2010）。它对鸡传染性法氏囊病也有效，但对家禽坏死性肠炎无效。

多不饱和脂肪酸

据报道，鱼油和共轭亚油酸（亚油酸的一种结构异构体）可有效防止免疫激活后的体重减轻（Cook 等，1993）。鱼油对免疫系统的支持作用已众所周知，可能与鱼油中长链多不饱和脂肪酸（n-3 PUFA）的摄入有关。多不饱和脂肪酸是猪日粮的重要组成部分，可能在帮助免疫系统发育和免疫应答方面发挥重要作用。对多不饱和脂肪酸（PUFA）在猪生长发育中的作用进行广泛研究后认为，猪饲料配方应以亚油酸的形式提供8%的日粮能量（Leskanich和Noble，1999）。

锌

锌被公认为是一种微量营养元素，是动物获得最佳免疫反应所必需的。养猪生产生，如果缺锌则猪受微生物侵袭后巨噬细胞和中性粒细胞的产生减少，T细胞反应降低，抗体的产生减少。锌可影响免疫系统的多个方面，日粮中充足的锌水平对免疫系统的正常发育至关重要（Shankar和Prasad，1998）。

免疫营养的实践操作中是困难的，因为过度激活免疫系统会造成生长抑制，而免疫系统抑制会使动物易感病原体。正确使用免疫调节剂能使动物产生快速、急性的免疫反应，以控制并防止感染蔓延，然后迅速过渡到抗炎、组织修复过程。这是通过主动免疫反应保持动物对病原体的抵抗力和降低非生产性营养损失的最佳方案（Broom和Kogut，2018）。

制定适当的饲料配方相当复杂，因为免疫激活会导致动物饲料摄入量减少，饲料转化率降低或营养利用效率降低。由饲料摄入量减少或转化效率降低而导致的生长率降低会产生不同的经济成本。通过低效率地利用所摄入的营养元素来促进生长的策略要比减少营养元素摄入量产生更大的经济影响。这是因为饲料转化率的降低会增加每千克饲料所需营养元素的额外消耗。尽管营养元素摄入量的减少也会导致收益减少，但不会增加单位收益的成本。此处的主要经济损失是指从单位时间和空间上来说生产1kg的肉获得的经济收益更少。

显然，动物营养、各种防御系统的活动与生长和性能之间存在着许多重要而复杂的相互作用。了解这些相互作用是全方位营养策略的重要组成部分，将使营养学家能够为粮食生产、动物福利和保护消费者免受食源性病原体的危害做出贡献。

未来研究方向

当各种病原对机体的作用受到限制时，动物会有将饲料成分迅速、有效地转化为生产组织的巨大潜力。这就要求营养学家在未来对每一地区饲养的动物的免疫状态或疾病威胁作出评估，并能为达到快速生长、高生产力和疾病管理的目标制定相应的饲料配方。

疾病管理

疾病管理总的目标必须是发展现有知识和技术体系，以强化动物正常的防御系统，以更好地抵御传染性疾病发生。考虑到经济和动物福利，因此这一点变得越来越重要。在饲养动物时如果不使用抗生素和其他药物，就必须强化和支持动物固有的防御体系。未来在考虑动物饲养措施时，全方位营养策略必须是以提高动物对传染病的抵抗力及生长和生产力为宗旨。

改善动物防御体系的措施见表 6-6。免疫系统的调节非常复杂，一般不会轻易或迅速实现。目前的工作是解决生产中由断奶应激、免疫抑制或免疫系统过度激活引起的一些明显问题。疫苗的开发仍在继续，沙门氏菌病和球虫病疫苗的最新发展就是明证。

表 6-6　改善动物防御体系的措施

新型肽类
加速幼龄动物免疫应答系统的发育
延长或维持免疫反应的激活
减轻由霉菌毒素、应激或其他疾病引起的免疫抑制
提高对非致病性环境和饲料抗原的耐受性
减轻免疫系统对生长的抑制作用
免疫治疗，疾病控制的新技术
强化疫苗应答

肽类

抗菌肽为传统抗生素、抗感染剂和免疫调节剂提供了较好的替代品（Mahlapuu 等，2016）。与抗生素相比，抗菌肽不易产生耐药性。目前，在不同的治疗领域，一些 AMP 正在进行后期临床开发。商品名 Nisin 肽作为一种抗菌剂正在商业化使用，它直接用于人类食品，如乳制品、牛奶和罐头食品。

Nisin 就是一种由发酵生产的肽类产品，但费用较高。一个可能的解决方案是通过化学合成技术来生产生物活性肽。一个仅由亮氨酸和赖氨酸组成的肽对革兰氏阴性菌、革兰氏阳性菌及酵母菌都具有非特异性抗性（Appendini 和 Hotchkiss，2000）。以经济、有效的方式合成一系列具有不同抗菌活性的肽是有可能的，它们可成为全方位营养策略中重要的饲料成分。

免疫调节

目前与动物必需营养元素的数量和种类有关的知识已经得到较多积累。现代饲料配方和营养技术方案通常能提供足够数量的基本营养元素，避免营养元素缺乏时而出现明显问题。然而，提供适宜水平的营养元素和营养活性物质，以最大限度地提高健康动物的生产力，并保持良好的免疫力和抗病性的做法可能与传统做法并不相同。以猪为例，一头有高抗体和高细胞介导免疫应答的猪比低免疫应答的猪有更高的增重率（Wilkie 和 Mallard，1999）。生产中，需要在全方位营养的指导下做大量工作，以便深入了解营养如何影响动物生长和免疫系统的机制。

作为免疫调节剂的各种植物化学产品的应用是当今研究的热点。从草药和香料（如迷迭香、鼠尾草、百里香和牛至）中提取的物质具有抗氧化和抗菌活性，可以间接支持免疫系统功能的发挥。一些紫松果菊（*Echinacea*）植物已经被用作人体营养中的免疫刺激剂（Briskin，2000）。大量的药理研究为紫锥菊属植物的免疫调节作用提供了有力的证据。

然而，植物化学物质本质上是由多种成分组成的复杂混合物，因此很难获得具有标准化成分和标准化免疫激活性的制剂，必须要开发适宜的免疫激活分析系统。当然，未来将更应强调开发具有免疫激活活性的产品或化合物，这些产品或化合物很可能主要来自植物。

免疫疗法

鉴于使用抗生素产生的问题，一些疾病治疗的替代方法正在逐步发展，如拓展各种免疫系统过程，其中一个引人关注方面是那些与胃肠道内细菌结合的关键的碳水化合物。在细菌、真菌、病毒和寄生虫表面有一种称为黏附素（adhesins）的特殊蛋白质，其能与胃肠道细胞壁上的碳水化合物链产生相互作用。在这里，甘露糖和半乳糖很重要。胃肠道中的细菌结合呈现与年龄相关的变化。新生儿体内有能结合许多病原体的受体，因此当他们接触到这些病原体时就会感染疾病。如果动物没有特定的碳水化合物受体，则它们对病原菌就不敏感。

开发一度称之为“化学益生元”（chemical prebiotics）的受体类似物是

可能性的方向。这就需要生产可溶性受体类似物，以结合肠道中的病原体，防止它们引起疾病。如第五章所述，这也是非消化性低聚糖（NDO）或益生元的假定作用模式之一。NDO 会优先结合病原细胞，防止它们黏附在肠壁上。凝集素（lectins）是存在于许多植物中的蛋白质，在各种豆科植物中常被认为是抗营养因子。然而它们具有类似于细菌黏附素非常特殊的碳水化合物识别结构，因此也可以被纳入动物疾病管理体系中。

另一个策略是通过家禽免疫育种使家禽免受生长抑制因子（如脲酶）的影响（Rego 等，2018）。许多胃肠道细菌可产生脲酶，以分解尿素为二氧化碳和氨。肠道中氨的积累和粪便中氨的释放是不利的。它始终是潜在的日粮氮的损失，在胃肠道氨的产生可能是有毒的，可能会限制生长。

给菠萝豆植株施用脲酶可刺激产生抗脲酶抗体。这种胃肠道脲酶免疫显著降低了猪、大鼠、小鼠和豚鼠胃肠道中的氨浓度，并提高了鸡、大鼠和猪的生长速度（Patra 和 Aschenbach，2018）。尽管使用菠萝豆尿素酶免疫对动物生长性能的影响已得到证实，但产生的抗体滴度时间较短，因此在实际应用中仍存在问题，需要通过间歇免疫（intermittent immunization）以保持所需的抗体滴度。

本书前面提到，细胞因子对动物健康和免疫状态有重要影响。尽管它们通常被认为是一种生长抑制剂，但它们也可能是有价值的天然治疗剂。细胞因子具有多种调节功能，如抗病、伤口愈合、骨骼发育、营养分配、促进食欲、生长和繁殖。

例如，干扰素（interferon，IFN）是一种细胞因子家族，有抑制病毒复制和调节免疫的功能（Santhakumar 等，2017）。注射 IFN -γ 后肉鸡体重增加，受球虫的影响小于对照组肉鸡（Lowenthal 等，1999）。这些细胞因子作用的确切机制尚不清楚，可能是由于 IFN -γ 增强了免疫系统。这种技术方案不适用于现代家禽生产，因为注射的细胞因子会快速降解和清除，所以需要进行多次注射。为此，需要开发注射以外的其他给药方法。不过，这是家禽疾病控制新方法中一个很好的例子，这种方法在未来可能变得越来越重要。

免疫治疗的另一个应用是免疫去势（immunodastration）。已对促性腺激素释放激素的主动免疫作为阉割公牛传统方法的替代方法进行了研究（Jago 等，1999）。公猪免疫去势在降低公猪因传统去势带来的感染、改善猪肉品质方面的应用日益广泛。此外，免疫去势公猪的性行为和攻击行为较未去势公猪有所下降，从而改善了福利。与未免疫去势公猪相比，免疫去势和手术去势公猪的胴体和肉质参数通常没有差异（Zamaratskaia 和 Rasmussen，2015）。

大量证据表明，微生物菌群中的双歧杆菌可能对免疫系统产生有益的影响，它们可以在促进免疫反应、调节自身免疫或免疫介导疾病方面发挥重要作用（O'Neill 等，2017）。看来双歧杆菌可能通过调节特定的免疫细胞和细胞网络，包括细胞因子来对炎症和免疫驱动性疾病发挥重要作用。已知双歧杆菌也能抑制病原体在体内定殖，从而直接调节胃肠道微生物菌群，进而微生物菌群再推动黏膜免疫系统的发育和功能发挥（Stokes，2017）。

抗氧化剂与免疫功能

对氧化应激进行控制对于避免第七章将要讨论的非感染性疾病很重要。然而，氧化损伤会对免疫系统的存在造成风险，因为许多免疫细胞产生活性氧作为防御感染的一部分。因此，重要的是在日粮配制时要确保有足够量的抗氧化剂进入日粮中，以保护组织免受氧化损伤，作为免疫应答的一部分。

动物的营养状况也有可能直接影响某些病毒的毒力。柯萨奇 B3 病毒（coxsackievirus B_3）在正常情况下是一个良性菌株，在缺硒或维生素 E 的小鼠中则会变得有毒（Beck，1999）。这种毒力的变化是由病毒本身的特殊突变造成的，一旦突变发生，即使是营养正常的小鼠也容易受到病毒攻击。同样，猪圆环病毒 1 型本来是非致病性病毒，如果突变为高致病性猪圆环病毒 2 型时也会观察到类似现象。

这些观察结果对今后全方位营养的发展具有重要意义。如果动物的氧化应激会引起病毒病原体的变化，那么宿主的营养状态将在现有病原体毒力和新病毒病原体出现中发挥重要作用。营养应激不仅影响宿主，而且可能直接增加致病病毒的毒力这一现象对动物健康和疾病控制有重要影响。

在家禽生产中，许多抗氧化剂已经被证明可以预防氧化应激，增强免疫应答，抑制病毒复制，以减少家禽病毒性疾病的组织损伤和并发症（Rehman 等，2018）。因此，抗氧化剂的应用对畜禽保持有效的免疫状态，避免病毒变异成更致命的病原，并避免非感染性疾病会变得越来越重要。今后还需要做更多的工作来建立动物营养和病毒突变之间的联系，并对抗氧化剂作为日粮中适当的营养活性物质进行研究。

生长调节

如上所述，免疫反应的低水平激活和过度激活都会影响动物健康并降低生产力。在猪生产中，有很多营养管理策略可用于提高集约化饲养条件下猪的免疫功能。潜在的策略包括通过良好的养殖设备来减少猪的身体和心理压力，改善舍内空气质量和消除日粮中的霉菌毒素，通过高浓度的有机酸来减少胃肠道微生物的负荷，配制日粮时提供适宜的能保障免疫功能正常运行的营养元素并避免过度摄入。长期性的策略是培育新的猪种，使其获得适当的免疫反应。以4：1或更低的比例摄入ω-6：ω-3脂肪酸，能降低促炎症细胞因子的产生和活性。

给刚断奶的仔猪喂食抗体，如卵黄抗体也是有益的，尤其是抗前列腺素sPLA2的抗体。添加抗sPLA2的卵黄抗体后，肉鸡的生长率提高了5.4%。喂食含sPLA2抗体日粮的仔猪其生长率也有小幅上升。对仔猪日粮中sPLA2抗体的进一步评估是令人感兴趣的工作（Pluske等，2018）。

抗体可以用作激素模拟物，生长激素是一个很好的备选。生长激素是动物正常生长所必需的，外源生长激素能促进瘦肉组织沉积。生长激素抑制素抑制生长激素的分泌。因此，免疫中和生长抑制素后可以刺激生长激素的产生，从而增加血液中生长激素的浓度。促进动物的生长试验结果变异非常多，目前技术还没有完全成熟（Pell，1997）。

疫苗

多年来，动物接种疫苗在预防许多传染病方面发挥了重要作用。疫苗不仅降低了患病动物的严重程度，而且还降低了那些意外感染病原的动物传播传染性病原体的可能。疫苗种类见表6-7。

表6-7　疫苗种类

疫苗种类	疫苗说明
改进型活体疫苗（减毒疫苗）	含有一种完整但弱化的病原体，能刺激免疫反应但不会引起临床疾病
灭活疫苗	含有一种不再具有传染性的灭活病原体
重组疫苗	含有所需病原体的遗传物质，以便在接种疫苗时产生能激活免疫反应的蛋白质
类毒素	由病原体产生的灭活毒素
DNA疫苗	含有基因工程生产的可产生免疫应答的DNA

虽然大多数疫苗对病毒感染有效，但可用于细菌病的疫苗较少，一些疫苗对球虫病，如由艾美耳球虫等引起的预防有效。疫苗在控制呼吸道疾病方面得

到了更广泛的应用，但用于肠道疾病的疫苗相对较少。

生物技术的新发展出现了载体疫苗（vectored vaccines）的概念。载体疫苗是一些活的、非致病的有机体，用来将外来抗原传递给免疫系统的细胞。这种活疫苗的优点是，它们在单次给药时能引起强烈的免疫反应，而且效果持久。此外，也有可能设计多价抗原系统（multi-valent antigen systems），即用一剂活疫苗同时保护多种病原体。载体疫苗可以传递细菌、病毒和寄生虫抗原。

使用载体疫苗将解决过去与改进型活体疫苗（减毒疫苗）相关的问题。活疫苗株总是有可能在动物体内恢复到完全毒力，并导致一些原以为能得到控制的疾病的暴发。现在，用某些基因修饰后不会导致疾病的菌株作为载体细菌菌株，可以构建绝对安全的活疫苗产品。

疫苗开发的另一个策略是 DNA 疫苗，因为裸 DNA 是诱导对其编码的抗原产生免疫反应的非常有效的手段（Khan，2013）。DNA 疫苗能够引起细胞毒性和体液（抗体）应答的能力，其重要的一个优点是安全。由于疫苗由单一基因组成，因此不可能通过疫苗接种诱发传染性或亚临床性疾病。许多 DNA 疫苗不能产生很高水平的抗体，但它们是免疫系统激活的非常有效的引物。在随后接触病原体时，机体会产生快速的免疫反应，能迅速清除传染源。DNA 疫苗也可以用于刚出生动物的免疫。这在常规疫苗中是不可能的，新生动物通常不会有反应，因为它们体内有一些母源抗体。不幸的是，抑制对常规疫苗反应的母体抗体水平往往低于保护所需的水平。DNA 疫苗不会因母体抗体存在而受到抑制。现在包括牛、羊、马、猪、犬、猫等在内的多种动物的 DNA 疫苗已经在开发和试验中（Babiuk 等，1999）。

（曹　昱　译）

第七章 CHAPTER 7

应对来自内部的威胁：非传染性疾病和氧化应激

正如前面章节所讨论的，动物会持续不断地受到多种病原的侵袭。这些病原可能通过饲料、饮水或空气进入体内，动物只有进化出复杂而有效的系统才能避免病原入侵。此外，20 世纪的医药学和兽医学在研发控制多种传染性疾病疫苗和药物方面取得了很大进展。现在可以肯定地说，通过许多营养策略来减轻传染病对食源性动物造成的不利影响是可能的。

然而矛盾的是，成功控制传染性疾病导致了其他的问题，即非传染性、代谢性或生理性疾病的出现。这些疾病不是由任何传染性病原引起的，而是对多种环境和营养应激的生理反应。在主要传染性疾病得到控制时，对非传染性疾病的控制就变得更为重要。

非传染性疾病一直是影响家禽（Summers 等，2013）和奶牛（Sundrum，2015）健康的问题。在猪生产中，虽然非传染性疾病也是一个问题，但传染性疾病的影响最大。

在现代畜牧业生产中，某些非传染性疾病会影响人们对蛋、奶的需求。大量提供这些畜产品就需要集约化生产，要在相对较小的区域内饲养大量动物。动物数量多和生产力高也意味着动物在生产阶段必然会面临相当大的应激。大量的预防性药物的使用和疫苗接种也是一个主要的应激因素。这种应激能激活特定基因的表达，如果应激延长则会导致组织变性和一个或多个器官功能丧失。基因表达研究显示，与健康动物的组织比较，患非传染性疾病动物的组织会出现基因组差异表达（Kornman 等，2004）。

肉鸡、牛和猪生产中的许多非传染性疾病（表 7-1）都会影响经济效益。(Summers 等，2013)。非传染性疾病本身不能通过抗生素或其他抗微生物剂来控制，而受到日粮的影响较大。因此，在生产实际中必须要确保饲料配方和实际的营养措施能达到全方位营养的要求，以预防非传染性疾病的发生。

表 7-1 肉鸡、牛、猪的重要非传染性疾病

动物种类	非传染性疾病
肉鸡	腹水 脂肪肝和肾病综合征 肝出血 骨骼异常 猝死综合征
牛	酮病 蹄叶炎 肝脓肿 胎衣不下 亚急性瘤胃酸中毒
猪	外伤 遗传性或先天性缺陷 营养缺乏或过量
所有动物	霉菌毒素中毒

骨骼异常

骨骼问题是反刍动物和单胃动物生产中的主要健康问题。腿无力和腿有疾病会影响很多集约化饲养的动物，也是动物生产中一个重要的福利问题，并对动物生长和生产性能产生严重影响。

骨骼的正常生长和钙化作用（mineralization）是遗传、细胞、激素和环境相互作用的结果。日渐突出的一个问题是，食源性动物快速生长和肌肉组织快速沉积速度常常超过了骨骼的支撑能力。这就出现多种骨骼和关节问题，如猪和牛的跛行，肉鸡胫骨软骨发育障碍（tibial dyschondroplasia）和其他腿骨软化症问题，马肌腱劳损（tendon strain）和损伤（damage）。另外，放

牧的牛在春季会发生白肌病（nutritional degenerative myopathy），其特征是因骨骼和心脏问题导致跛行，有时会导致猝死（Walsh 等，1993）。

跛行是现代奶牛场最重要的健康问题之一，也是较难解决的问题。正如第五章所讨论的，蹄叶炎是一个普遍存在的问题，而瘤胃酸中毒会加重病情。因此，通过营养调控的方式来控制蹄叶炎就很重要。

骨骼对于保护内部组织（如大脑、脊髓、心脏和肺）极为重要，是肌肉和韧带的附着点，能支持机体运动。骨骼也是钙、磷的代谢库，尤其是家禽会发育出一种特殊类型的骨骼，即髓质骨可以快速地成骨及溶骨，以满足产蛋期对钙的极大需求。蛋鸡中的髓质骨可以储备大量的钙，以满足蛋壳形成的需求。骨骼中的钙也是胎儿发育和牛奶中钙的重要来源。

骨骼的充分发育需要一定的运动与良好的营养。维生素 C 和维生素 D 是公认的对骨骼形成非常重要的营养元素，动物日粮中必须提供这些维生素以避免出现骨骼和关节问题。另外一个问题是骨质疏松，特征是骨骼中的骨质流失和骨骼结构退化。骨质疏松是衰老过程中出现的一个重要问题，特别是对女性而言，但这在食源性动物中并不重要。骨骼发育是一个复杂的生物化学过程，似乎与碱性磷酸酶活性有关，但该酶的确切作用尚未清楚。碱性磷酸酶在未来可能会是一个评估全方位营养的方法，这将在本书第八章作进一步讨论。

骨骼不是稳定不变的，其中大量的钙和磷能被释放出来并被重新利用。骨骼在体内不断发生周转，特别是在泌乳期和产蛋期。骨骼周转或重建（remodeling）包含新骨骼替换一定数量的现有骨骼。在动物生长期间，骨骼形成（bone formation）超过骨骼吸收（bone resorption）会导致骨骼扩增（bone expansion）。这种周转使得骨骼能保持抵抗物理和生理性损害的能力。骨骼和关节问题也使大众意识到动物福利正在被牺牲，以换取动物生长。在生产实践中，骨骼或关节问题对动物生产产生了严重的经济影响，也影响到动物福利，因此通过营养措施来尽量减少这些影响就显得非常重要。

钙营养问题

钙是动物体内含量最丰富的矿物质元素，是骨骼和蛋壳的重要组成部分，所有动物日粮中都需要含有大量的钙。然而许多钙盐是不可溶的，所以胃肠道对钙的吸收存在问题。例如，脂肪酸与钙在胃肠道中可形成不可溶的皂类。这在健康动物中不是一个问题，但如果脂类吸收较差就会导致可吸收的钙减少。饲料原材料中的草酸和植酸会与钙形成不溶性的复合物，进而抑制钙的吸收。

日粮纤维也会与钙结合，但是经过大肠中的微生物发酵后会释放这些被结合的钙，使其可以重新被吸收。

多种化合物，如乳糖、胃酸、胆汁酸和维生素 D_3（1，25－二羟基胆钙化醇）的活性形式可以改善小肠对钙的吸收。乳糖是奶中的主要碳水化合物，通过与胃肠道的吸收细胞互作可增加对钙的渗透性从而刺激钙的吸收（Armbrecht 和 Wasserman，1976）。在胃中，部分钙可以通过与盐酸反应而转化为溶解度更高的氯化钙。在小肠中钙可通过与胆汁酸反应而保持其呈可溶性。这可能是仔猪饲料中使用有机酸的好处之一。胃肠道中的酸可以保证钙易于吸收，但需要进一步研究。

多种不可消化的低聚糖（non-digestable oligosaccharides，NDOs）或益生元对刺激钙的吸收有一定作用（Van Loo 等，1999）。非消化性低聚糖（见第五章）易于被大肠中的细菌发酵，产生挥发性脂肪酸（VFA）。大肠中钙的吸收提高可能与 VFA 有关，钙吸收增加主要发生在大肠中，使骨骼矿物质密度提高。这就引出一个新的概念，因为传统概念中认为钙的吸收主要在小肠。

饲喂含低聚半乳糖日粮的大鼠对钙的吸收率要高于对照组大鼠，并且能改善钙沉积（表 7-2）（Chonana 和 Watanuki，1995）。饲喂低聚半乳糖的大鼠其骨灰分重和胫骨钙含量显著高于对照组（Chonan 等，1995）。其他 NDOs（如低聚果糖）也能增加钙的吸收（Morohashi 等，1998），因此这种反应很可能是 NDOs 具普遍性的作用。

表 7-2　低聚半乳糖对大鼠钙表观吸收率和沉积率的影响

钙摄取率（%）	处　理		
	对照组	GOS 组（5%）	GOS 组（10%）
吸收	72.0[a]	81.7[b]	86.3[b]
沉积	71.9[a]	81.5[b]	86.1[b]

注：[a,b] $P<0.05$。

多种作为益生元的 NODs 已被广泛研究，从而引发思考，认为它可能用于帮助解决钙吸收的问题。饲喂多种 NDOs 可能有利于提高骨骼钙化，从而改善动物出现的骨骼问题。

钙吸收后在细胞质中不能自由移动（Trewavas，1999）。钙能与细胞骨架或细胞膜表面上附着的许多蛋白质结合，其他重要的细胞内钙贮存处是内质网（ER）、线粒体，还可能是高尔基囊泡。在与蛋白质结合和被细胞器摄取后，细胞质中还残留一些钙，被称为“静止”钙。钙依赖性核酸酶能快速将多余的钙泵入细胞器和囊泡中，以维持细胞质中的低钙水平。钙通道将细胞器和囊泡中的钙贮存处与细胞质连接起来，并使钙在细胞质和其他细胞组件之间流动。钙在代谢中也起到许多重要的作用，对许多酶（包括磷脂酶 A_2、核酸酶和 β-淀粉酶）的活化至关重要，参与肌肉收缩，并在血液凝结中起作用。

钙在线粒体的氧化损伤中起核心作用（Crawford 等，1998）。氧化应激使细胞内质网和线粒体贮存的钙被释放出来，使细胞质内钙水平增高。细胞质内钙水平增高是与细胞损伤、线粒体通透性转变蛋白活化、生长停滞、疾病等有关。钙也可能激活直接降解线粒体 RNA 和 DNA 的核酸酶，钙依赖性核酸酶激活是一种已知的细胞应激的结果。

钙营养对所有畜禽都是至关重要的，明显影响动物福利，并且也对畜禽生长、泌乳和产蛋有重要影响。全方位营养必须确保钙营养充分满足，以顺应畜禽生产的需要。

钙需求量的评估并不容易，最大沉积量的概念通常用作人类钙需求量的功能性指标（Cashman 和 Flynn，1999），这个概念也可以用于动物营养。为达到最大的骨骼强度，加强和保持骨骼中的钙储备是很重要的，这就需要有充足的钙摄入量。在骨骼生长达到最强的钙营养水平下可以达到钙最大沉积量，但这在农场动物上不容易得到监测。但是当钙摄入量超过钙最大需求量时，钙可能会被吸收，但不是沉积在骨骼里，而是通过尿液被排出，这个指标容易加以监测。

主要非传染性疾病

腹水

腹水，又称肺动脉高压综合征（pulimonary hypertension syndrome），是肉鸡的一种非传染性疾病，是造成经济损失的重要原因，是因心肺功能不全而引起的氧需求和供应出现问题而导致的（Olkowski，2007）。腹水可能是由环境因素引起的，如低温、高海拔缺氧等。但是腹水也可能在最佳生长情况下仅因为生长过快而发生，原因是现代肉鸡的肺体积与体重的比值很小。现代肉鸡生产中肺体积与体重的比例低会导致呼吸系统不能满足机体对氧的需求，导致肺循环内血压升高，从而引起缺氧，右侧心充血性心力衰竭，肝硬化，体液从血管渗出蓄积到腹腔产生腹水。总之，腹水是由环境、营养和遗传等多因素引发的问题。

在缺氧导致的腹水中，会产生因活性氧（reactive oxygen species，ROS）而引起的氧化应激。由 ROS 引起的组织损伤会吸引白细胞，继而释放更多的 ROS，引起进一步的损伤。因此，肉鸡腹水和维生素 E 之间的关系也是研究重点，日粮中可以通过添加高水平的维生素 E 来减轻腹水（Lqbal 等，2001)。饲喂维生素 E 可以改善发生腹水的家禽的体重、肺重量和肺线粒体蛋白含量（表 7-3)。

表 7-3 家禽体重、肺重量和肺线粒体蛋白含量

参数	处理			
	对照组	腹水组	维生素 E* 组（没有腹水）	维生素 E* 组（有腹水）
体重（kg）	2.49	1.95	2.16	2.30
肺重量（g）	15.1	12.0	13.5	13.5
肺线粒体蛋白（mg/mL）	12.4	9.4	13.2	13.0

注：* 维生素 E 添加量为 100 IU/kg（以饲料计）。

精氨酸对减轻肉鸡腹水的作用也引起了人们的兴趣（Ruiz-Feria 等，2001)。精氨酸是家禽必需氨基酸，因为禽类缺乏氨甲酰磷酸合成酶，该酶与鸟氨酸向瓜氨酸进而到精氨酸的转化有关。精氨酸也是支持免疫系统的重要氨基酸（见第六章）。但是在农场试验中，补充精氨酸对降低腹水发生率的效果差异很大。

在实际生产中，可以通过降低生长速率来降低氧化损伤，从而预防腹水，但是这不划算的。在商品鸡场，可以通过提供良好的通风来预防夜间冷应激，把由腹水引起的死亡率降到最低。有腹水的应考虑使用低能量粉料。在极端情况下，对 7～21 日龄的肉鸡可以考虑采用隔天饲喂或限量饲喂的方案。饲料中的钠含量不应高于 2 000mg/kg，饮水中钠含量不应高于 1 000mg/kg。调整饲料配方和改变饲喂方案对腹水会有大的改善。

猝死综合征

猝死综合征（SDS）是困扰快大型肉鸡特别是公鸡生产的一个问题，发生率通常为 1.5%～2.5%，是 21～28 日龄肉鸡的主要死因。发生猝死的肉鸡通常是健康的，且肌肉发达，总是能在消化道内发现饲料。死亡发生在 1～2min 内，最常见的是发现它们仰躺着死亡，很少有肉眼能看见的病变。心脏可能出现血栓，也可能是由剖检引起的，并且心室通常是空的。

快速生长的鸡发生 SDS 的情况较多，这可以通过不同程度的营养限制来预防。目前猝死综合征的发病率与饲料营养、成分和/或环境因素没有明确的关系。

在一段时间内降低生长速率可能是预防肉鸡猝死的最好方法，具体有：减少日长，用物理性饲料限饲和/或使用低营养浓度日粮等可根据经济效益的高低来决定抑制肉鸡早期生长的程度。即使 20 日龄时肉鸡体重减少 10%～15%，其也能在 42～49 日龄时完全补偿回来（Summers 等，2013）。

亚急性瘤胃酸中毒（SARA）

饲料在奶牛瘤胃中发酵后会产生 VFA 和乳酸，如果瘤胃的缓冲能力不足以应付这些累积的有机酸，就会降低 pH。瘤胃内的 pH 长时间处于低值状态会对奶牛采食量、微生物代谢和营养物质消化产生负面影响。

这会导致非传染性疾病 SARA，或如果瘤胃内酸的产量非常大则会导致更严重的酸中毒情况（Dijkstra，2012）。并且瘤胃内低的 pH 与免疫疾病（如炎症）有关，同时还与蹄叶炎、腹泻和牛奶脂肪减少有关。如果给高产奶牛饲喂高能日粮，其中富含快速发酵淀粉或糖，在采食量高时特别容易发生酸中毒。SARA 在奶牛中的发病率占 10%～40%，不仅造成巨大的经济损失，并且对奶牛福利有重要影响。现代奶牛场中控制 SARA 并不容易，可以使用多种缓冲液来控制瘤胃内 pH。

乳腺炎（乳腺内感染）

乳腺炎是乳腺和乳腺组织的炎症，是奶业生产中的一种重要经济性疾病，是传染性和非传染性因素综合作用的结果。从本质来讲，乳腺炎是对感染乳腺的多种细菌的炎性反应，也是牛乳腺受到化学、机械或热损伤因素所引起。乳腺炎会引起局部的免疫细胞增加，如巨噬细胞和多形核中性粒细胞从血液进入感染部位。白细胞和中性粒细胞的主要功能是吞噬病原并释放 ROS 来清除入侵的细菌。ROS 的产生会超过内源性抗氧化能力，从而加重炎症导致更严重的组织损伤。在日粮中额外添加抗氧化剂可以促进奶牛乳腺炎恢复，保护分泌性上皮细胞。乳腺炎是一种多因素引发的疾病，与奶牛的生产系统及牛舍环境密切相关。

向乳腺中注入抗生素是控制乳腺炎的常用方法，但是用这种方法治愈乳腺炎的效果通常很低。此外，用抗生素治疗乳腺炎也带来了牛奶污染的风险。牛奶和椰子油中天然存在的中链脂肪酸辛酸对某些引起乳腺炎的病原，如无乳链球菌（*Streptococcus agalactiae*）、停乳链球菌（*Strep. dysgalactiae*）和乳腺链球菌（*Strep. uberis*）有强的杀菌作用（Nair 等，2005）。这一发现提供了使用营养活性物质（如辛酸）来替代抗生素治疗乳腺炎的可能性。

胎衣不下

胎衣不下（retained fetal membranes，RFM）是由多种因素引起的，包括早产或诱导分娩、激素平衡失衡和免疫抑制（Beagley 等，2010）。与 RFM 发生相关的其他影响因素包括妊娠期缩短、诱导分娩、早产、流产、产双胞胎、营养缺乏（如缺乏维生素 E、硒和胡萝卜素）、传染性疾病（如牛病毒性腹泻病毒）和免疫抑制。RFM 是诱发奶牛子宫内膜炎的原因，继而引起卵巢周期延迟，妊娠延迟，造成重大的经济损失。

由胎衣不下所造成的这种紊乱最早出现的表现之一就是体内抗氧化剂水平降低。有大量证据表明，出现 RFM 的母牛比未出现 RFM 的母牛处于更强的氧化应激状态中，在 12h 内胎衣脱落的母牛其血浆中的抗氧化状态比出现胎衣不下的母牛高（Miller 等，1993）。血液中抗氧化剂（如 α-生育酚和谷胱甘肽过氧化物酶）水平低的母牛比抗氧化剂水平高的母牛有更高的 RFM 发生率（Campbell 和 Miller，1998）。在对 44 个母牛 RFM 发病率研究的综合分析中，进一步确认了维生素 E 等抗氧化剂在 RFM 中的作用（Bourne 等，2007）。一般来说，补充维生素 E 会降低 RFM 的发病率。

维生素 A 和 β-胡萝卜素也有抗氧化功能，可在预防 RFM 上发挥作用。补充维生素 A 和 β-胡萝卜素的奶牛比未补充的奶牛 RFM 发病率更低（表 7-4）（Michal 等，1994）。每天补充 600mg β-胡萝卜素的母牛其 RFM 发病率最低，更低添加剂量如每天补充 300mg β-胡萝卜素或 120 000 IU 维生素 A 也能显著降低 RFM 的发病率。每天补充 300mg 或 600mg β-胡萝卜素都能显著降低母牛子宫炎的发病率，并与 RFM 的发病率呈正相关，但是补充维生素 A 不会影响子宫炎的发病率。

表 7-4 添加 β-胡萝卜素和维生素 A 对奶牛胎衣不下（RFM）及子宫炎的影响

处理	RFM（在奶牛疾病中所占比例，%）	子宫炎（在奶牛疾病中所占比例，%）
对照	41	18

（续）

处理	RFM（在奶牛疾病中所占比例，%）	子宫炎（在奶牛疾病中所占比例，%）
β-胡萝卜素（300 mg/d）	33	7
β-胡萝卜素（600 mg/d）	25	8
维生素 A（120 000 IU/d）	31	15

从这一结果来看，摄入足够的维生素 A 和 β-胡萝卜素对及时排出胎衣是必需的。高产奶牛对抗氧化剂的需求可能比通常认为的剂量还要高，它们需要摄入超过饲料中正常供应剂量的抗氧化剂才能控制 ROS 的产生。这又是一个例子，即饲料中的营养活性物质水平需要从维持动物健康和预防疾病及其生长及生产性能的角度来确定。

氧化应激

毋庸置疑，氧气是动物正常呼吸所必需的，但是氧气也有潜在毒性，并经常被称为氧功能悖论（the oxygen paradox）(Miller 和 Brzezinska-Slebodzinska, 1993)。动物在正常呼吸过程中，氧气逐渐减少转化为水。在此过程中，氧气不完全还原产生有强氧化性的化学物质，被称之为活性氧（ROS），动物体内的细胞代谢会不断产生 ROS（表 7-5）。各种 ROS 是氧衍生的自由基，包括羟基自由基、超氧阴离子自由基、过氧基、烷氧基自由基，以及非自由基产物(如过氧化氢)。

表 7-5　动物机体内活性氧的来源

运动
缺血和再灌注
吞噬细胞
过氧化物酶体
花生四烯酸代谢
线粒体
与铁及其他金属的反应
黄嘌呤氧化酶

在正常的生理条件下，氧化剂（ROS）和抗氧化剂存在健康的平衡。但是，当该防御系统由于快速生长、日粮不足、疾病或其他应激因素而受到干扰时，动物体内就无法合成破坏 ROS 或修复损害所需的酶。在集约化生产体系中，动物面临多种应激，这可能会导致氧化应激并使生产性能下降（Panda

和 Cherian，2014）。

免疫系统抵御外来微生物时也会产生活性氧。ROS 的产生和攻击对动物福利的影响非常重要。代谢中消耗的氧有 1%～4% 被用于产生 ROS（Boveris 和 Chance，1973），由此活细胞会持续受到氧化应激。

多种应激条件引起 ROS 的过量产生会导致氧化应激，引起潜在的组织损伤。应激条件可以分为以下五个主要类别：

（1）通过疫苗注射激活免疫系统。

（2）营养应激，如高水平不饱和脂肪酸（PUFA）；缺乏维生素 A、Se、Zn 或 Mn；Cu 或 Fe 摄入过多和维生素 A 过多。

（3）各种毒素，如存在霉菌毒素。

（4）环境因素，如温度升高、湿度增加、缺氧、紫外线、臭氧和二氧化碳。

（5）自身应激因素，如存在各种传染病和非传染性疾病。

氧化应激会抑制 T 细胞活性并改变免疫反应。另外，氧化应激可以降低细胞的生长速度，这对动物生产具有重要意义（Morel 和 Barouki，1999）。氧化应激也可能导致体重下降、肌肉萎缩和骨骼异常。越来越多的证据表明，氧化应激与人和动物的多种疾病综合征有关。氧化应激可能会触发 RNA 病毒的选择性突变，这就可以将氧化应激和某些传染性疾病和非传染性疾病关联起来。

高能量日粮也会刺激 ROS 的产生，限饲可以减少氧化应激并延长动物的寿命。但是现代动物生产不可避免地需要饲喂高能量日粮以达到良好的经济效益，而这会增加氧化应激的风险。因此，在日粮中定期添加抗氧化剂对于预防或减少氧化应激的影响非常重要。

动物组织细胞通常可以通过额外合成各种抗氧化剂（谷胱甘肽和抗氧化酶）来耐受氧化应激。但是，一旦 ROS 的产生超过抗氧化系统的清除能力，就会发生脂质过氧化反应并导致对细胞膜不饱和脂质、蛋白质中及 DNA 中核苷酸的破坏，细胞膜和细胞的完整性被破坏。对细胞膜的损害与营养吸收效率的降低有关，并会导致组织中维生素、氨基酸和无机元素失衡。现在的研究也认为，细胞中的抗氧化/促氧化平衡是基因调节的重要元素（Bowie 和 O'Neill，2000）。所有这些反应都可能导致动物生产和繁殖性能降低。控制氧化应激是全方位营养的重要组成部分。

在饲料中添加抗氧化剂可以减轻氧化应激的影响。例如，类胡萝卜素角黄素（canthaxanthin）具有抗氧化作用，添加到以玉米或高粱为基础的肉鸡饲料中可以改善蛋黄的抗氧化能力（表 7-6）（Rosa 等，2017）。

表 7-6　在玉米和高粱饲料中补充角黄素对蛋黄中 TBARS 的影响

日粮	角黄素（mg/kg，以饲料计）	TBARS（MDA mg/g）
以玉米为基础	0	21.8[a]
	6	19.7[b]
以高粱为基础	0	23.5[a]
	6	17.4[b]

注：[a,b] $P<0.05$。

蛋黄在冷藏过程中形成的丙二醛（malondialdehyde，MDA）可以用来评估油脂氧化状况，可以通过它与硫代巴比妥酸反应来分析，油脂氧化状况可以用 TBARS（硫代巴比妥酸性反应物质）来表示。肉种鸡 64 周龄时，在饲料中补充角黄素也可以降低后代死亡率并提高其成活率。角黄素有助于保护正在发育中的禽类免受氧化损伤。

组氨酸能抑制胃肠道细胞在氧化应激时炎性细胞因子的分泌（Son 等，2005）。胃肠道的这种氧化应激可导致一系列炎性疾病的发生，这些疾病会影响胃肠道的正常功能。组氨酸比其他氨基酸（如赖氨酸、脯氨酸、谷氨酰胺、丙氨酸和 γ-氨基丁酸）的抗炎效果都好，可能是胃肠道中重要的抗炎物质，并有助于减轻氧化应激。

抗氧化系统

动物已经进化出一整套抗氧化剂及抗氧化系统，可以将活性氧转化为不同的惰性物质，从而避免它们对细胞产生损害（表 7-7）（Chaudière 和 Ferrari-Iliou，1999）。

表 7-7　活细胞中的抗氧化防御系统

防御机制	分子基础
抑制 ROS 形成	超氧化物歧化酶
	谷胱甘肽过氧化物酶
	过氧化氢酶
	金属结合蛋白

（续）

防御机制	分子基础
限制传播和链式反应	类胡萝卜素
	谷胱甘肽
	多酚类物质
	尿酸
	维生素 A、维生素 C 和维生素 E
修复受损分子	脂酶
	蛋白酶

正如大家所知，谷胱甘肽（GSH）是一种普遍存在于细胞中的抗氧化缓冲物质。多种免疫功能的发挥需要足够水平的谷胱甘肽浓度来实现，包括淋巴细胞激活、自然杀伤细胞激活和淋巴细胞介导的细胞毒性（见第六章）。谷胱甘肽几乎完全以细胞内成分的形式存在于动物细胞中，其在细胞内的主要作用是作为抗氧化剂调节细胞内的氧化还原潜能，对维持巯基酶的活性还原态有关。

某些酶系统也能减少 ROS。超氧化物歧化酶（SOD）清除超氧化物产生过氧化氢并被过氧化氢酶分解。谷胱甘肽过氧化物酶降解过氧化物，醌还原酶和血红素氧化酶可以预防产生 ROS。

多种金属结合蛋白，如角质素、铁蛋白和转移蛋白具有重要的抗氧化作用。许多重要的代谢产物，如 $NADP^+$/NADPH、NAD^+/NADH、脂肪酸、尿酸和胆红素都可作为细胞间的抗氧化剂。维生素 A、维生素 C、维生素 E、类胡萝卜素、多酚和锌等都是重要的抗氧化剂，某些抗氧化酶的合成也需要硒、铜、锌和铁等微量元素的参与。日粮营养活性物质作为天然抗氧化物质的来源，有助于整体的氧化还原平衡，而氧化作用的次数也反映出在不同环境和日粮因素主导下促氧化剂和抗氧化活性的平衡。抗氧化营养活性物质被认为是维持健康和预防疾病所必需的因子。

植物来源的抗氧化剂

天然抗氧化剂广泛分布在多种植物中（Xu 等，2017）。它们对维护人类和动物健康及预防疾病具有许多重要的作用，包括抗炎、抗衰老、抗动脉粥样硬化和抗癌。植物中的主要抗氧化剂是多酚和类胡萝卜素。目前对各种植物提取物或植物素在动物营养上应用的关注度日益提高，但通常只在体外证明其抗氧化作用，表明这些成分可以用于防止饲料氧化变质，但未能证明它们在控制动物体内氧化应激方面能发挥作用。

饲料中抗氧化剂的生物利用率和作用的稳定性会受到其在胃肠道内被破坏的程度和被吸收入血能力的限制。通过测定红细胞膜上的磷脂和小鼠肝脏中脂质的过氧化反应能够用来评估各种植物提取物在体内的抗氧化作用（Asai 等，1999）。给小鼠饲喂姜黄、迷迭香和辣椒提取物可以降低小鼠的红细胞膜和肝脏脂质对氧化反应的敏感性。在日粮中添加各种抗氧化剂可能会影响动物体内的氧化状态。

多酚抗氧剂

多酚是植物界最广泛存在的化学物质之一，已有超过 8 000 种被分离和加以研究。从水果、蔬菜、绿茶、红茶、草药、根茎、香料、蜂胶、啤酒和红酒中分离出的多酚具有促进健康的作用，而这些物质很可能是通过其抗氧化活性而发挥作用的（Surai，2014）。

植物来源的饲料原料不可避免地会包含多种多酚，为此动物都会长时间接触到多酚。目前受到大量关注的黄酮类化合物包括查耳酮类（chalcones）、黄酮类（flavones）、黄烷酮类（flavanones）、黄酮醇类（flavanols）和花素苷类（anthocyanins）（Duthie 等，2000）。这些多酚营养活性物质广泛存在于饲料中，具有生物活性成分，是有效的体外抗氧化剂。在某些情况下，比传统的生物抗氧剂（如维生素 E、维生素 C）更有效。

然而，一种好的体外抗氧化剂并不一定能在生物系统体内发挥好的效果。多酚的抗氧化反应在动物体内并不简单，而是依赖于各种因素，如吸收率通常很低，在目标组织中的活性浓度也非常低，吸收后的代谢转化也会降低它们的抗氧化性能（Surai，2014）。

已有一些多酚在动物营养方面肯定有效的实例，如橄榄苦苷是一种来自橄榄油的抗氧化分子，它降低了兔体内低密度脂蛋白（LDL）对氧化的敏感度（Coni 等，2000）。在这个试验中，将试验兔分为饲喂橄榄油（10%）组和饲喂橄榄苦苷（7mg/kg）组，两组都表现出低密度脂蛋白的敏感度降低。这证实了添加天然抗氧化剂的饲料对动物机体能产生有益作用。此结果支持一些研究人员的结论，即认为橄榄油对健康的好处与橄榄油中含有的橄榄苦苷衍生物有关。

日粮中的黄酮和黄烷酮可以提高大鼠肝谷胱甘肽转移酶（GST）活性（Siess 等，1996）。谷胱甘肽转移酶诱导反应通常被认为是细胞防御作用增强，从而确保潜在毒素被结合后能更快速地被排出。

咖啡酸是常见的多酚，是一种羟基肉桂酸，在许多植物中都天然存在。它具有强大的抗氧化活性，可以作为氧自由基的清除剂和断链氧化剂（chain-breaking antioxidant）。咖啡酸也可以与β-生育酚协同作用，延缓β-生育酚的消耗，也可以在脂蛋白氧化过程中由β-生育酚自由基实现β-生育酚周转。咖啡酸可以被活细胞吸收且没有任何细胞毒性作用（Nardini 等，1998）。经咖啡酸处理的细胞对氧化应激的抵抗力增强，这可能是由于咖啡酸减少了谷胱甘肽的损失，抑制了脂质过氧化的缘故。

以上结果可知，咖啡酸可能在细胞内部发挥抗氧化作用，并且可能通过调节细胞氧化还原平衡来应对氧化应激。这些研究数据也可以证明，除维生素 E 以外，日粮中酚类抗氧化剂可能参与体内氧化反应的调节。饲喂绿茶多酚并不会影响生长猪血清、肝脏、肺脏和肌肉内的维生素 E 浓度，也不会影响其血浆抗氧化能力或肉品质参数，如肉的温度、pH、电导率、色泽和滴水损失（Augustin 等，2008）。由此得出结论，在商品猪日粮中添加绿茶多酚与增强抗氧化和肉质没有关系。

类胡萝卜素

类胡萝卜素是自然界中数量最多、分布最广的一类色素，长期用于家禽、水产养殖中，并在食品制造行业作为着色剂。类胡萝卜素具有各自不同的颜色，有从叶黄素的浅金黄色到角黄素的暗黄色。一般情况下动物机体无法合成类胡萝卜素，但可以从植物来源的日粮中获得。类胡萝卜素在植物的光合作用中起非常重要的作用，但是对于其在动物组织中的生理作用仍不清楚。某些类胡萝卜素是维生素 A 的前体，但仅有少于 10% 的类胡萝卜素可以代谢转化为维生素 A。只有β-胡萝卜素、α-胡萝卜素和β-隐黄质是动物体内主要的维生素 A 前体，但类胡萝卜素只能满足动物对一小部分维生素 A 的需求，在现代动物营养中，饲料里还需要添加维生素 A 和其他维生素。

也有证据表明类胡萝卜素在控制几种非传染性疾病综合征方面有一定作用（Basu 等，2001）。饲料中充足的类胡萝卜素含量对提高动物的免疫机能非常重要。高水平类胡萝卜素的摄入量可以增强 T 淋巴细胞的增殖能力，从而增强免疫反应。

从万寿菊花中提取的叶黄素可以减缓小鼠乳腺肿瘤的生长和发育（Park 等，1998）。饲喂叶黄素的小鼠，其肿瘤发病率、重量及体积都较低。表明叶黄素既能预防肿瘤发生，又能抑制肿瘤生长。

叶黄素和玉米黄素（zeaxanthin）在预防眼睛及与年龄相关的黄斑变性和白内障方面具有重要作用（Olmedilla等，2001；Koushan等，2013）。叶黄素可以在眼睛中充当蓝光过滤器，从而保护组织免受光毒性的潜在性损伤。

类胡萝卜素是非常有效的抗氧化剂，可以快速灭活各种ROS（Fiedor和Burda，2014），被认为是潜在的抗氧化应激保护剂而广受关注。β-胡萝卜素、番茄红素、叶黄素和玉米黄素在人类营养方面有很多研究，通常认为摄入充足的富含胡萝卜素的水果和蔬菜或补充类胡萝卜素都可以显著降低某些慢性疾病包括癌症和心血管疾病的风险。

β-胡萝卜素在日粮中作为保护性营养活性物质与作为治疗作用的营养补充剂之间有重要区别。在20世纪80年代初期，β-胡萝卜素就被认为是一种具有抗癌作用的化学预防剂。后来有两项研究评估了β-胡萝卜素对肺癌发病率的影响，一项是在芬兰进行的α-生育酚β-胡萝卜素癌症预防试验（alpha-tocopherol beta-carotene cancer prevention，ATBC），另一项是在美国进行的β-胡萝卜素视黄醇功能试验（beta-carotene and retinol efficacy trial，CARET）。这两项研究的目的是评估β-胡萝卜素对肺癌发病率的影响。遗憾的是这两项试验明确证明，补充β-胡萝卜素对吸烟者有害，从而导致肺癌发病率和总体死亡率增加（Goodman等，2004）。全方位营养致力于维护健康和预防疾病，因为通过营养手段来治疗不太可能有效，这在ATBC和CARET试验中已经被证实。

不过已有充分的证据表明，在饲料中添加类胡萝卜素有多种好处。例如，角黄素具有抗氧化作用，无论是在给肉鸡饲喂的玉米型或是高粱型日粮中添加都可以明显改善蛋黄的抗氧化状态（表7-6）（Rosa等，2017）。

氧化应激中的微量金属

在饲料和环境中存在的多种微量金属都可能会引起氧化应激，这些微量金属主要包括砷、镉、铬、铜、铁、铅和汞。铬、铜和铁是强氧化剂，必须严格控制其在组织中的含量。镉、汞和铅不是促氧化剂，但是会降低细胞中关键抗氧化剂的量，特别是含有硫醇的抗氧化剂和酶类（Manoj和Padhy，2013）。

与其他微量金属相比，硒和锌是公认的具有抗氧化作用的微量元素。在全方位营养中必须确保日粮中的矿物质平衡。

铜可能与朊蛋白病（“prion” diseases）或传染性海绵状脑病有关。传染性海绵状脑病包括绵羊的瘙痒病（Scrapie）、牛的海绵状脑病和人的克罗伊茨费尔特-雅各布病（Cooper，2001）。大脑中正常存在的朊蛋白（prion protein，PrP）可与铜结合，这种结合与超氧化物歧化酶活性有关（超氧化物歧化酶是重要的抗氧化酶）。这种抗氧化作用可能是朊蛋白的正常作用。与该种疾病相关发生的朊蛋白结构发生改变，使其不与铜结合。

锌除了在许多酶中作为辅助因子及辅助免疫系统功能外，现在也被认为是一种抗氧化剂。锌在工业中已经使用了数十年，给钢铁镀锌可防止钢铁氧化。钢铁表面的锌薄层能有效隔绝空气中的氧，防止钢铁生锈。

锌可以通过多种方式降低氧化应激，如增加抗氧化蛋白和酶的活性，稳定蛋白质分子中的巯基基团免受氧化；另外，它还可以交换具有氧化还原活性的金属，如铜和铁（Jarosz 等，2017）。

双组氨酸锌（zince-bishistidinate）形式的锌对缺血性心脏组织损伤具有确切的保护作用（Powell，2000）。锌还能抑制蛋白氧化，经过氧化修饰的蛋白质会受到细胞蛋白水解酶的快速水解，锌可能在预防蛋白质氧化及随后的蛋白酶水解中起到重要作用。这表明足够的日粮锌营养水平对于预防动物氧化应激至关重要。

氧化应激对动物健康和生长的影响

氧化应激对于肺疾病有很重要的影响。肺脏是一个独特的组织，它直接暴露于更高的氧分压中。肺脏出现疾病通常会引起炎症和其他产生活性氧（ROS）的炎性细胞活化，在氧化应激中暴露于高水平的 ROS 中会影响肺脏健康。

抗氧化酶系统和抗氧化小分子可以保护肺脏免受氧化应激侵害。超氧化物歧化酶（SOD）是参与肺脏抗氧化最重要的酶之一，它将超氧化物自由基转化为危害较小的过氧化氢。超氧化物会与一氧化氮（NO）反应生产活性氮（RSN），如过氧亚硝酸盐。SOD 可以通过多种途径来调节超氧化物、过氧化氢和 RNS 水平。

日粮中的抗氧化剂在预防氧化应激对肺组织和胃肠道的细胞毒性方面也很重要。通过肺上皮细胞培养试验中 ROS 的产生量可知，日粮中天然存在的抗氧化剂，如白藜芦醇、橄榄叶多酚浓缩物和槲皮素可以降低肺上皮细胞的氧化应激（表 7-8）（Zaslaver 等，2005）。日粮中的抗氧化剂在控制和治疗肺部炎症上可能有潜在作用。

表 7-8　经细胞因子激活、白藜芦醇和橄榄叶多酚处理后 ROS 产生量（任意单位）

对照	细胞因子激活	白藜芦醇	橄榄叶多酚
90	155	60	50

不出现氧化应激现象可能与饲料中的油脂水平和抗氧化水平有关（Wang 等，1996）。饲喂高水平葵花籽油但未添加维生素 E 的猪，其红细胞中的硫代巴比妥酸（TBA）反应物质的浓度高于补充了维生素 E 的猪（表 7-9）。未补充维生素 E 的猪呼气中乙烷和丙烷的水平也比饲喂高浓度维生素 E 的猪高得多，呼出的气体中烃类和 TBA 反应物质可作为组织中脂质过氧化的指标（见第八章）。对于猪油含量为 3%的日粮，添加 20mg/kg 维生素 E 即可，而对葵花籽油含量 10%的日粮则不够。饲料中多不饱和脂肪酸（PUFA）含量增加，仔猪对维生素 E 或其他抗氧化剂的需求也随之增加。

表 7-9　饲料中添加不同剂量的维生素 E 时猪红细胞中的 TBA 反应物质浓度（μmol MDA，以 100g 血红蛋白计）

持续时间（d）	维生素 E 的添加量（mg/kg，以饲料计）		
	0	20	100
35	15.81[b]	8.39[a]	9.21[a]
42	12.42[b]	8.65[a]	9.23[a]
49	11.84[b]	9.21[a]	8.26[a]
56	14.23[b]	9.15[a]	9.25[a]

注：[a,b]$P<0.05$。

现已经得到证实，饲用氧化的饲料会整体影响肉鸡生长和生产性能（Engberg 等，1996）。在 38 日龄时，饲喂氧化油脂的肉鸡其平均体重比饲喂新鲜油脂的肉鸡低 109g 或 15%。

雏鸡氧化应激、胚胎发育和早期生长

在鸡胚胎和刚孵出的雏鸡中，有大量的不饱和脂肪酸代谢，容易发生自氧化。因此，胚胎组织中需要有抗氧化系统，并且在胚胎发育的不同阶段，特别是在很容易发生氧化应激的孵化阶段，必须保持抗氧化剂的保护。

就氧化应激风险来说，孵出阶段尤其重要。破壳时，雏鸡突然暴露在空气中，代谢速率急剧增加。1 日龄雏鸡的大脑中富含高浓度的长链多不饱和脂肪酸（C20 和 C22），肝脏中也含有大量不饱和脂肪酸（Surai 等，1996）。孵化过程可能会使雏鸡遭受严重的氧化应激，可能会对大脑和中枢神经系统造成不可逆的损害。鸡体内维生素 E 缺乏会造成大脑的过氧化损伤而引起脑软化。在刚孵化的雏鸡中，维生素 E 的含量在第 9 天会急剧降低至初始水平的 5%（表 7-10）（Surai 等，1998），肝脏中类胡萝卜素的量也迅速减少。

表 7-10　雏鸡肝脏中维生素 E 和类胡萝卜素含量（μg/g，以组织计）

雏鸡日龄（d）	维生素 E	类胡萝卜素
−1	489.3	48.2
+1	566.2	54.4*
+5	143.2*	37.2*
+9	26.7*	16.9*

注：* 表示与前发育阶段有显著差异。

类胡萝卜素是发育中的鸡胚胎抗氧化体系的一个重要部分，有助于改善孵化率。大量数据证明，饲喂玉米型日粮的种鸡后代比饲喂小麦型日粮的种鸡后代成活率更高，两种日粮型之间的一个主要区别是玉米中类胡萝卜素含量高得多。另外一个重要的问题就是，日粮中具体含有哪种类胡萝卜素还不得而知。玉米中主要的类胡萝卜素是叶黄素和少量的玉米黄质。但是红色类胡萝卜素角黄素和虾青素也具有良好的抗氧化作用。一般来说，在玉米或高粱型的种鸡日粮中补充角黄素可以改善蛋黄的抗氧化状况（表 7-6）（Rosa 等，2017）。

蛋黄中类胡萝卜素水平增加与其在胚胎组织中的沉积增加可以保护胚胎组织免受氧化应激损伤（Surai 和 Speake，1998）。饲喂高水平类胡萝卜素日粮的母鸡产出的蛋和孵出的雏鸡对体外氧化的敏感性明显降低。这表明种蛋中的类胡萝卜素能缓解正在发育的雏鸡的氧化应激。

显然在全方位营养中，维生素 E 和类胡萝卜素在种鸡料和雏鸡早期营养中对于预防由氧化应激而引起的非传染性疾病具有重要作用。

病毒

氧化应激与一些病毒性疾病包括肝炎、流感和艾滋病的发病机理有关（Beck 和 Levander，1998）。活性氧是病毒感染造成损伤的主要因素，如引起上皮细胞炎症。日粮中因缺乏硒或者维生素 E 引起的氧化应激会促使正常情况下的 RNA 病毒柯萨奇病毒 B3（coxsackievirus B3）良性毒株转化为强毒株，造成人和小鼠的心脏损伤（Beck，1999）。这种转变机制可能是由于良性毒株的核苷酸序列在氧化应激下发生了改变，与强毒株基因组相近。小鼠体内的硒和维生素E缺乏均会引起类似的病毒感染问题，这充分证明氧化应激是一种普遍的非特异性现象，与硒或维生素的特性均无明确关系。长期以来存在的一种观点认为营养不良会增加动物对疾病的敏感性，但是现在看来营养不良很可能确实会引发疾病。因此，必须认真考虑由营养不良而引起的其他病毒性疾病的可能性。

几乎所有的疾病都会导致动物体液和组织中的ROS含量升高，而检测到的ROS不一定是疾病诱因，而可能是疾病结果，这对于健康和营养管理很有意义。在饲料中添加多种抗氧化剂，不太可能治愈已经出现的疾病综合征，如本章前面提到的ATBC和CARET的β-胡萝卜素抗癌试验结果（Goodman等，2004）。这里似乎清楚地表明，日粮中添加适当水平的抗氧化剂可作为全方位营养中预防疾病进一步发展的一个措施。

采食量与氧化应激

高营养浓度日粮的采食量与氧化应激有关，限制采食量可以降低氧化应激(Sohal和Weindruch，1996)。对于食源性动物来说这是不现实的，生产中需要通过高营养浓度日粮来促进畜禽快速生长以达到预期的经济效益。使用抗氧化剂保护高营养浓度日粮及确保饲料原料没有被氧化是至关重要的。

在一项对肉牛饲料利用效率（FE）与氧化应激之间关系的研究中(Russell等，2016)，将试验肉牛分为高饲料效率组与低饲料效率组，在试验过程中对两组的各种氧化应激指标进行了检测。在生长期内，低FE组肉牛比高FE组肉牛具有更高的超氧化物歧化酶和谷胱甘肽过氧化物酶活性。这表明低FE肉牛使用了更多本该用来生长的能量来抵抗氧化应激。

氧化应激可能与采食氧化饲料及动物体内的活动有关。胃肠道是体内第一个受到氧化饲料影响的器官，氧化饲料会影响营养物质的吸收，并且影响免疫系统抵御病原微生物的作用。给肉鸡饲喂氧化脂肪会增加胃肠道上皮细胞和肝细胞的周转率，并使肉鸡整体生产性能降低（Dibner等，1996)。肠细胞的周转增加也与营养吸收能力降低有关。给猪和肉鸡饲喂氧化脂肪后肝细胞增殖会增加，而向氧化脂肪中添加抗氧化剂对这种增殖没有产生什么影响。说明先防止氧化而不是随后再处理氧化应激带来的后果更有效。推测肝细胞增殖是由脂肪氧化过程中产生的细胞毒性产物所引起的，这些产物不受抗氧化剂的影响，所以使用恰当的抗氧化剂保障饲料不被氧化非常重要。

未来研究方向

目前已有大量研究来探讨通过营养策略来控制代谢性疾病（Broz 和 Ward，2007；Summers 等，2013）。已确定维生素和酶制剂在应对家禽的某些代谢紊乱和挑战方面具有潜在作用。提高日粮中维生素 E 和维生素 C 水平能够降低与肉鸡腹水相关的死亡率。脂肪肝和肾病综合征是一种营养诱发的代谢紊乱，在家禽实际生产中可以通过经常补充生物素来清除。也有试验证明，补充 25-羟胆钙化醇对肉鸡骨骼和生长异常的发病率及严重程度改善有良好效果。现在公认的是，在许多谷物和其他植物性饲料原料中，高水平非消化和部分可溶性非淀粉多糖会使家禽产生消化应激。在家禽饲料生产企业中通常会添加多种酶来消除这种不利的影响。植酸盐存在于植物性饲料原料中，可能是一种潜在性的抗营养成分并能引发消化道内源性损失。肌醇六磷酸酶被广泛应用于家禽饲料中，可以缓解其中的某些问题。

有机酸、非消化性低聚糖和钙营养

对于低养殖成本的畜禽生产来说，要改善动物对钙的摄取率以满足其快速生长和高水平生产性能的需求。直接添加到饲料中或通过在大肠中 NDOs 发酵产生的各种有机酸可能有助于钙的吸收，如在断奶仔猪日粮中加入 2%的富马酸，可以改善包括钙在内的几种矿物质的平衡（Kirchgessner 和 Roth，1980）。一份获得普遍共识的关于 NDOs 功能性食品特性的研究报告指出，菊粉型果聚糖会增加钙的吸收率（Van Loo 等，1999）。

对胃肠道中多种有机酸、NDOs 和微生物菌群发酵活性与钙营养之间的相互关系还有更进一步研究的空间。

氧化应激与基因表达

氧化应激和抗氧化剂在非传染性疾病中的作用已成为人类和动物医学及营养学的重要研究课题。有大量的研究证明，氧化应激通过影响基因表达而在代谢中发挥非常重要的作用（Hu 等，2015）。对内皮细胞内诱导产生的氧化应激，可以发现与对照组相比，其中 2 480 个基因的表达有差异，这些基因中有 1 454 个上调，1 026 个下调。抗氧化剂对协助基因正确表达有极其重要的作用，这表明有可能对基因表达进行营养控制。

氧化应激与霉菌毒素

霉菌毒素长期威胁动物健康和生长。赭曲霉毒素 A（ochratoxin A）是由某些青霉属和曲霉属的仓库真菌（storage fungi）产生的，可能会污染饲料，导致动物生产性能严重下降。赭曲霉毒素 A 的一种作用方式是在大鼠和雏鸡中都产生脂质过氧化物（Hoehler 等，1997）。对大鼠的进一步研究表明，赭曲霉毒素 A 导致血浆中 γ-生育酚水平降低 22%，氧化应激蛋白血红素加氧酶-1 升高 5 倍（Gautier 等，2001）。这些研究结果充分证明，赭曲霉毒素 A 能引发氧化应激，进而能导致与赭曲霉毒素 A 毒性相关的肾损伤。

黄曲霉毒素由产毒素真菌曲霉属寄生曲霉产生的，似乎与氧化应激有关，氧化应激可能是合成黄曲霉素毒素的先决条件。丁香酚是天然抗氧化剂，能抑制黄曲霉素毒素的产生（Jayashree 和 Subramanyam，2000）。

有大量证据表明，霉菌毒素通过诱导氧化应激对 DNA、蛋白质合成和线粒体产生细胞毒性作用（da Silva 等，2018）。

现有很多天然成分被用来调节由霉菌毒素引起的氧化应激，包括左旋肉碱、藏红花、姜黄素、绿茶、番茄红素、植酸、生育酚（维生素 E）和维生素 C。

以上研究和观察提供了一个可行的思路，即可以通过抗氧化剂来控制黄曲霉素的产生和毒性。这一点对制定饲料和原料贮存方案非常重要。与此同时，测定在氧化应激条件下是否有其他霉菌毒素的合成也非常重要。

氧化应激和病毒

多年来，大家一直认为营养水平低下易使动物患上各种疾病。但现在有证据表明，宿主的营养可以产生病原体形式的病毒（Beck 和 Levander，1998）。

这是一种巨大的潜在威胁，因为 RNA 病毒有突变率高、产量高、复制周期短的特性（Domingo 和 Holland，1997）。RNA 病毒是重要的动物病毒，如口蹄疫病毒和猪流感病毒。病毒变异率会受到环境的影响，21 世纪以来的 20 年中，大约出现了 50 种新病毒，其中大多数是 RNA 病毒。我们很可能会面临新病毒的不断出现和进化。如果想要成功应对新出现的病毒性疾病，那么对新病原与营养相互关系的研究就非常重要。

这又引出另一个问题，即有多少营养缺乏性疾病可能是由于病毒在营养缺乏的宿主中复制，之后改变了其致病特性而导致的。这就需要研究以更清楚地了解病毒性疾病与宿主营养状况之间的关系。这对于我们关注维护健康和避免疾病的全方位营养具有更特殊的重要意义。如饲料中高水平的抗氧化剂可以阻止病毒转化为致病毒株吗？一旦我们更全面地了解了营养状况和病毒发病机制之间的关系，全方位营养也就能在调节病毒性疾病上发挥重要作用。这需要在现行的营养学研究中做更多的工作。

饲料和抗氧化剂

由炎性细胞产生 ROS 作为免疫反应对动物生长有益，但是过量产生会导致氧化应激，而这是我们不希望看到的。由此就引出一个问题，即为了避免疾病和保持动物处于最佳的健康状况，到底产生多少数量的 ROS 及 ROS 产生后通过饲料抗氧化剂和抗氧化酶清除多少是必需的。可能不同种类的动物需要不同的抗氧化剂平衡才能维持健康和生产性能。关于这方面研究的现有信息很少，也不易去研究。在未来，对各种日粮抗氧化剂与健康之间关系的研究非常重要。快大品系的鸡容易发生自体免疫性甲状腺炎，日粮中添加抗氧化剂会延缓疾病的发生（Bagchi 等，1990）。这是日粮中添加抗氧化剂用于预防疾病和维护健康的一个有趣的例子，它们也是全方位营养的核心论点，今后需要作更多更进一步的研究来确立营养、预防疾病和维护健康三者之间的相互关系。

氧化应激评估

氧化应激与动物的一系列疾病有关，其中可能包括疯牛病。因此，检测动物体内的氧化应激程度并将其与营养联系起来非常重要。但这并不容易，因为涉及氧化应激的多种化学物质（如多种自由基和氧化的大分子）难以分析。此外，为了使任何一种评估方法具有应用价值，它们必须相对操作简单，费用较低，不需要处死动物。有许多正在研究的评估方法，比如测定呼气中挥发性烃类乙烷和丙烷的水平，检测血液中的硫代巴比妥酸反应物质是另外一种方法。前列腺素是花生四烯酸在细胞膜中氧化形成的产物，从尿液中排出，因此尿液中前列腺素的量可以反映动物的氧化应激状况。氧化应激的评估及其与健康和营养的关系是一个重要的课题，将在第八章进行更全面的讨论。

（欧姬文　译）

第八章 CHAPTER 8

动物营养状况和生产性能检测：全方位营养和饲养标准的评估技术

全方位营养必须满足如下几个要求：

第一，生产的饲料必须安全并且不受病原微生物的污染。

第二，饲料必须提供足够水平的营养，以防止任何营养缺乏造成的疾病，并满足动物快速生长和高水平生产力的需求。现代动物营养的主要成就之一就是通过常规配制日粮以避免营养缺乏。

第三，营养物质必须易于采食，并易于消化和迅速吸收，以免发生肠道功能紊乱。

第四，饲料必须提供足够数量和种类的营养元素及营养活性物质，以加强和支持免疫系统、控制传染病、确立和维持有效的微生物菌群。

第五，饲料中还需要有足够的营养活性物质以避免动物出现非传染性疾病，并减少动物对环境的破坏。上面这些要求不管对于人类营养还是动物营养都值得关注。

满足各种功能所需的营养元素和营养活性物质的临界值水平可能完全不同。营养元素或营养活性物质的临界值水平将介于最小需求量和最大耐受量之间。最小需求量是动物避免缺乏症状所必须采食的最小量，这仅仅适用于基本营养元素。最大临界值水平是动物可以食用而自身不会出现不利影响的最大量。所有日粮成分包括的营养元素和营养活性物质都具有最大临界值水平，否则会导致营养失衡甚至过量时出现中毒。目前有必要确定营养元素和营养活性物质的所需数量，以支持动物生长和较高的生产性能，保持健康并避免疾病。

这即是全方位营养的基本目标。

必需营养元素水平的传统概念是基于观察和试验研究结果来保证实现预防营养缺乏导致疾病的营养功能。在全方位营养的概念中，许多饲料成分，如营养活性物质不会像普通营养元素那样基于缺乏症状而设定最低必需水平。在全方位营养中，公认的必需饲料成分的概念不但将饲料仅仅视为一大堆营养元素，而且将饲料认为是对商品生产动物健康有着巨大影响的营养活性物质的主要来源。

对全方位营养的评估将综合考虑以下多方面因素：避免缺乏和支持生长所需的营养元素水平；影响生物标记物或功能性指标所需的营养元素或营养活性物质的数量，以及预防疾病的营养元素和营养活性物质水平。

在全方位营养的概念中，必须考虑在以有利于动物良好健康和动物生长为前提下能确保机体代谢和肠道功能的所有饲料成分，包括营养元素或营养活性物质在内的最低需要量水平。显然，一些饲料成分，如营养活性物质并不需要多的数量，它们也不会有直接的营养功能。例如，有机酸类营养活性物质以高达1.5%的比例广泛应用到仔猪饲料中，以保证仔猪良好的健康状况和生产性能。由于这些有机酸不是传统的必需营养元素，因此不能根据缺乏的症状去确定最低需要量。与此类似，具有保护饲料质量并避免氧化应激的抗氧化剂类营养活性物质也不会具有依据避免缺乏症状的传统概念去确定的最低需要水平。然而，有机酸和抗氧化剂等营养活性物质均是全方位营养的重要组成部分，这一新的理念会对必需营养元素水平和日粮配方的传统概念发展产生重要影响。

全方位营养并不仅仅只关注避免与基本营养元素有关的营养缺乏病，尽管这些基本营养元素很显然也必须包括全方位营养之内，是其一个组成部分。未来的营养策略不再是去确定最佳营养摄入量，而是去确定全方位营养必须给予动物的最佳健康和营养状况。如果无法通过根据避免缺乏症状去确定临界值水平来评估营养元素和营养活性物质的需要量，则需要提出一个替代性的新概念。

全方位营养可以通过测定目标动物的各种功能性指标来进行评估，这些指标应与疾病机制或健康状况直接相关（Strain，1999）。功能性指标的使用要求在生理水平上对营养元素和营养活性物质的功能上有了解。全方位营养的功能性指标将是可以测定与目标动物某些功能有关的生物化学或生理因素。它们应受到日粮中的营养元素和营养活性物质摄入量或体内贮存量变化的影响。当特定的功能性指标不再受到有关营养元素或营养活性物质摄入的影响时，那么通过全方位营养就能实现。这将涵盖传统的缺乏症状和任何中毒症状。

功能性指标必须具有一般性特性，应足以反映疾病症状或健康状况。表 8-1 列出了可用于反映最佳营养状况，从而设定全方位营养限值的常用功能性指标。

表 8-1　全方位营养的常用功能性指标

氧化应激和氧化状态
免疫功能
钙吸收和骨健康
肌肉质量
营养应激蛋白
DNA 损伤和修复
尿亚硝酸盐和硝酸盐
肠道挥发性脂肪酸

氧化应激和氧化状态

如第七章所述，氧化应激在许多非传染性疾病的发展中起着重要作用。它对免疫系统有巨大危害，进而影响动物的生长速度和抵抗传染病的能力。另外，氧化应激还会影响病毒的致病性，因此“良性”病毒可能会在出现氧化应激时在动物体内突变为恶性形式（Beck，1999）。

抗氧化状态是指动物机体内各种抗氧化体系与促氧化剂产生速率之间的生理平衡。在哺乳动物中，这种平衡可能更偏重于氧化，因为这对于从饲料中将能量释放出来是不可或缺的。营养物质的代谢利用实际上是一系列精确可控的氧化反应。免疫反应的一部分还包括活性氧（ROS）的产生，它们具有破坏病原体和宿主组织的能力。因此，动物机体已经进化出各种内部抗氧化体系来恢复这种氧化平衡并避免出现过度的氧化应激。

日粮中添加抗氧化剂也会影响动物的抗氧化状况，饲料品质会直接影响动物的抗氧化剂状态。饲料中的许多成分具有有效的抗氧化作用，日粮中这些有效抗氧化成分含量越高将越能增强动物机体的抗氧化能力。与此相反，某些饲料成分，如多不饱和脂肪酸、铜、铁等容易被氧化或可充当促氧化剂。疾病环境（如热应激或抑制饲料摄入量的药物）也会影响日粮抗氧化剂的供给。给动物提供适口性好的饲料必须是全方位营养的最基本要求。

氧化应激和抗氧化状态的评估重点是将营养与健康联系起来，可用于跟踪动物的健康状况，并在适当时调整饲料配方。有两种基本技术策略可用来评估动物氧化应激和抗氧化状态。动物机体的抗氧化能力可以通过 Trolox 当量抗氧化能力（TEAC）（也称为 ABTS 分析）；或通过测定各种抗氧化酶或化合物

（如谷胱甘肽或类胡萝卜素）来测定；或通过测定氧化应激的终产物进行评估，这些终产物有硫代巴比妥酸反应产物（TBARS）系统中的醛类、碳氢化合物、异前列腺素或尿酸，通常是通过测定血液、尿液或呼气中的某些指标参数来评估。表 8-2 列出了几种评估动物机体氧化应激的可能方法。

表 8-2 评估动物机体氧化应激的方法

Trolox 当量抗氧化能力（TEAC）或 ABTS 分析
血浆中铁还原能力分析（ferric reducing ability，FRAP）
硫代巴比妥酸反应产物（thiobarbituric-acid reactive substances，TBARS）分析
测定抗氧化酶（谷胱甘肽过氧化酶、过氧化物歧化酶、过氧化氢酶）指标
测定抗氧化剂（类胡萝卜素、谷胱甘肽、硒、生育酚、尿酸、维生素 C、锌）指标
测定呼气中的碳氢化合物（乙烷、戊烷）指标
测定低密度脂蛋白氧化反应测定
测定血液和尿液异前列腺素指标

Trolox 当量抗氧化能力（TEAC）

TEAC 测定法是一种分光光度法，基于长寿自由基阴离子（long-lived radical anions）的清除，该阴离子是在过氧化氢存在下通过肌红蛋白的过氧化酶反应产生的（Sharma 和 Singh，2013）。该方法将血浆等生物体液中自由基的清除率与 Trolox（一种水溶性维生素 E 的衍生物）进行对比，在标准条件下，抗氧化剂的混合物会表现出累加作用（additive effect），因此该测定法可以测定血浆中可能存在的抗氧化剂混合物（Van Den Berg，1999）。

血浆中铁还原能力分析（FRAP）

这是一种相对简单的自动化比色测试，可测量血浆将三价铁离子还原为亚铁离子的能力（Benzie 和 Strain，1996）。肉鸡的血清中 FRAP 值低得多，为 63.0～74.6μmol/L（Ognik 等，2013）。

硫代巴比妥酸反应产物（TBARS）分析

TBARS 测定法用于测定细胞和组织提取物，以及生物体液中的脂质过氧化作用，可检测出主要脂质氧化产物丙二醛（MDA）的水平。通常认为，

TBARS 分析是生物样品中氧化应激水平的良好指标。但是 MDA 也可能在血液发生炎症反应期间产生，TBARS 分析可能并不完全代表氧化应激。反应不是特异性的，大量的次级氧化产物会产生颜色。然而，TBARS 应用起来操作相对简单，费用不高，并可提供有用的信息。

TBARS 测定法也已广泛用于测定饲料和食品的氧化稳定性，并作为氧化应激的标记物。

腹水综合征是家禽的一种重要疾病，可能与氧化应激有关（见第七章）。具有腹水的肉鸡其肝脏和心脏显示出 TBARS 浓度增加，表明这些器官中脂质氧化水平很高（表 8-3）（Diaz-Cruz 等，1996）。大约 0. 4 nmol/mg 蛋白质的测值是正常的，而在腹水症的肉鸡中该值上升到大约 1. 0 nmol/mg 蛋白质。确定在其他氧化应激情况下是否也观察到这些值将有一定意义。

表 8-3 有无腹水症的肉鸡其肝脏和心脏的 TBARS 水平（nmol/mg 蛋白质）

组织	腹水症	TBARS
肝脏	无	0.40
	有	0.95
心脏	无	0.42
	有	1.12

呼气中的碳氢化合物

人体中多不饱和脂肪酸氧化后可产生许多不同的最终产物（包括碳氢化合物乙烷和戊烷），其中的一部分释放进入呼气中，这可以通过收集呼气样品并用气相色谱仪（GC）进行分析。发生氧化应激后，大鼠血液中碳氢化合物的含量增加（Dillard 等，1977）。实验动物饲料中多不饱和脂肪酸（PUFA）的类型和数量都会影响呼气中碳氢化合物的产生（Kneepens 等，1994）。它也受日粮中抗氧化剂，如维生素 E、硒、β-胡萝卜素和维生素 C 摄入量的影响。这是一种相对简单的技术，可以考虑在动物营养中进一步使用。

低密度脂蛋白氧化反应

低密度脂蛋白（LDL）胆固醇氧化水平升高被认为是人类发生动脉硬化和代谢综合征的主要危险因素（Hurtado-Roca 等，2017）。低密度脂蛋白氧化导致形成泡沫细胞（foam cells），进而导致动脉硬化。因此，在人的营养中测定 LDL 氧化状态有相当重要的意义。这与动物生产没有太大关系，但是对 LDL 氧化的研究非常有益。

异前列腺素

异前列腺素是类前列腺素化合物，其在哺乳动物中通过自由基催化的脂肪酸（如花生四烯酸）氧化而产生。异前列腺素明显是被氧化应激诱导产生的（Lawson 等，1999）。它们是脂质氧化相当稳定的最终化学产物，被认为是体内氧化应激最可靠、最准确的标志物。异前列腺素为探索氧化应激在人类疾病发病机理中的作用提供了重要工具（Montuschi 等，2004）。在损伤的试验模型中，异前列烷水平升高，可以用抗氧化剂加以抑制（Morrow 和 Roberts，1997）。

但测定异前列腺素不是一件容易的事，因此将该指标广泛用作氧化应激的标记物必须期待有更容易和更便宜的测定方法。已经开发了酶联免疫测定法（ELISA）和 GC/MS（气相色谱/质谱）法，但它们都是相对昂贵且劳动强度大的程序（Morrow 和 Roberts，1997）。

谷胱甘肽

谷胱甘肽在代谢上非常重要，并存在于所有动物的组织中。由于它的重要性，在组织中的含量受到高度调节，因此很难测定机体内谷胱甘肽耗尽（depletion）或过剩，其水平不太可能是评估活体组织中氧化应激或抗氧化水平的方法。但是在正常的活细胞中，谷胱甘肽（GSH）/氧化型谷胱甘肽（GSSG）的比率大于 10，因此有可能使用该比率作为氧化应激的指标。

抗氧化酶

如反应（1）所示，超氧化物歧化酶（SOD）催化活性超氧化物自由基的歧化反应以产生过氧化氢。这些酶广泛分布在所有生物体中，并在清除高活性的超氧化物自由基中起重要作用。

$$2O_2^{\bullet -} + 2H^+ \longrightarrow H_2O_2 + O_2 \quad (1)$$

然后再通过另外 2 种酶，即谷胱甘肽过氧化物酶（GSHPx）和过氧化氢酶清除过氧化氢。如反应（2）所示，谷胱甘肽过氧化物酶使用谷胱甘肽作为氢供体将过氧化氢转化为水。谷胱甘肽（GSH）是由半胱氨酸、谷氨酸和甘氨酸组成的三肽，它很容易转化为 2 个谷胱甘肽分子结合在一起的氧化形式(GSSG)。氧化的谷胱甘肽被另一种酶谷胱甘肽还原酶还原成 GSH 形式。

$$2H_2O_2 + 2GSH \longrightarrow GSSG + H_2O \quad (2)$$

谷胱甘肽过氧化物酶是一种非常重要的抗氧化酶，可以与脂肪酸或胆固醇中的氢过氧化物（hydroperoxides）反应，形成稳定的羟基脂质（hydroxy lipids），不会分解形成自由基或醛，从而不会引起细胞损伤。

过氧化氢酶是另一种能够清除过氧化氢的酶如反应（3）所示，在动物肝脏和红细胞中含量特别高。

$$2H_2O_2 \longrightarrow 2H_2O + O_2 \quad (3)$$

尽管以上抗氧化酶在活细胞中非常重要，但它们难以用作氧化应激的标记物或指标。

抗氧化剂

类胡萝卜素

如第七章所述，类胡萝卜素是避免出现非传染性疾病的重要营养活性物质。可以在目标动物的血液中检测到许多饲料中存在的类胡萝卜素（如叶黄素和玉米黄质）。在某些情况下，这种方法已被用来跟踪肉鸡生长时的色素沉淀程度。黄羽肉鸡的饲料中必须含有高水平的类胡萝卜素，然后必须从胃肠道吸收并转移至皮下脂肪层。为了保证色素沉积，肉鸡必须在血液中具有足够水平的类胡萝卜素，这很容易被测定。

种禽孵化蛋的质量也很可能与蛋黄中的类胡萝卜素含量有关。如果母鸡日粮中添加高水平类胡萝卜素，那么在鸡胚血浆中便可观察到较高水平的类胡萝卜素（Surai 和 Speake，1998）。特别是对于高水平类胡萝卜素组，鸡胚血浆中类胡萝卜素的浓度在发育的第 19～22 天急剧增加。以玉米或高粱为基础的日粮中添加类胡萝卜素、角黄素后提高了肉种鸡蛋黄的抗氧化状态（见第七章）(Rosa 等，2017)。

谷胱甘肽

谷胱甘肽也可以用作抗氧化剂，并参与氧化了的维生素 E 的再生

(regeneration) 和过氧化氢的清除。如第六章所述，谷胱甘肽还参与支持免疫系统。

硒

硒是催化氢过氧化物氧化的抗氧化酶谷胱甘肽过氧化酶活性位点的重要组成部分。硒和维生素 E 也可以一起发挥作用，避免其中一种不足。动物体内硒的情况可以从血液中测定。硒也与病毒防御有关（Beck，1999）。硒是公认的营养元素，饲料中的硒含量通常取决于生产饲料原料的土壤中的硒状态。

生育酚

生育酚以不同的同系物（homologs）出现（α、β、γ和δ），它们很容易借助 HPLC 技术进行测定。α 生育酚具有的维生素 E 活性比抗氧化剂的活性高，然而γ生育酚和δ生育酚的抗氧化作用更强。它们还可以与抗坏血酸协同作用。肉鸡肺和肝组织中的生育酚含量低与腹水的发生有关（Enkvetchakul 等，1993）。

尿酸

尿酸是通过黄嘌呤氧化酶和脱氢酶将黄嘌呤和次黄嘌呤氧化而产生的，并被禽类（如家禽）排泄。在哺乳动物中，尿酸也存在于血液中，但会进一步转化为尿素，并被排出体外。

尿酸具有抗氧化功能，并且在血液中可通过结合铜和铁等抗氧化金属来稳定抗坏血酸的浓度。另外，尿酸也可以与许多活性氧反应，如过氧亚硝酸盐和羟基（OH·）。人类血液中的高水平尿酸会结晶并导致痛风病，因此在人类血液中具有高水平的尿酸对身体健康不易。对于寿命较短的动物来说，尿酸可能有益，进一步研究尿酸水平与氧化应激之间的关系可能很有意义。

维生素 C

维生素 C（或抗坏血酸）既是水溶性维生素又是重要的细胞间抗氧化剂，因此很难区分这两种功能。维生素 C 可以由还原醇自由基（chromanoxyl radical）或其氧化形式再生维生素 E。

锌

锌是一种重要的微量营养元素，具有多种生理功能，在免疫系统中起重要作用（见第六章），也被认为是一种细胞间抗氧化剂。锌作为抗氧化剂起间接作用，因为它不与自由基直接相互作用，不过它可以缓解氧化应激（见第七章）。锌仍然是一种非常重要的营养元素，动物体内的锌含量也可以作为其健康和营养状况的指标。

锌的营养功能性状况评价是一个主要问题，目前已有人提出了一整套锌功能性评价指标（Salguerio 等，2000）。这些指标包括血清或血浆中锌的水平、免疫系统细胞（如白细胞或嗜盐细胞）中的锌水平或红细胞中金属硫蛋白的浓度。金属硫蛋白是一组小分子的金属结合蛋白，它们在锌的诱导下产生，具有抗氧化作用（Powel，2000）。

血液中的氧化应激标志物

断奶是仔猪健康程度降低，导致群体营养不良和环境异常的一种诱因，可以使用血液中的氧化状况测值作为判断断奶前后仔猪健康的生物标记物（Buchet 等，2017）。将仔猪分成两组，分别在最优（OC）和恶化（DC）条件下进行断奶管理。无论断奶日龄多大，断奶后 12d 与最优断奶条件组相比，恶化断奶条件组仔猪过氧化氢（HPO）和氧化应激指数（OSI）均增高，出现腹泻。断奶后平均日增重最低的仔猪其 HPO 和 OSI 更高。这些氧化应激的生物标志物似乎是仔猪断奶前后健康状况是否良好的检测指标。

往火鸡饲料中添加天然和合成的抗氧化剂，可增加火鸡血浆中的 FRAP 活性（Ognik 等，2013）。检测血液样本中的抗氧化剂和氧化应激可能是判断动物是否健康的一个有益工具。

胃肠中的氧化应激标志物

胃肠道内容物的氧化状态也应予以考虑。从采食饲料到排出粪便，饲料成分在胃肠道内发生了重要的物理和化学变化。胃肠道菌群可以产生自由基或抗氧化剂，在胃肠道中存在的大量复杂的反应可能导致产生自由基和氧化的最终产物，如醛类和酮类，它们会对肠道疾病的发展产生影响。

胃肠道内容物的氧化稳定是全方位营养的重要因素。动物尿液或粪便中的氧化状况可作为胃肠道氧化应激的指标，对此现在已经进行了研究。

肉鸡排泄物的抗氧化活性已被用作维生素 E 和多酚类物质而作为日粮抗氧化剂的检测指标（Brenes 等，2008）。利用 ABTS 分析测知，饲喂多酚日粮的鸡其粪便中的抗氧化活性比对照组增加了 1.4 倍。粪便中抗氧化活性的测定也证实，日粮抗氧化剂不易被微生物降解。这可能是研究新型抗氧化产品的一种有用方法。

给猪饲喂经热处理的过氧化大豆油后分析尿液表明，异前列腺素和 TBARS 测值证明出现氧化应激，尽管 FRAP 测定未显示尿液有任何反应（Lindblom 等，2018）。

随着自动分析系统的日益发展，抗氧化剂和氧化状态的常规测定会变得更加普遍。硒和异前列腺素的检测比较昂贵且耗费劳动力。但是已经有用于类胡萝卜素、维生素 E、抗坏血酸，以及 TBARS、TEAC 和 FRAP 分析的常规测定方法。抗氧化酶（如超氧化物歧化酶、谷胱甘肽过氧化物酶和过氧化氢酶）也很容易进行测定。

目前还没有单一的简单方法可以对动物抗氧化状态进行准确评估。因此，必须选择几种不同的方法。最佳抗氧化状态的精确定义目前尚未建立起来，一般认为饲料中应该含有足够的作为抗氧化剂的营养活性物质以避免动物发生氧化应激。

一些抗氧化剂，如维生素 E、硒和维生素 C 是必需的营养元素，它们已有能满足基本营养的最低推荐限值，但是这些推荐数值是否适合预防氧化应激尚未确定。大部分抗氧化剂不管合成的是 BHT 或 BHA 还是天然产品，如类胡萝卜素和黄酮类化合物都不是必需的营养元素，并没有官方推荐的最低水平。

一些营养活性物质（如类胡萝卜素）和合成抗氧化剂在饲料中有最大允许添加限值。欧盟相关法规规定，类胡萝卜素可以被添加到家禽饲料的最大允许剂量为 80mg/kg，合成抗氧化剂（如 BHA 或 BHT）可以允许添加 150mg/kg。这些水平不是基于氧化应激的任何评估提出的，而是以毒理学安全性为基础提出的。

免疫状况

强大而反应灵敏的免疫系统对于维持良好的动物健康至关重要。动物的营养状况及特定的营养元素和营养活性物质都可能通过激活免疫细胞或改变免疫细胞的相互作用而直接影响免疫系统。现在已经认识到，充足的营养与免疫系统的功能之间存在相互作用。

评估免疫功能并非易事，目前尚无评估动物免疫力的总体指标。这就很难确定营养元素或营养活性物质对免疫系统的影响。此外，营养状况不仅影响免疫系统的一部分，而且可能影响多个部分。因此，免疫调节剂和免疫激活剂的功能研究较难评估。

考虑全方位营养中评估免疫状况的目的是确定某种营养元素、营养活性物质或饲料配方是否会改善免疫功能并影响机体对传染病的免疫力。因此，理想的情况是使用各种免疫学指标来预测对疾病感染的抵抗力并能检测出免疫功能较差的案例。现有两种基本方法，即体内法和体外法。

免疫状况的体内评估

一种有用的体外评估方法是疫苗对抗体的应答反应。使用适当的抗原进行免疫就可诱发血清产生抗体，由此通过测定特定的抗体就能提供有关动物对非传染性疾病抵抗力的信息。

例如，给产蛋母鸡补充叶黄素可刺激其在接种非传染性支气管炎病毒疫苗后出现抗体反应（表 8-4）（Bédécarrats 和 Leeson，2006）。这一结果表明，补充叶黄素对增强疫苗效应有叠加益处。

表 8-4　母鸡接种活疫苗后叶黄素对支气管炎病毒抗体效价的影响

组别	接种天数（d）			
	0	7	14	28
对照组	2 534	3 409	4 354	3 484
叶黄素组	1 821	5 612	6 071	5 789

免疫状态的体外评估

体外评估基于从动物体内分离免疫细胞，然后对这些细胞进行各种测试，以测定其增殖能力或诸如细胞因子分子的释放情况。通常通过测定放射性标记化合物（如胸苷）的摄取来确定免疫细胞的增殖能力。然而，这样的测定需要训练有素的人员，并且不容易操作。

一种替代的体外评估方法是研究葡萄糖和谷氨酰胺的吸收，它们是免疫系统细胞的主要能源。当免疫细胞被激活时，这些营养物质的利用将大大增加，免疫细胞对能源利用的变化极为敏感（Wu 等，1991）。

另一个可能的方法是测定由一氧化氮合酶从精氨酸产生的一氧化氮衍生的亚硝酸盐的量。随着球虫病的发展，免疫细胞（如从鸡脾脏中培养的巨噬细胞）受到了艾美耳球虫的攻击后，产生的亚硝酸盐的量不断增加。在患有肠炎和死亡综合征（PEMS）的鸡中也观察到了类似的效果，其中产生的亚硝酸盐的量再次增加（Qureshi 等，1998）。

钙和骨骼健康

钙是骨骼组织的主要成分，体内大部分钙都存在于骨骼中。钙的水平在血液、肌肉和其他组织中也很重要，钙在调节血液供应网络的血管收缩和血管舒张及神经传递中都相当重要。其他关键性营养元素，如钾、镁、纤维、β-胡萝卜素和维生素 C 在维持骨骼健康方面也起重要作用（New 等，2000）。

良好的骨骼强度取决于体内足够的钙储备，并且钙存留率已被认为是对人体有用的参数（Jackman 等，1997）。此项评估的目的是力图测定能获得最大钙存留率的最低钙摄入量。

骨量（bone mass）测定是全方位营养中一个非常重要的功能性指标。这需要特殊设备，并且已应用在人上（New 等，2000），但是它不太可能在一般的动物营养研究中广泛应用。

骨周转（bone turnover）这一生化功能性指标也可提供有关动物健康状况的有用信息。骨周转对于维持良好的骨骼强度至关重要。骨周转是一个活跃的过程，在这一过程中骨骼组织可以被吸收并合成新的组织。骨骼形成和骨骼吸收之间的平衡决定了骨量，进而决定了骨骼强度。它对所有动物都特别重要，因为腿部无力和跛行会导致动物生长性能严重下降。

骨周转这一生化指标依据对尿液或血液中一些酶的测定而进行测定。羟脯氨酸是尿液中发现的一种氨基酸，与骨吸收有关。尿液中的吡啶啉和脱氧吡啶啉已被用作骨吸收的标志物。血清中的总碱性磷酸酶活性和骨钙素在临床实践中被广泛用作骨形成的指标（Robins 和 New，1997，New 等，2000）。

肉品质

肌肉品质是动物的重要生理特征。饲养动物的很重要目的是为了产肉，因此动物肌肉数量和品质非常重要。另外一些动物，如高产奶牛常常难以进食到足够的饲料来支持产奶，奶牛体内蛋白质可能会被动员去分解以支持产奶。能够评估动物体内与营养有关的蛋白质状况显然很有价值的。

饲养食源性动物的主要目的之一是为人类提供肉源，从生理学术语上来说，肉指的就是肌肉组织。良好的肌肉品质显然对维持动物健康和生产性能都很重要，也对最终的肉品质非常重要。多年来，针对产肉动物的商业育种计划主要集中于提高生长速度和肉类产量上。家禽育种计划会选择提高鸡胸肉重量，增加鸡胸肉占胴体总重的比例。生产效率的提高对肌肉结构和功能都会产生影响。

肉品质取决于各种不同因素间复杂的相互作用。这些因素包括营养、饲养管理、即将屠宰前对动物的应激及屠宰后对胴体的处理。肉品质有两个公认的极端指标：PSE（苍白，软渗出）和 DFD（黑，硬和干）。肉质量受肌肉组织大小的影响，因为大块的肌肉冷却速度较慢，从而避免糖酵解导致 pH 降低和产生 PSE 型肉。例如，现代火鸡的胸部组织中大型肌肉纤维比小型肌肉纤维具有更高的糖酵解活性，从而可能导致 pH 降低和出现 PSE 型肉。

近年来，出现了一种被称为鸡胸肉木头似缺陷（wooden breast，WB）(Sihvo 等，2013）的肌肉疾病。该疾病影响胸大肌，症状是触诊发硬、肉色苍白，由于覆盖了硬化区域的液体和渗出的透明液体而出现了隆起、少量出血、表面黏稠。从组织学上讲，WB 病是中度或重度的肌新生（myodegeneration），伴随坏死和炎性细胞的积累。尽管氧化应激和细胞内钙增高可能是 WB 的主要特征，但该疾病发生的根本原因仍然不清楚（Dalle Zotte 等，2017）。

机体内肌肉损伤可能是由于损伤或饲料中的霉菌毒素造成的，可以通过测定血液中的肌酸激酶来进行评估。如果在肌肉组织的细胞膜中存在氧化应激、损伤或缺陷，则该酶可能泄漏到血液中，因此它是评估肌肉完整性的一个良好指标。在肉鸡中，血浆肌酸激酶活性随日粮中维生素 C 含量的增加而降低。这表明可能改善了肌肉组织中的膜稳定性。但是，对饲喂维生素 E 和铜的猪进行的研究表明，血液中的肌酸激酶水平没有差异（Lauridsen 等，1999）。

肌酸激酶在屠宰后继续发挥重要功能，参与将肌肉转换为肉类的活动(Daroit 和 Brandelli，2008）。肌肉内主要肌浆蛋白，以及由屠宰后的 pH 和温度造成的变性和/或不溶性形式，可能会对肉的色泽和持水力产生负面影响。另外，肌浆蛋白可能对经受热处理的肉和肉制品的质地起作用。肌酸激酶可能是一个潜在有用的指标参数，可以使用检测试剂盒轻松测定，因此在健康和营养有关方面值得进一步研究。

肉质的许多问题都与营养和屠宰方式有关。营养添加剂可以帮助减轻 PSE 肉的症状，抗氧化剂可以防止肌肉受损，并有助于延长肉的保质期。

肌肉分解

在现代奶牛养殖中，奶牛产犊后不久如果摄入的营养不足以满足因开始产奶而增加的能量和蛋白质需求，则母牛进入负能量平衡状态，并动员身体蛋白质，其中包括肌肉蛋白质的分解代谢（Houweling 等，2012）。肌肉蛋白、肌动蛋白和肌球蛋白，含有一种独特的氨基酸，即 3-甲基组氨酸。它不能在蛋白质合成中再利用，而是通过尿液排泄，可以很容易地进行测定。因此，甲基组氨酸的尿排泄被用来评估牛的肌肉蛋白分解。高产奶牛甲基组氨酸的尿排泄量显著增加，表明产犊后肌肉蛋白质的分解代谢速度增加（表 8-5）。这主要是泌乳初期间营养摄入量与营养需求之间的差异所致（Plazier 等，2000）。它是评估动物营养状况的另一个可能的标志物，因为甲基组氨酸在体内不会进一步代谢。

表 8-5　奶牛产犊前后的活体重和 3-甲基组氨酸的排泄量

奶牛	活体重（kg）	3-甲基组氨酸（mmol/d）
产犊前	737	2.48[a]
产犊后	697	4.11[b]

注：[a,b] $P<0.001$。

代谢应激标志物

在现代集约化生产系统下饲养的动物会遭受各种新陈代谢的压力，这些压力会影响它们的健康和生产力。奶牛中的生物标志物，如 β-羟基丁酸（BHB）、非酯化脂肪酸（NEFA）和急性期蛋白，在所有动物的血液都可以提供有用的动物健康信息。

β-羟基丁酸（BHB）和非酯化脂肪酸（NEFA）

在泌乳初期，高产奶牛无法通过日粮摄入来满足其产奶所需的能量，而是通过动员脂肪来应对这种能量需求的增长。但是，过多的脂肪动员可能对奶牛健康造成损害，并导致血液中 NEFA 的浓度增加。部分 NEFA 被代谢为酮，而 BHB 是奶牛血液中的主要酮体。NEFA 和 BHB 均已被用作诊断奶牛亚临床酮症和其他代谢疾病的标志物（Abdelli 等，2017）。

急性期蛋白

应激反应早期在肝脏中可合成多种蛋白质（图 8-1）。这种应激可能来自组织炎症、感染、疾病发作或运输等环境应激。急性期蛋白的合成是动物的保护性反应，这些蛋白质比特异性抗体更早地出现在血液中（Jain 等，2011）。

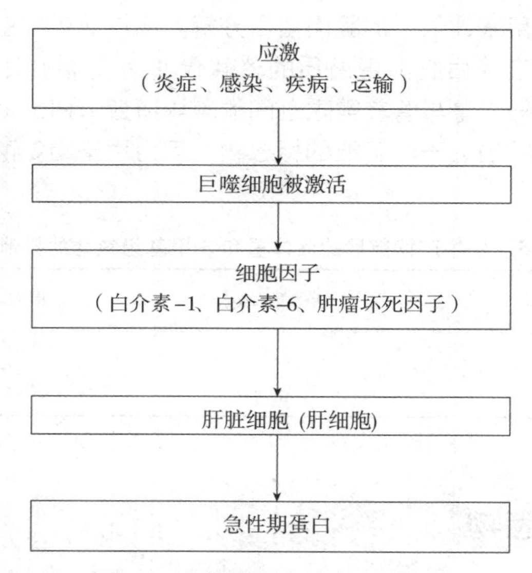

图 8-1　急性期蛋白的合成示意图

奶牛、猪和家禽中存在多种不同的急性期蛋白（表 8-6）。

表 8-6　不同畜种动物体内多种不同的急性期蛋白

畜种	急性期蛋白
奶牛	触珠蛋白、血清淀粉蛋白 A（SAA）、α1-酸性糖蛋白（AGP）、白蛋白、纤维蛋白原
猪	触珠蛋白、血清淀粉蛋白 A、C 反应蛋白（CRP）
	猪重要急性期蛋白（pig-MAP）、白蛋白、纤维蛋白原
家禽	触珠蛋白、α1-酸性糖蛋白、血浆铜蓝蛋白、转铁蛋白、纤维蛋白原

断奶仔猪患多系统衰竭综合征时，其血清中触珠蛋白（HPT）和猪主要急性期蛋白（pig-MAP）的浓度明显增加（Segalés 等，2004）。但是在亚临床感染猪圆环病毒 2 型（PCV2）的猪中，HPT 和 MAP 的水平并未增加，因此急性期蛋白（APP）并非对所有疾病都能有效果。

急性期蛋白的浓度增加可用来评估相应的各种应激。因此对血液中这些蛋白质的测定可以提供动物健康状况的客观度量。它们越来越多地被用作动物健康和福利的标志物，也是评估全方位营养的一种非常有用的方法（见第九章）。现在各种检测试剂盒已有销售，使得以用常规方式测定急性期蛋白成为可能，从而可以在实际条件下用于评估动物的营养和健康状况。

DNA 损伤和修复

脱氧核糖核酸（DNA）的破坏至少涉及人类两个主要问题，即衰老和癌症。尽管衰老问题在宠物中引起了一定关注，但在饲养食源性动物方面不是很重要。

动物体内细胞中产生的各种活性氧（ROS）和自由基不断破坏 DNA，必须对其进行修复。对 DNA 的破坏通过构成 DNA 分子的碱基腺嘌呤、胞嘧啶、鸟嘌呤和胸腺嘧啶的化学变化来体现。DNA 损伤中的一些氧化分子以核苷的形式从人体尿液排泄，核苷是与糖脱氧核糖相连的碱基。最常见的是鸟嘌呤转化成 8-羟基鸟嘌呤，可以用作对 DNA 氧化损伤的评估指标。人类尿液中的 8-羟基鸟嘌呤是评估各种癌症和变异疾病风险的良好生物标记物（Valavanidis 等，2009）。吸烟者比非吸烟者排泄的 8-羟基-脱氧鸟苷多 50%，这表明吸烟对他们 DNA 的氧化损伤率增加了 50%（Loft 等，1993）。

对 8-羟基鸟苷进行定量分析的最广泛使用的是带有电化学检测（EC）的高效液相色谱（HPLC），以及气相色谱-质谱（GC-MS）和 HPLC 串联质谱。

另外，还开发了另一种称为“单细胞微凝胶电泳”或“COMET”测定的方法，该方法涉及动物细胞中的 DNA，可以通过血液样本分析完成（Fairbairn 等，1995）。这种技术比常规分析法更快，并且还揭示了有毒物质及氧化损伤引起的 DNA 损伤。这很可能在动物营养和健康中得到了很好的应用。

该领域需要对动物作进一步的研究，看是否可以通过这种方式检测到氧化应激。同样，测定化合物（如 8-羟基鸟苷）的程序相当复杂，今后需要一种更快速、更简单的方法来广泛应用于动物营养研究。

尿中的亚硝酸盐和硝酸盐

尿中的亚硝酸盐和硝酸盐源自一氧化氮（NO），一氧化氮（NO）在被细菌感染激化后，由巨噬细胞等在动物体内产生。一氧化氮迅速氧化为亚硝酸盐和硝酸盐，并在尿液中被排泄。尿亚硝酸盐+硝酸盐水平的测定已被用作定量生物标志物，以评估肠道被细菌感染的总体情况（Bovee-Oudenhoven 等，1997）。

该方法的基本原理是首先向样品中添加抗生素来稳定尿液样品，以防止尿液因细菌而变质。然后将样品中的硝酸盐化学还原为亚硝酸盐，通过比色法确定亚硝酸盐总量。现在自动分析系统已能用于这种方法分析，在评估动物健康和营养状况方面更广泛地应用完全是可行的。

口服沙门氏菌感染 6d 后，小鼠尿液中亚硝酸盐和硝酸盐的含量增加，直至比对照组小鼠高约 5 倍（Bovee-Oudenhoven 等，1999）。该方法在食源性动物生产中具有意义。因为就食品安全而言，沙门氏菌感染是关注的问题，并且有可能通过测量尿液样本中的亚硝酸盐和硝酸盐水平来跟踪动物的感染状况。

胃肠道中的挥发性脂肪酸

短链挥发性脂肪酸（SCFA），主要是乙酸、丙酸和丁酸通过微生物菌群在胃肠道中发酵而产生的。对小肠和大肠食糜的分析可以获得各种 SCFA 组成比例的数据，这种比例受动物日粮和健康状况的影响。

小肠中的 SCFA 含量低，因为它们是小肠内微生物发酵程度的指标。通常情况下，我们不希望微生物在小肠内过度定殖，但这种情况可能在营养应激条件下发生（Bedford，2000）。抗性淀粉和非淀粉多糖（NSP）的发酵通常发生在大肠内，这可能是一种从未消化的碳水化合物饲料成分中回收能量的有用方法。

SCFA 的测量是一种相对简单的技术，但是使用小肠中的食糜会要求牺牲动物采样。对粪便样本中的 SCFA 进行分析要简单得多，它们也可能与动物的健康和生产性能有关系。

在全方位营养中饲料配方的特性

饲料必须营养充足且在经济上可行。这需要关注饲料原料及成品饲料的贮存情况和稳定性。可以根据抗氧化剂和微生物状况，以及非淀粉多糖的含量来评估饲料。这些是全方位营养中重要的饲料特性，饲料质量对于支持动物健康和避免疾病至关重要。

饲料中的总抗氧化状况

抗氧化剂在动物健康和营养中起两个重要作用。首先，它们可以保护饲料中的营养物质免受氧化作用；其次，它们可以通过影响动物的抗氧化状态而影响动物健康和生产性能（见第七章）。饲料的抗氧化状态可按照以上方法进行评估。

饲料的微生物状况

在大多数国家，饲料中不允许含有沙门氏菌、梭菌和其他病致病菌。尽管关于最低水平的设定还存在争议，但总肠杆菌数（total *Enterobacteriacea*）可能在将来被用作微生物质量的标准。这一指标的推荐值为 10～1 000CFU/g。实际上，对常规标准而言，10CFU/g 可能太低，而 100CFU/g 更现实。

原材料在贮存过程中，很容易受到霉菌污染。霉菌是天然原料（如谷物）的普遍污染物，因此很难消除所有霉菌污染。如第二章所述，使用有机酸类营养活性物质将显著改善饲料品质。由于没有确定的普遍认可的检测霉菌污染的方法，因此也没有普遍认可的安全水平。但很明显的是，全方位营养的实现需要尽可能地减少霉菌污染。霉菌的次生代谢产物霉菌毒素也是动物健康和生产中的主要问题。大多数国家对原料和动物饲料中允许添加的黄曲霉毒素含量实行了严格控制。在欧洲，黄曲霉毒素并不是一个大问题，而赭曲霉毒素 A、玉米赤霉烯酮和脱氧雪腐镰刀菌烯醇（deoxynivalenol，DON）可能会产生更严重的不良后果。在德国已将各种谷物的 DON 最高含量定为 1 mg/kg，玉米赤霉烯酮的最高含量定为 0.05 mg/kg。

非淀粉多糖（NSP）

非淀粉多糖包含多种不同分子，并如第四章和第五章所述，它们具有多种作用，包括肠道生理变化、脂肪代谢、葡萄糖摄取和肠道疾病等。NSP 通常分为可溶和不可溶形式。可溶形式部分在小肠中发挥作用，增加食糜的黏度并降低脂肪的消化；不溶形式部分或纤维部分在大肠中发挥作用，并影响微生物菌群发酵的排出，以及粪便量和排泄时间。尽管可以对饲料中的 NSP 进行分析，但分析既不快速也不简单，因此不太可能作为常规饲料品质参数常规使用。

营养利用

现代动物营养已经发展了一个高品质浓缩型日粮（high-quality dense diets）的概念。这些日粮通常被配制为包含最低水平代谢能和粗蛋白质。特别是对于肉鸡，很高水平能量日粮通常含有大量的脂肪或油，但在大多数情况下，摄入的能量和氮中只有不到 50%存留在胴体中。表 8-7 说明了这一点，其中肉鸡仅存留 38.8%的能量和 48.2%的蛋白质（Aletor 等，2000）。这也意味着超过 50%的日粮其中的能量和氮通过呼吸、尿液和粪便排出体外。可见，迫切需要提高食源性动物的能量和氮利用率。正如第九章中所讨论的那样，这将会带来环境效益和降低生产成本的经济效益。

表 8-7　饲喂传统玉米-豆粕型饲料配方的肉鸡对能量和氮的存留率

主要饲料原料	占比（%）	营养元素*
玉米	49.4	代谢能（13.0MJ/kg）
豆粕	40.4	粗蛋白质（22.5%）
豆油	6.2	能量存留率（38.8%）
DCP	1.8	蛋白质存留率（48.2%）

注：*括号内指营养元素的利用率。

生物和环境综合效率

目前以最低成本配制含有各种营养价值的饲料，然后通过饲料转化率（FCR）和体重来判断动物的生产性能。在全方位营养中，更需要评估饲料的生物学和环境综合效率。这将涉及如下参数：

$$\text{表观能量存留率} = \frac{\text{消耗的总能值} - \text{排出的总能值}}{\text{消耗的总能值}} \times 100\%$$

$$\text{表观氮存留率} = \frac{\text{消耗的总氮量} - \text{排出的总氮量}}{\text{消耗的总氮量}} \times 100\%$$

表观能量存留率和表观氮存留率虽然是简单的概念，但可能在评估全方位营养方面具有价值。饲料能量是一个复杂的概念，因为要识别饲料在动物机体中的能值，就需要从总能到消化能、到代谢能再到净能的转化过程。饲料氮的利用与内源氮的损失混杂在一起。然而，从生物学和环境的综合观点来看，主要因素实际上是动物从饲料中消耗了多少能量或氮，以及动物存留了多少能量或氮，或通过呼吸、粪便或尿液再返回到环境。全方位营养的主要目标是使动物存留的能量和氮的数量最大化。

一种提高畜禽氮利用率的方法是通过控制饲料配方来饲喂低蛋白质、高氨基酸的日粮，基本原理是通过向低蛋白质日粮中补充必需氨基酸来确保如何更有效地利用氮。

当肉鸡日粮中添加必需氨基酸后，其蛋白质含量从22.5%降至15.3%不会影响肉鸡生长（Aletor等，2000）。但是如表8-8所示，低蛋白质日粮导致饲料消耗增加，因此饲料转化率（FCR）增加。这一方法的正面效果是，低蛋白质日粮中能量和蛋白质的存留率均增高。

表8-8 低蛋白质日粮中添加必需氨基酸对肉鸡性能和营养利用的影响

肉鸡生产性能指标	日粮配方	
	对照组（CP，22.5%）	低蛋白组（CP，15.3%）
采食量（g）	2 721	2 960
增重（g）	1 522	1 539
饲料转化率（FCR）	1.80	1.92
能量存留率（%）	38.8	46.0
蛋白质存留率（%）	48.2	61.5

另一项关于肉鸡的研究表明，幼雏期将日粮粗蛋白质水平降低10%对肉鸡的生长性能没有任何不利影响。日粮中苏氨酸的含量增加至标准值的110%可以弥补较低的粗蛋白质含量的影响（Abbasi等，2014）。

在肉鸡中，这种低蛋白质和高氨基酸的策略已产生了不同的结果。在某些情况下，会导致增重和饲料转化率下降；而在其他情况下，饲喂蛋白质降低的配方与常规配方的表现相同。不过，最一致的效果是饲喂低蛋白质日粮的肉鸡其腹部脂肪沉积增加。从消费者的角度来看，这是一个不希望看到的现象。饲料配方的改进必须既包括理想的经济生产指标，又要保持令消费者满意的胴体品质和组成。

同样猪饲料中可以通过添加氨基酸来减少日粮粗蛋白质含量并保持良好的生长性能（Gloaguen等，2014）。日粮中粗蛋白质含量从17.6%降低到

13.5%对猪的生产性能没有影响。

未来研究方向

对动物健康和生产性能的评估从来都不是一个简单的过程。未来的动物生产系统将减少使用各种药物，尤其是在动物的生长期和生产期需要进行更严格的监控，以免发生疾病。如上所述，有许多生理指标将营养与健康相联系，但许多指标需要昂贵且复杂的分析程序。显然这限制了它们在集约化大规模动物生产中的应用。但有可能基于微生物菌群、血液和粪便的特性进行评估，它们也可能用于全方位营养的检测。

微生物菌群

众所周知，微生物菌群中微生物区系的组成对动物健康很重要。通常需要促进有益细菌（如乳酸杆菌）繁衍，并阻止诸如大肠杆菌或沙门氏菌的定殖。但是由于微生物菌群组成的多样性，以及技术上尚无能力培养动物胃肠道中发现的许多活细菌，因此很难评估微生物菌群的组成效果。这实际上就使得不可能全面了解胃肠道中微生物种群活动全面、复杂的情况。

分子生物学的最新进展使得复杂微生物生态系统的非培养研究方法取得进展（Giraffa和Neviani，2001；Dethlefsen，2008）。目前，这些技术非常复杂，需要专门的设备和技能，因此尚不适用于动物营养。然而未来这些技术可能帮助在揭示胃肠道微生物生态与健康和营养相互联系方面发挥重要作用。

血液

血液是一种容易获得的生理物质，可用于评估目标动物的营养和健康状况。血液中的化学成分处于稳态控制中。通常情况下，血液中各种代谢物的浓度保持在狭窄的范围内，但是不利条件会影响这种平衡。实际上，血浆更可能用于各种临床分析。血液中包含许多不同的物质，如脂蛋白、白蛋白、球蛋白、葡萄糖，以及抗氧化物质（如抗坏血酸、尿酸、α-生育酚、谷胱甘肽、锌和类胡萝卜素）。

许多自动系统和试剂盒已经可以用于血液分析，因此可以很容易地应用于动物健康和营养研究中。然而关于食源性动物血液参数与健康和营养有关的文献非常少，但现在正在引起一定的关注。例如，在高温环境下饲养的火鸡比在低温环境下饲养的火鸡血细胞比容值较低（Veldkamp 等，2000）。饮用绿茶作为抗氧化剂来源的研究表明，受试者血浆总抗氧化能力增加（Sung 等，2000）。这项工作是使用具有自动临床分析功能的总氧化状态试剂盒进行的，对于动物研究在技术上也是可行的。在另一项研究中，使用四氯化碳产生氧化应激的大鼠其血浆抗氧化能力并未显示出任何显著降低的情况（Kadiiska 等，2000）。四氯化碳的使用会引起肝功能衰竭，这与营养研究相去甚远。然而，这些例子表明这是一种可能用于动物生产营养研究的方法。

对绵羊的血液代谢产物浓度进行研究，以评估其营养状况（O’Doherty 和 Crosby，1998）。测定妊娠后期母羊血浆中 β-羟基丁酸酯、葡萄糖、白蛋白、总蛋白、球蛋白和尿素水平，以评估蛋白质和代谢能摄入量的相互关系时发现，日粮中添加大豆粉会显著影响血浆白蛋白和尿素浓度。

血液中急性期蛋白的测定可能是客观评估动物健康状况的最有效工具之一。随着用于急性期蛋白测定的技术越来越受到人们的青睐，它将在评估动物健康以优化生产率方面发挥重要作用。急性期蛋白会提供已屠杀动物的健康信息，这将对食品安全产生影响。它们还可用于检测奶牛的乳腺炎(Hirvonen 等，1996)。

血液分析的最新进展是测定 miRNA。它们是短链（约 22 个核苷酸）非编码 RNA，可调节哺乳动物中的 mRNA 表达和蛋白质翻译。体液（包括血浆和血清）中含有在各种疾病中发生改变的特定 miRNA。使用这些循环的 miRNA 作为人类和动物疾病进展的生物标记物意义重大（Ioannidis 等，2018）。

据报道，感染了鸟分枝杆菌副结核亚种（*Mycobacterium avium* subspecies *paratuberculosis*，MAP）的牛，其血清中含有大量的 miRNA。这种微生物是反刍动物出现约翰病（Johne’s disease）的病因，该病的特征是出现慢性肉芽肿性肠炎。感染该病可导致牛消瘦和体重减轻，严重时还可导致牛死亡，给全球农业造成了相当大的经济损失。

比较 miRNA 的差异表达可以鉴定出 4 种 miRNA，通过综合分析可将健康动物与严重 MAP 感染的动物区分开来。这套由 4 个 miRNA 组成的小集合可以提供一种简便且经济、高效的基于实时 PCR 的检测方法，用来诊断约翰氏病（Gupta 等，2018）。

粪便

使用体外产气技术，将粪便接种到饲料混合物中，已经在反刍动物营养方面进行了大量研究工作（Theodorou 等，1994）。该技术也已应用于猪的营养，其中粪便被用来发酵应用于不同饲料成分的细胞壁部分（Van Laar 等，2000）。该技术颇具吸引力，因为可以研究原料固有的发酵能力，并可以研究消化后原料中挥发性脂肪酸的产生量。尽管该技术最初是为反刍动物研究而开发的，但未来可能会在其他物种中得到更多应用。

粪便分析还用于监测牛和家禽的沙门氏菌污染（Eriksson 和 Aspan，2007）。

对猪粪便微生物的详细分析发现，在较短的断奶过渡期内，微生物菌群的结构和稳定性发生了显著变化（Pollock 等，2018）。感染了产肠毒素大肠杆菌（ETEC）后，粪便群落结构和稳定性发生了显著变化，这些变化与特定时间点 ETEC 排泄水平的变化有关。这种方法可以基于断奶后应激挑战时期对微生物种群的更好了解，从而开发出针对肠道功能障碍的新型管理策略。

（王　硕　译）

第九章

CHAPTER 9

应对具有挑战性的需求：安全食品、低成本、伦理问题和对环境的影响

食源性动物的养殖需要让持批评和怀疑态度的消费者满意，而现代消费者的需求经常似乎是相互矛盾的。例如，人们希望生产大量、价格便宜的食物，而这些食物又是绝对安全的，它们来源于在良好福利条件下饲养的动物，并且是可持续性，对环境不会有不利影响。全方位营养是一项力图通过以营养措施为核心的方案来满足这些需求，涉及动物健康、福利、生产力和可持续性等多个方面。本书前面章节中讨论的全方位营养的许多方面也与人类营养和健康密切相关。

今天，动物和人类的健康及营养之间的相互关系已经越来越引发人们的兴趣和关注。2017 年，欧盟启动了健康促进和疾病预防知识门户网站。这为有关营养和促进健康的主题提供了可靠、独立和最新的信息，特别是在预防心血管疾病、糖尿病和癌症等非传染性疾病方面，极大地强化了营养与健康之间的联系，是一项针对人类的全方位营养计划。

对于畜牧生产行业而言，重要的是能够向持怀疑态度的消费者证明动物营养是人类营养的一个组成部分，动物营养和人类的营养标准正变得越来越接近。

畜禽养殖中生产力的大幅提高对消费者来说是非常有益的，这是大量供应低成本食品的基础。但这绝非易事，特别是发达国家的粮食供应增加量远超过其人口增长速度。比较 1930 年和今天美国畜牧业生产的数据就说明了这一点。1930 年，美国牛奶产量约为每头奶牛年产 2 200L，而现在每头奶牛的产奶量每年增加近 5 倍，达到 10 000L；猪营养研究的进步使得猪的上市日龄从 1930

年的 200d 下降到 120d，减少了 40%；肉牛上市的时间只有 1930 年的一半；一只产蛋母鸡每年生产的鸡蛋数量是 1930 年的 4 倍，与 70 年前比，现在美国生产 1kg 鸡肉所需的饲料量减少了 60%（Bossman，2001）。

畜牧业生产的提高对社会和环境产生了重大影响。如果美国的畜牧业生产力保持在 1930 年的水平，那么它们需要的奶牛数量是目前实际饲养数量的 4 倍，以及产蛋母鸡数量是现在的 4 倍，才能为美国人口提供相同数量的食物。为了生产 20 世纪 30 年代生产水平所需的牛奶、鸡蛋、肉鸡和猪的数量，需要增加大量土地和所需的饲料，同时伴随环境污染的增加。这显然是不可取的，我们需要不断提高畜牧业的生产力，以满足人口增长对肉、蛋、奶等的需求并最大限度地减少对环境的不利影响。

动物源食品的生产不仅对人类营养很重要，而且对世界食品经济也有很大贡献。在全球范围内，饲养用于食用的动物现在是一项非常巨大且十分重要的生产活动，它是全球 1.3 亿人的主要职业，占农业国内生产总值的 40%（Steinfeld 等，2006）。

在所有对畜牧业的讨论和媒体关注中，生产大量低成本动物源食品的巨大社会学价值不应被忽视。有一种观点认为食品生产是高成本的，因此只能向最富裕的人群提供，对此很难争辩。目前对畜牧业生产进行大量负面宣传的情况在某种程度上是畜牧生产行业成功造成的，在发达国家不受限制地获得足够的动物源廉价食品好像是理所当然的事。

正如本书第一章所讨论的那样，动物源食品生产效率的大幅提高，导致人类食品成本达到历史最低水平。在英国，食品和非酒精饮料仅占 2013 年每周平均家庭支出的 11.6%（英国，2014）。类似的情况发生在美国，在 2002—2003 年，美国食品支出下降到收入的 13.2%（美国，2006）。

全球对动物源食品的需求也在持续增长。在世界人口都在增加的发展中国家，过去几十年中肉类消费量每年增长 5%～6%，牛奶和奶制品的消费量每年增长 3.4%～3.8%。1981—1994 年世界肉类消费量为 1.6 亿 t（Rosegrant 等，1999）；1994—2017 年增加了 1 倍以上，从 1.6 亿 t 增加到 3.22 亿 t（经济合作与发展组织，2019）。

根据粮农组织的预测，许多发展中国家近年来肉类消费量大幅增加，并将在 2030 年左右达到 37kg/年的水平。这一预测表明，在未来的几十年内，发展中国家的肉类消费量将会达到发达国家水平，而发达国家肉类消费量仍居高不下。就目前而言，中国的肉类消费水平已经接近欧盟（表 9-1）。

当然，当经济条件改善时，低收入人群往往会增加肉类的消费，这通常会降低营养不良的发生率。发展中国家肉类消费量的增加是改善经济状况的理想结果。然而，这也确实把为支持饲养一定数量动物所需的原料供应问题，以及对环境不利的严重问题摆在了我们的面前。

表 9-1　2017 年人均和全球肉类消费量

肉类	人均消费量（kg/年）				全球总消费量（百万 t）
	总量	欧盟	美国	中国	
牛肉和小牛肉	6.4	10.9	21.9	3.9	69.1
猪肉	12.2	32.1	23.1	30.3	118.4
家禽肉	14.0	24.2	48.9	11.9	119.9
羊肉	1.7	1.8	0.4	1.2	14.6
总计	34.3	69.0	94.3	47.3	322.0

在大量低成本食品的现代化生产体制中，对于消费者来说很重要的几个方面的问题全方位营养都需要一一指出，这些问题包括食品安全、饲料资源利用、动物健康和福利、对环境的影响等。最重要的是要向消费者和政府表明，如全方位营养所述的那样，动物源食品的生产是可持续生产系统的一个组成部分。此外，还要说明目前我们使用的生产系统是先进的、是以科学为基础的，并对自然资源进行了最佳利用。不然，我们面对的现实就是大多数人的持续贫困。

食品安全

显然，为人类消费者提供的食物必须绝对安全。沙门氏菌病、牛海绵状脑病和二噁英的食品安全问题引起消费者对食品安全的担忧。这些问题与动物饲料品质有关，因此饲料品质对食品安全有重要影响。饲料必须不含致病微生物和有毒物质，特别是真菌毒素。

正如同第二章中所述，我们拥有生产安全动物饲料的知识和技术。如果严格遵守这些原则，我们可以生产安全且营养品质良好的饲料原料及动物饲料成品。

然而，现代动物饲料生产不仅必须是安全的，而且必须能证明其安全。这可以通过各种质量保证体系，如 GMP（良好生产规范）、HACCP（关键控制点的危害分析）和各种国际标准化组织 ISO 9000 标准来实现。

人兽共患病在整个食物链中的传播也非常令人担忧。人兽共患病是从动物传染给人类的感染疾病，目前有 7 种食源性人兽共患病对公共健康有重要影响。这些疾病是由以下病原引起的：沙门氏菌、单核细胞增生李斯特氏菌、弯曲杆菌、产毒性大肠杆菌、隐孢子虫、细粒棘球绦虫和旋毛虫。

欧盟现在相当重视降低猪的沙门氏菌和家禽中的弯曲杆菌数量。这两种病原微生物都会引起人头痛、发热、呕吐和腹泻等食物中毒症状。幸运的是，由弯曲杆菌引起的疾病往往不如由沙门氏菌引起的疾病严重，并且持续时间很少超过1周。

肉鸡中的弯曲杆菌和猪中的沙门氏菌引起的症状有些相似，因为所关注的这两种微生物不是宿主动物的病原体。但在畜牧业生产中对于控制这些微生物具有重要意义。如果通过在宿主动物中控制这些微生物而不能显示任何其对动物生长和生产性能的益处，那么这样做会是困难的。因此，在整个养殖周期中，针对鸡群或畜群来处理的技术方案难以有经济效益。生产者的关注点则是在屠宰时让肉鸡或猪免于被病原体污染。这表明需要开发能够在生长后期“清理”动物的方案。

营养活性物质有机酸能在这方面发挥作用（Byrd等，2001）。在停喂饲料的10h内向肉鸡的饮用水中添加0.5%的乳酸显著降低了弯曲杆菌对嗉囊的污染。

人兽共患病的控制是一项艰巨的任务，因为致病微生物无处不在，很难从食物链中完全清除它们。欧盟的流行病学数据显示，食源性人兽共患病的发病率在过去20年中有所增加。欧盟打算建立一个监测和控制从农场到餐桌的整个食物链系统，全方位营养可设法解决人兽共患病控制的部分问题。

人兽共患病在人类健康中变得越来越重要，现列举几个从动物传播给人类的病毒性疾病的例子。例如，艾滋病病毒是艾滋病综合征的病因，人们普遍认为艾滋病病毒可能早在20世纪30年代就从猿类传播到了人类。似乎许多病毒可被其他一些动物物种耐受，如猿类中的免疫缺陷病毒。但是在传播给另一物种后，这种病毒可导致致命的疾病。近年来，已观察到其他几种病原菌感染人后出现了致命的结果。可感染人的包括拉沙热（Lassa fever）在内的Arena病毒、埃博拉病毒（*Ebola virus*）、罗斯河病毒（*Ross river virus*）、汉塔病毒（*Hanta virus*）。这些不是食物或饲料源性的，因此营养与这些疾病无直接关系。尽管如此，大量有毒微生物对人类及动物的健康有着长期风险，它们进化出了强大的变异能力，并产生毒力和抗药性基因。更加重要的是，动物和人类的营养直接关系着维护健康及支持免疫系统，为此需确保人类高营养的食物供应，以帮助他们抵御各种人兽共患病和其他疾病。

动物源食品的保质期也非常重要，因为现代世界上只有少量食品是在生产时被消费的。我们的大部分食物都是在远离购买和消费的地方生产的。这不可避免地意味着食物必须贮存一段时间并在消费者食用之前运输相当长的距离。让食物保持良好的可食性和避免被病原污染在“保质期”的概念中非常重要。例如，人们普遍认为，饲料中良好抗氧化剂的使用可让肉制品具有优良的保质期。牛奶和鸡蛋可能是致病菌的携带者，因此通过全方位营养来控制这些风险很重要。

无抗食品

由于消费者对安全、廉价的动物源食品有需求，因此希望在畜牧业生产中不广泛使用抗生素和其他药物，人们普遍关注的是抗生素的耐药性。全方位营养的主要目标之一是建立一个不依赖于抗生素和其他药物的广泛使用的畜牧业生产体系，这需要详细了解各种营养成分和营养活性物质的作用及功能。可通过合理的饲料配方和良好的畜牧业标准来达到这一要求。这就需要对动物健康问题给予相当大的关注，以维护动物健康和生长。全方位营养可使生产动物源食品不依赖抗生素及其他药物，这对消费者具有重要价值。

伦理问题： 粮食资源的利用、畜牧业生产效率和动物福利

多年来，人们对使用谷物喂养动物而不是直接供给人类食用的道德和伦理问题进行了大量辩论。人们经常声称，人类给动物喂食谷物然后再食用动物的效率远低于直接食用谷物（Millward，1999）。生产数据表明，需要 2kg、4kg 和 6kg 的谷物才能分别生产出 1kg 家禽肉、猪肉和牛肉（Khush，2001）。这意味着是对稀缺食物资源的低效使用。这是一个相当简单的分析，它很少考虑到所用饲料原料的实际形式和类型，以及使用现代技术的动物营养和生产机制，也没有去考虑所生产食品的价值。

同样重要且需要指出的是，生产 1kg 牛肉需要 6kg 粮食的论据（Khush，2001），大多数争论只与特定地区（如美国）有关。在美国，不一定存在畜禽与人类争夺食物资源的情况，这在很大程度上反映的是美国内部的经济状况，其中大量谷物，特别是玉米，可以低成本生产并有效地运输和贮存。在这种情况下，用玉米喂肉牛在经济上是合理的，但这并不是饲养肉牛的必要条件。在世界上的其他地区，大多数反刍动物可以不用谷物。例如，在欧盟和阿根廷，肉牛大量食用的不是玉米，而是青贮饲料或牧草。

肉鸡生产效率可以低至 1.60 的饲料转化率。肉鸡日粮中含有约 65%的谷

物，因此这意味着可以从 1.04kg 谷物中获得 1kg 肉鸡。这 65%的谷物含量实际上是碾磨的全麦谷物，无论如何人类都不能直接食用。另外，35%的肉鸡日粮由大豆粉、维生素和矿物质等成分组成，其中没有一种与人体营养发生竞争。水产养殖中将 1kg 鱼饲料转化为超过 1kg 重的活鱼。鱼饲料的主要成分是鱼粉和鱼油，它们不太可能直接被人类食用。

现代反刍动物养殖越来越少地依赖于用人类食品级的谷物，大多数奶牛饲喂青贮饲料等混合青饲料，以及通常不含谷物并且由人类食品加工业的各种副产品组成的商品饲料。

所有动物和人类的营养最终只取决于 5 种基本类型的原料，且它们全部来自植物：饲草、油籽、谷物、水果和蔬菜。这 5 种原料必须同时供养人类和动物（图 9-1），且很大一部分不能直接被人类利用，特别是饲草，以及实际上

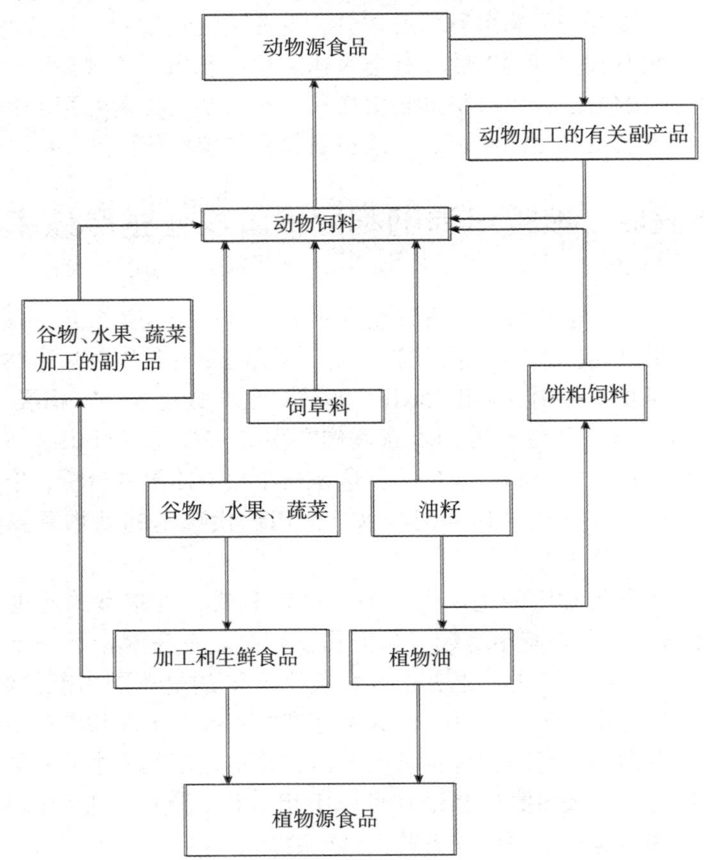

图 9-1　人类基本食品原料向植物源食品和动物源食品转化的途径

都是人类食品加工制造业中不能被人类食用的副产品。人类需要摄入动物和植物源食品才能获得最佳的生长和发育。

饲草料，包括牧草、干草和秸秆在内的饲料产量非常大，并且在天然状态下根本不能被人类利用。因此，反刍动物在生态系统中发挥着重要作用，因为它们可以消化人类无法利用的高纤维饲料，并将其转化为对人类有价值的食品，如肉类和牛奶。反刍动物也是皮革和羊毛等非食品类畜产品的重要来源。

需要强调的是，畜牧业生产不是一个孤立的系统或活动，而是现代社会不可分割的一部分。虽然它尚未得到广泛认可，但动物饲料和生产行业对循环经济做出了非常重要的贡献（Korhonen 等，2018）。循环经济的基本概念是减少浪费并尽可能多地回收资源。

现代畜牧业生产使用来自人类食品加工制造业和生物燃料工业的大量副产品，使之得以循环。这具有双重优点，即低价值的副产物被转化为动物源的高质量食品，并且这些副产品以有效的方式处理而不会留在环境中。这对发达国家的现代畜牧业生产具有重要意义。如果这些低值材料不通过动物营养再循环，那么处置会成为另一个问题。在许多情况下，与通过动物营养循环相比，诸如焚烧、填埋或倾倒入海的替代处置都是不尽人意的替代方案。

广泛用于动物饲料配方中的传统的大豆饼粕实际上是来自食用油工业的副产品。大豆油广泛用于人类食品中，生产中又产生了大量提取过的大豆饼粕。只有相对较小比例的这种大豆饼粕可被进一步加工成适合人类直接食用的食品。这些提取过的大豆饼粕供人类直接食用的价值不大，但却可广泛用作动物饲料。类似的还有油菜籽、葵花籽和油棕仁。实际上，菜籽粕、向日葵粕和棕榈仁粕供人类直接食用的营养价值还低于大豆粕，然而这些副产品已广泛用于各种动物饲料配方中。

甜菜榨糖可产生大量的甜菜渣、甘蔗加工后可产生甘蔗渣，这些加工副产品除了作为动物饲料外并无他用。

同样，小麦、玉米、大米和其他谷物在加工时会产生大量不可食用的副产品，如麦麸、次等粉（middlings）、玉米麸质和米糠；啤酒、葡萄酒和烈酒等酒精饮料的发酵过程中进一步加工谷物也会产生大量的啤酒糟和酿酒副产品，这些副产品都可通过动物饲料利用而有效地再循环。

水果和蔬菜加工业也产生大量不适于人类但对动物却很有价值的副产品。例如，来自马铃薯加工业的副产物广泛用于动物饲料中。

生物燃料工业还产出大量的副产品，这些副产品主要用于动物饲料中。生物柴油是通过脂肪和植物油的酯交换作用生产的，产生脂肪酸的甲酯实际上就是生物柴油，另外还有大量的作为副产物的甘油。在生物柴油生产中，约10%的原始油量被转化为甘油。生物柴油生产的经济可行性要求对所产生的甘油进行有效和增值利用。甘油可以用作所有动物的能量来源。如今，甘油是动物日粮中的常见组成成分，可替代部分谷物，如玉米或小麦（Mandalawi 等，2014）。

生物乙醇主要通过从玉米、小麦或黑麦中的淀粉发酵来生产，在生产过程中产生了一些副产物，如 DDGS。DDGS 通常不是供人类食用的，但它们几乎在所有动物饲料中都被用作蛋白质和油的来源（Stein 和 Shurson，2009）。

因此，如图 9-1 所示，除了饲草只用于动物饲料之外，其他的基本食品和饲料原料的利用选择并不是那么明显或简单，而是极其复杂。例如，在德国，配合饲料生产商每年加工约 1 900 万 t 的原材料，其中包括不到 40%的初级产品（谷物、豆类和木薯），剩余几乎完全由食品制造业的副产品组成。这些低值的副产品在畜牧业生产中不仅得到了有效利用，而且也消除了对环境的潜在威胁（Grote 和 Radewahn，2000）。

现代动物营养已经很好地融入了人类食品和生物燃料工业的生产中，是各种副产品增值的重要渠道。它具有双重优势，既能将它们从环境中清除又能将它们转化为动物来源的高质量的人类食物。这是循环经济的一个有力例证。

动物源食品的另一个重要方面是其营养价值远高于饲料原料的营养价值。这种含动物源原料日粮的优势在儿童膳食的玉米、豆类与肉品比较中得到了很好的说明（Neumann 等，2002）。为了满足日常对能量、铁或锌的需求，儿童每天需要消耗 1.7～2.0kg 的玉米和豆类。这远远超过了他们食量，但每天 60g 肉（或 1 个鸡蛋）就可以满足这一要求。同样，乳制品是儿童体内钙的重要来源，如果食用谷类型食物就难以满足儿童对钙需要量的要求（估计为 345mg/d）。由牛奶、肉类、蛋类和鱼类提供的大量额外营养成分是核黄素、牛磺酸、硒、长链多不饱和脂肪酸、五烯酸和六十六碳酸，所有这些都被认为对人类获得最佳健康有重要意义。

因此，现代畜牧业生产既不是与人类争夺食物资源也不是浪费人类食物资源，而是生产可以确保有效转化利用大量不能供人类食用的物质，它将确保从饲料原料的可供应中获得最大量的供人类食用的高质量食品。

全方位营养的目标是最大限度地有效利用全球食物资源。通过推动在饲料配方中开发和利用营养元素及营养活性物质，全方位营养可以达到改善饲料节约效应和减轻对环境不利影响的双重目标。

饲料节约效应

如上所述，1994—2017年，世界肉类消费量增加了1倍以上，从160亿t增加到3.22亿t（经济合作与发展组织，2019）。肉类生产的大幅增加，要求动物对饲料的利用效率越来越高。在过去70年中，发达国家畜禽的生产力有了很大提高（Bossman，2001）。

全方位营养的概念涉及动物健康和生产性能两个方面，从而能用同样数量的饲料原料获得更高产量的动物源食品。应用全方位营养对生产效率的改进十分重要，可使从一定量的饲料原料中生产出更大量的各种食品。过去几十年，大量事实证明了畜牧业生产效率的显著提高，其价值可以通过表9-2中针对肉鸡和猪中所用饲料的节约效果得到证明。

表9-2　用于改善肉鸡和猪生产性能的饲料节约效应

生产性能指标	肉鸡[1]	猪[2]
起始饲料转化率（FCR）	2.0	3.0
所需饲料量（kg，以体重计）	4.0	210.0
改进饲料转化率（FCR）	1.8	2.5
所需饲料量（kg，以体重计）	3.6	175.0
饲料节约效应（kg）	0.4	35.0

注：[1]肉鸡生长到2.0 kg；[2]猪生长到30～100kg。

表9-2的计算表明，畜牧业生产力的适度和有效改进对饲料需求具有非常显著的影响。现代畜牧业生产将肉鸡的饲料转化率从2.0降低到1.8甚至更低是非常可行的。这意味着生产1kg肉鸡所需的饲料将减少400g，因此提高生产效率可以提高饲料节约效应。而这种饲料节约效应以每年生产的数百万只肉鸡或猪计算时，就节约了大量饲料。例如，生产100万只肉鸡，当FCR为2.0时将需要4 000t饲料，但是如果将FCR降低为1.8，则生产相同数量的肉鸡只需要3 600t饲料，或者4 000t饲料可以生产1 052 632只肉鸡。

对于猪而言，饲料节约效应也非常显著，因为生产100万头猪，其FCR提高到2.5可以节省大约35 000t饲料。显然不断提高畜牧业的生产效率非常重要，可从基本饲料原料中获得更大的益处（图 9-1）。

表 9-2 中的数据是一个理论实例，证明了全方位营养在饲料原料的总体利用上对全球经济与高质量人类食品生产的重要性。这些理论数据得到了实践经验的支持，如 1972—1996 年的蛋鸡数据所示（表 9-3）（Flock，1998）。

表 9-3　1972—1996 年由提高产蛋母鸡生产力获得的饲料节约效应

年限	饲料转化率（kg，以鸡蛋计）	
	白蛋鸡	褐蛋鸡
1972—1976	2.69	2.86
1977—1981	2.54	2.68
1982—1986	2.46	2.48
1987—1991	2.33	2.32
1992—1996	2.30	2.18
饲料节约效应（kg，以鸡蛋计）	0.39	0.68

由表 9-3 可见，在白/褐蛋鸡中每生产 1kg 鸡蛋所需的饲料量节省很多。1972—1996 年，每生产 1kg 鸡蛋，饲料量减少约 500g。同样，当这个数量乘以数百万千克的鸡蛋时，有着非常显著的饲料节约效应，这是家禽科学现代发展带来的成就。

如第一章所述，肉鸡生产能表现出同样重大的饲料节约效应。加拿大阿尔伯塔大学的科学家们把 1950 年和 1978 年肉鸡品系的生产性能指标与 2005 年的品系进行了比较（Zuidhof 等，2014）。结果是肉鸡生长率增加超过 400%，同时 FCR 减少了 50%。其最终结果是，在近 50 年的时间里，肉鸡业已经将生产鸡肉所需的饲料量减少了一半。这是一个巨大的饲料节约效应。

饲料节约效应在猪生产中可能比在蛋鸡或肉鸡生产中具有更大的潜力，这与猪的消化生理学有关。特别是猪大肠的某些生理学特征与人类的相似，也与反刍动物的特征相似。尽管也存在重要差异，但猪大肠含有瘤胃中存在的主要纤维素降解细菌，但这些细菌在人类中却没有被发现。与瘤胃不同，猪大肠中不含原生动物，猪体内的甲烷产量低于反刍动物。

特别值得一提的是，成年猪具有很好利用日粮纤维的能力。在这方面，猪比人类更有效率（Varel 和 Yen，1997）。日粮纤维能提供 30% 的生长猪维持能需要。给母猪饲喂日粮纤维不仅可以获得更大的能量效果，而且还可带来健康和繁殖效率方面的好处。成年猪饲料中的一部分谷粒可以用人类不能直接食用的纤维成分来代替。这些纤维成分包括来自禾本科饲草料、秸秆和豆科等牧草的木质化植物材料，还可以用具有高纤维含量的各种谷物碾磨和酿造或蒸馏的副产品来代替。这里必须重申的是，所有这些材料都不能被人类直接消费利用。因此，在猪日粮中使用这些营养成分是将人不可食用甚至废弃材料转化为有价值的人类营养食品的有效方法。这将减少谷物消耗并提高饲料节约效应。

动物营养的进一步发展将对饲料节约做出越来越大的贡献，这将确保我们从可用的基本饲料中获得最多的、高质量的人类食品。

动物福利

动物福利是一个充满感情色彩的话题，不容易用科学或实践的术语来描述。大多数人都同意饲养的动物不应该遭受不必要的磨难或虐待。这意味着现代畜牧业生产必须适当注重动物福利。

近年来，欧盟出现了动物福利的几个主要问题，如母猪系绳的使用、仔猪断尾、蛋鸡高密度层叠笼养（battery system for layer）的使用、繁殖家禽和妊娠母猪的限食饲养等。另外，人们还对活体动物运输表示关注，特别是对用卡车运输肉用犊牛的问题。

动物福利对动物健康和畜牧业生产效率的提高也很重要。例如，肉鸡运输诱导的应激可增加粪便中弯曲杆菌的数量，随后导致广泛的胴体污染（Whyte等，2001）。从食品安全和动物福利的角度来看，显然都是不可取的。

福利不好会影响动物生长、繁殖和生存，保持好的动物福利水平可降低疾病的发生率并改善动物健康。全方位营养关注动物福利，以达到避免疾病并促进动物健康的整体改善。

在欧盟，通过实施“五大自由”来促进动物福利。“五大自由”被广泛认为是动物福利的理想状态（EC，2007）：

①采食和饮水的自由：获得清洁饮水和日粮，充分保持健康和活力。

②无不舒适的自由：适当的环境，有遮蔽和舒适的休息区。

③无疼痛和疾病的自由：预防或及时治疗。

④表达正常行为的自由：充足的空间和设施，与同种动物相伴。

⑤免于恐惧和骚扰的自由：提供有利条件和治疗，以避免精神受折磨。

动物福利可根据动物试图应对环境时的状态而定义，并提出如表9-4所示的各种福利指标（Broom，1996）。

表 9-4 从好到差逐步降低的福利指标

从好到差逐步降低的福利指标
显示各种正常行为
表达愉悦的生理指标
表达愉悦的行为指标
预期寿命缩短
生长或繁殖能力下降
身体受损的程度
疾病程度
免疫抑制程度
行为病例程度
正常的生理和动作被阻止的程度

这些行为指标参数在畜禽生产中不易被监测到，如愉悦的生理指标和免疫抑制程度。与健康相关的动物福利方面的指标易于监测，并对畜牧业生产和福利方面都有意义。食源性动物为了获得良好的生长和繁殖性能往往要经过很多世代的育种选择。显然，如果生长和生产性能指标低于预期值，则动物福利可能会很差。这往往也会导致经济效益降低，而经济效益本身就是维持良好福利标准的动力。

动物福利的一个生理指标是可以测定急性期蛋白质。正如第八章所述，这些是存在于血浆中的蛋白质会因各种应激而使得浓度增加。测定血液中的蛋白质浓度可以客观评估动物的健康状况，并且越来越多地被用作动物健康和福利的标志物。

运输应激和急性期蛋白之间的关系已经在公猪中得到了令人信服的证明（Piñeiro 等，2001）。2 组公猪在不同条件下长距离运输。第 1 组每头公猪有 $2m^2$ 面积的运输空间，并提供锯末，在饲料和水都供应良好的条件下进行了 48h 的运输。第 2 组在每公猪有 $1.5m^2$ 面积的空间内运输时间为 24h，没有提供锯末，没有饲料或水供应。结果是第 2 组公猪血液中的急性期蛋白水平显著高于第 1 组公猪，尽管第 1 组公猪的持续运输时间长达 24h。运输应激显著影响急性期蛋白的浓度，表明这一指标作为动物福利指标具有很大的潜力。

对环境的影响

大规模集约化畜牧业生产以下面 3 种主要方式对环境产生重要影响：

——空气污染，包括氨和温室气体的产生。

——氮排放。

——磷排放。

许多国家为了向民众供应食物，需要饲养大量动物，粪便的产生成了主要关注的问题。在许多情况下，施用于土地的粪便存在过量的氮和磷，超过了植物的营养需求。过量施用粪肥也会导致重金属积累，对植物生长和动物健康都有潜在风险。另外，还会导致更多的潜在影响，如动物粪便废物处理不当会导致水网污染。在土壤中，大部分来自粪肥的氮转化为硝酸盐。虽然硝酸盐是一种容易被植物利用的氮形式，但非常易溶，很容易进入水网中。将未消化的饲料营养成分，特别是磷冲洗到水中会导致水中富营养化和氧气损失。

目前正在实施若干解决办法和方案，以处理集约化动物生产带来的污染问题。为了防止某些地区扩大动物生产，现有各种行政程序，如对农场和生产肥料的单位征收各种费用。大多数的解决方案都涉及非常昂贵的费用，因为他们没有关注问题的根源，即动物的营养转化。

应用全方位营养中概述的策略，可以减少或大大减轻上述的影响。给动物提供良好的饲料和饲养管理措施是减少营养物质排泄到环境中的有效手段。

环境营养负荷

引起关注的与动物营养有关的环境污染是动物排放到周围环境中的各种营养物质的数量，这就是环境营养负荷（environmental nutrient load，ENL），它受几个因素的影响，是动物对营养物质的消化、吸收、存留和排泄之间复杂的相互作用的最终结果，可以用简单的等式表示：

环境营养负荷（ENL）=（营养成分摄入量－被利用的营养成分）＋内源性损失的营养成分………（4）

对 ENL 影响的首要方面是营养物质摄入量或饲料采食量。上述的节约饲料将对环境产生有益的影响，因为随着生产效率的提高，动物需要采食更少的饲料。

摄入的饲料中仅有一部分营养物质用于动物维持和生产，剩余的营养物质以粪便、尿液或气体的形式排放到环境中。营养物质利用本身就是一个复杂的课题，如同前面章节中已经讨论过，影响因素很多。各种营养活性物质和营养元素的互作对营养物质的利用、吸收和存留都具有重要影响，因此也会影响到 ENL。所利用营养元素比例的改善将在整体经济效益和 ENL 方面产生有益效果。

内源性营养成分流失是 ENL 的另一个影响因素。在任何活的动物中，总会有一些细胞、周转的营养物质和酶等内源性的损失。然而，目前对如何影响内源性分泌量（endogenous secretion）的研究，我们还没有什么进展。

在反刍动物和单胃动物中，饲粮中能量和蛋白质的相对量对 ENL 产生很大影响。在反刍动物中，必须有足够的可发酵能量来支持瘤胃微生物蛋白质合成并减少氮作为尿素的排泄。在单胃动物中，降低日粮蛋白质水平和提高动物对氮和磷利用将减少 ENL 数值。

从上面列出的计算式（4）可以明确看出，如果营养成分摄入和内源性流失均减少及养分利用率增加，则 ENL 将会降低，减少动物饲养数量可以对营养摄入产生最大的影响。可见营养利用和整体生产效率在食品供应及污染控制方面变得非常重要。高效的畜牧业生产应从较少量的饲养动物消耗较少的饲料来实现。全方位营养的目标是高效饲养动物，以充分发挥其生长性能，维护它们的健康，减少对环境的污染。

空气污染

减少环境营养负荷（ENL）是环境管理的一个非常重要的方面。然而，在畜牧业生产中，降低温室气体的浓度及由畜禽产生及粪便分解形成的臭味是极其重要的。微生物菌群在动物胃肠道中的发酵产生了许多挥发性物质，包括氨、硫化氢、酚、吲哚和粪臭素，所有这些都具有令人不愉快的气味并容易挥发。

温室气体将热量吸收保存而导致全球变暖。畜牧业生产中产生的温室气体有甲烷（CH_4）、二氧化碳（CO_2）和一氧化二氮（N_2O）。反刍动物生产中产生的甲烷数量非常多，是人类活动产生的甲烷总量的 17%～30%（Beauchemin 等，2009）。

对饲料转化率、耐热性、抗病性和繁殖力的遗传选择可以将肠道甲烷产量减少 9%～19%（Knapp 等，2013）。这需要合理的支持管理措施，包括饲养和营养。在集约化乳品业务中，饲养和营养可适量减少肠道甲烷的产生量（2.5%～15%）。饲养和营养的影响主要通过提高饲料效率的方法来实现，这是全方位营养的一个重要目标。

降低奶牛饲养中甲烷产生量的一个有趣的营养方法是用营养活性物质3-硝基氧基丙醇作为抑制剂（Hristov 等，2015；Duin 等，2016），饲料摄入量、奶牛产奶量和纤维消化率不受该抑制剂的影响。3-硝基氧基丙醇可使瘤胃甲烷排放量减少，平均比对照组低约 30%。这些因甲烷而节约下来的能量部分如果用于组织合成，可使接受该抑制剂处理的母牛体重增加更多。这些都是非常令人鼓舞的结果，可能会大大减少反刍动物的温室气体排放。

另一个重要的环境问题来自动物圈舍和粪便中的氨及其他有毒气体。农业占欧洲大气氨排放总量的80%左右。在荷兰，奶牛和肉牛养殖业是氨排放的主要来源（Velthof等，2012）。以排氮百分比表示时，畜禽的氨排放量分别为：家禽，22%；猪，20%；牛，15%；其他畜禽，12%。这一数值因畜舍设备和应用技术不同而异，畜舍设备中的排放量最高的是禽舍。

将猪粪中的氨挥发量最小化，可以改善猪舍内的空气质量和猪的福利问题，并防止向环境高排放。氨主要是由粪便中存在的脲酶分解作用于尿液中的尿素而产生的。尿素浓度和粪便的pH是影响氨排放的重要因素。粪便在存放和运输中也会产生严重的气味。这是现代社会中一个非常重要的话题，许多策略需要探索，包括粪便贮存，处理和处置的各种物理方法（Powers，1999）。

通过家畜日粮调控可以影响胃肠道中的微生物菌群，进而改变排泄物的组成并因此改变排泄物的气味。这是一种有效减少畜牧业生产中气味的重要方法。正如第五章所述，许多措施可用来调节胃肠道微生物菌群。例如，对于猪生产中，日粮中加入可发酵碳水化合物、增加合成氨基酸的使用量、提高日粮中的铜含量、降低日粮蛋白质水平对降低猪生产中的气味排放都是有益的。使用有机酸、茶多酚和植物丝兰提取物都已作为潜在的气味减少剂而被研究（Sutton等，1999）。

饲料原料的选择会影响粪便排泄或贮存期间的气味。在仔猪饲料中增加血粉用量与粪便的气味强度有关。其他研究表明，在牛日粮中加入薄荷（peppermint）可以改善排泄的粪便气味（Kellems等，1979）。

减少日粮中的氮摄入量可以降低猪的尿素排泄量，从而减少氨排放。日粮蛋白质水平降低1%可使氨气排放量平均减少10%。低蛋白质日粮不仅会影响氨气排放，还会影响排放的其他有气味的成分，如硫化氢。进一步的研究表明，将猪日粮中的粗蛋白质从22.0%降至13.0%，对平均日摄入量和平均日增重没有显著影响（Hayes等，2004）。然而，每头猪的氨排放率可从8.27g/d非常显著地降低到3.11g/d。因此，调控日粮粗蛋白质水平是减少育肥猪舍内气味和氨排放量的低成本替代方案。

添加各种有机酸钙盐，特别是苯甲酸钙可有效降低猪粪尿水的pH和氨气排放量（Aarnink和Canh，1999）。将饲料中苯甲酸含量从0增加到3%，可降低尿氮排泄量、总氮排泄量和尿液氮/粪便氮比率（Murphy等，2011）。用苯甲酸添加剂处理后，粪便中的氨气排放也减少了。在仔猪饲料中加入1%己二酸，尿液pH可从7.7降至5.5，对减少氨气排放有显著影响（Van Kempen，2001）。

猪日粮中铜含量高时可显著降低由粪便带来的“厌恶度”（nuisance）

（Armstrong 等，2000）。采食含有 225mg/kg 铜的硫酸铜（$CuSO_4$）或 66mg/kg 和 100mg/kg 铜的 Cu-柠檬酸盐日粮的猪，其粪便气味和刺激强度较低。低剂量水平下有机铜源似乎比无机铜源更能改善粪便的气味。铜是一种严重的环境污染物，在动物饲料中的应用受到了严格的控制。因此，使用高含量的铜在降低粪便气味的同时也产生了环境污染。铜营养在与粪肥质量的关系方面可能值得进一步研究。

一些研究表明，日粮中添加非消化性低聚糖或能在大肠中发酵的各种碳水化合物，能为蛋白质消化提供更合适的能量/蛋白比，并提高营养利用率。也许将来应该更加关注能量的来源，这将有助于预防气味问题发生，减少营养物质的排泄。

研究发现，给猪饲喂甜菜干渣可使猪的粪便中氨的排放量减少（Canh 等，1998）。甜菜渣中含有相当数量的可发酵纤维，可用作猪的能量来源。甜菜渣在猪的后肠中容易发酵，因为木质素含量低，并且有相当水平的果胶。

向猪日粮中添加 150g/kg 的甜菜渣青贮饲料，将可发酵纤维的量增加至 365g/kg，但并不会影响生长育肥猪的生产性能。甜菜渣没有影响氨基酸的消化率，由此整体氮存留率也未受甜菜纤维的影响。

然而，甜菜渣对猪粪尿中的 pH 具有显著影响。与采食低发酵纤维日粮的猪相比，饲喂大量可发酵纤维的猪其粪尿中的 pH 较低。甜菜渣中低木质素含量，以及高果胶、纤维素和半纤维素含量，是大肠细菌发酵的理想选择。

将可发酵纤维增加至 365g/kg，包括 150g/kg 甜菜渣，大量的挥发性脂肪酸产生于猪的粪便和贮存期间的粪尿中（表 9-5）。日粮中高含量的可发酵纤维增加了挥发性脂肪酸的产量。通常随着日粮内可发酵纤维水平的增加，挥发性脂肪酸的量也增加，主要是乙酸，然后是少量的丙酸和丁酸。增加的挥发性脂肪酸导致粪尿中的 pH 降低，并在粪浆贮存期间持续存在。

如表 9-5 所示，使用甜菜渣不影响粪中氨的量，但对粪尿的实际氨排放具有显著影响。这是由于粪浆中挥发性脂肪酸的量增加的缘故。

表 9-5　饲喂不同水平的甜菜渣青贮饲料对生长育肥猪粪尿中内氮和挥发性脂肪酸含量的影响（g/kg）

粪尿水成分	日粮中的甜菜渣青贮饲料添加量			
	0	50	100	150
总氮	6.28	6.71	6.52	7.15
氨态氮	3.57	3.88	3.78	3.92

（续）

粪尿水成分	日粮中的甜菜渣青贮饲料添加量			
	0	50	100	150
乙酸	5.11[a]	9.15[b]	12.82[c]	14.18[d]
丙酸	1.80[a]	1.61[a]	2.28[a]	3.40[b]
丁酸	0.77[a]	1.67[ac]	2.45[bc]	3.28[b]
挥发性脂肪酸（总计）	9.04[a]	13.92[b]	19.15[c]	22.42[d]

注：同行上标不同小写字母表示差异显著（$P<0.05$）。

在生长育肥猪的日粮中提高可发酵纤维的水平可能是增加粪尿中挥发性脂肪酸浓度经济、可行的方法，可让其 pH 较低，从而减少粪尿中的氨排放，并减少猪生产中的总氨排放。

调控日粮配方是减少产生粪便气味的重要手段，粪便在排泄前和贮存期间都是如此，特别是在厌氧分解发生并形成气味化合物的情况下。

氮的排泄

猪和家禽对氮的存留量通常是饲料摄入氮的 50%或更少。生长猪存留摄入日粮氮和磷的 30%～35%（Jongbloed 和 Lenis，1992），而在母猪中大约 75%的氮被排泄掉（Van Der Peet-Schwering 和 den Hartog，2000）。反刍动物的氮利用总体平均效率约为 25%，远低于其他生产动物（Calsamiglia 等，2010）。表明动物采食的氮通常有 50%～75%被排泄到环境中。这种低氮利用效率使得集约化的畜牧业生产成为环境氮污染的严重贡献者，来自畜牧业生产体系的农场污水也是水系统硝酸盐污染的主要来源。

动物排泄的氮量与日粮中的氮摄入量有关，现代营养学中通常把提供过量的日粮氮作为安全措施。对于不同生长率的任何一种必需氨基酸需要量必须在日粮中与其他必需氨基酸保持相对固定比例存在。这就是被称为“理想蛋白质”概念。不幸的是，许多饲料配方与“理想蛋白质”并不匹配，而是通过提供过量的非必需氨基酸以确保必需氨基酸的充足供应。研究者们花费了大量的精力来开发理想的蛋白质，以减少氮污染（Ketels，1999）。

如果氨基酸平衡得到妥善处理，那么降低氮含量的日粮不一定会降低生长猪的生产性能。对于体重为 20～55kg 的猪，将日粮中粗蛋白质含量从 16.6%降至 13.0%（Tuitoek 等，1997）或从 22.0%降至 13.0%，对平均日摄入量和平均日增重没有显著影响（Hayes等，2004）。

如表9-6所示，降低日粮中的粗蛋白质水平将减少生长公猪和育肥公猪氮的排出量（Lee，2001）。在该试验条件下，饲用含有较低粗蛋白质水平的日粮会减少氮排泄量（g/d），但是公猪的绝对氮存留量（g/d）也减少，这对性能会产生不良影响。值得注意的是，存留氮占氮摄入的百分比并未受到日粮中粗蛋白含量降低的影响，平均为57%。这意味着通过降低饲料中的粗蛋白质水平对氮的利用率没有大的改变。当然，真正的挑战是提高日粮中的氮利用率，以确保猪可以存留更高比例的摄入氮，同时减少氮对ENL的影响。

表9-6　降低日粮粗蛋白质水平对生长公猪和育肥公猪绝对氮存留量（NR，g/d）和氮存留率（NR,%）的影响

生长公猪	日粮粗蛋白质（%）	25.0	21.0	18.0
	氮排出量（g/d）	30.2	24.2	17.7
	绝对氮存留量（g/d）	39.3	35.00	32.3
	氮存留率（占氮摄入量,%）	57	59	65
育肥公猪	日粮粗蛋白质（%）	22.0	18.5	16.0
	氮排出量（g/d）	39.5	30.2	27.0
	绝对氮存留量（g/d）	42.3	39.5	32.5
	氮存留率（占氮摄入量,%）	51	57	55

似乎很有可能通过降低猪日粮中的蛋白质含量来获得良好的生产成绩并实现环保。然而，在肉鸡中，它并不太明显，已证明有些矛盾。一些比较一致的观察结果是，给肉鸡饲用低蛋白质日粮会增加腹部脂肪沉积，是不可取的。日粮中的蛋白质含量从22.5%下降到15.3%时，肉鸡的脂肪存留量从146g增加到289g（Aletor等，2000）。这表示脂肪沉积增加了近2倍。令人惊讶的是，即使将日粮粗蛋白质水平与具有补充非必需氨基酸的对照日粮的水平相等，以保持相同的蛋白质/能量比率，也不能校正增加的脂肪沉积。不过与对照组相比，含有15.3%粗蛋白质水平的低蛋白质日粮确实减少了约41%的氮排泄量。这表明在猪和家禽中都是一致的观察结果，但家禽中脂肪沉积增加是一个必须解决的额外并伴随产生的负面效应。

研究表明，日粮粗蛋白质含量从19.0%降低到17.0%时，并没有改变肉鸡的生长性能和肉质（Belloir等，2017）。该试验结果使用了理想的蛋白质概念，其中苏氨酸/赖氨酸比率从63%增加至68%，精氨酸/赖氨酸比率从112%降低至108%。这一研究表明，通过调整氨基酸平衡模式可以将处于生长发育的肉用公鸡的日粮粗蛋白质含量至少降低至17%。这种喂养策略是减少与氮排相关的环境负担的有效方式。

通常将饲料的蛋白质水平降低1%可以让猪和家禽生产中的氮排泄减少10%。因此，在目前日粮的饲料成分条件下补充氨基酸可以实现氮的总排量减少25%的目标。酶等营养活性物质的应用在这里尤为重要。酶有助于饲料的有效利用，而溶血磷脂有助于改善营养吸收，从而使日粮中氮含量降低，最终减少排放到环境中的氮。

给动物饲喂低蛋白质日粮并补充氨基酸，则会有较少的氨基酸被分解代谢。这样会使动物尿液产量减少和饮水量降低。这一措施带来的好处有：节水，粪尿中的干物质含量更高，从而使运输和分配的粪便体积减小。

磷的排泄

环境营养负荷主要受氮和磷排泄的影响。磷的排泄特别重要，因为它与淡水的富营养化有关，也与淡水体系的生态系统密切相关。

植物来源的饲料中的总磷含量丰富，但大多数以植酸的形式存在，不能被单胃动物消化。植物饲料中可消化磷占总磷的15%～45%，在饲料配方中通常使用30%的工作值。相比之下，肉粉中磷的消化率为75%～80%，而磷酸一钙的消化率约为80%。在许多标准中，动物的总体磷存留率非常低，如母猪仅存留约25%的摄入磷（Van Der Peet-Schwering和den Hartog，2000）。

植酸酶可水解植酸，在降低日粮中的磷含量方面效果很显著，这意味着粪便中排出的磷更少（见第四章）。为了给动物喂食适当水平的磷以达到最佳生长和生产性能，同时减少植酸形式的非消化性磷的排泄，就要求配制低磷日粮，提高饲料成分中内源磷储备的利用率。植酸酶的使用使得单胃动物能够消化饲料成分中含有的植酸磷，降低日粮中的磷含量。

当饲料中植酸酶水平高时，如达到1 000FTU，则无论是在肉鸡的生长前期还是生长后期，与添加较低剂量的植酸酶和低剂量无机磷的日粮组相比均没有显著差异（Scholey等，2018）。但与添加500FTU或750FTU植酸酶和饲喂低无机磷日粮的肉鸡相比，饲喂高剂量植酸酶的肉鸡具有显著的更高的体增重、骨强度和灰分含量。如果植酸酶剂量达到1 000FTU或更高时，则可以单独依靠添加植酸酶来确保肉鸡中磷的充足供应。

大量试验表明，猪和家禽日粮中含有植酸酶，可减少无机磷的使用量并提高植物磷的利用率，大大减少磷的排泄。

另外，植酸还参与其他矿物质的螯合，如钙、铁、镁、钾和锌。因此，在饲料配方中添加植酸酶可以减少矿物质的排放及其对环境的污染。

《综合污染预防和控制》

《综合污染预防和控制》是欧盟的一项法令，旨在提供高水平的环境保护（欧盟，2008）。它不仅涵盖农业，还涵盖可能导致环境污染的所有行业。它将控制空气、水和土壤的污染加以集成，并采用平衡性的方法加以控制，涵盖了如表 9-7 所示的多种污染物。

表 9-7　欧盟《综合污染预防和控制》法令中涵盖的污染物

饮水中的硝酸盐含量
氨排放量
水的生化需氧量（BOD）污染物
甲烷
气味
噪声
热量
能源使用

在畜牧业生产中，《综合污染预防和控制》仅适用于猪和家禽，而不用于肉牛和乳牛。显然，猪和家禽养殖被认为是密集型产业，而肉牛和奶牛养殖被认为是粗放型产业。

一般而言，《综合污染预防和控制》要求采用最佳可行技术（best available techniques，BAT）（EC，2003）。优化的饲料配方可以大大减少氮和磷的排泄，达到符合《综合污染预防和控制》的要求。

例如，猪和家禽饲养中 BAT 的工作机制是所有日粮都应配制成蛋白质超量最小化，同时确保提供足够的氨基酸平衡。建议将猪日粮粗蛋白质水平降低 2%～3%（20～30g/kg，以日粮计），将家禽日粮粗蛋白质水平降低 1%～2%（10～20g/kg，以日粮计）。

对于磷而言，BAT 基本技术措施是为家禽和猪提供总磷含量较低的连续性日粮（successive diets），即阶段性饲养。这些日粮中必须含有高度可消化的无机饲料磷酸盐和/或植酸酶，以保证足够的可消化磷供应。对于家禽，可减少 0.05%～0.1%（0.5～1g/kg，以日粮计）的总磷；对于猪，可减少

0.03%～0.07%（0.3～0.7g/kg，以日粮计）的总磷。

未来研究方向

食品和饲料安全

饲料和食品安全由各种质量保证体系（如GMP、HACCP或ISO 9000）控制，这些体系已广泛应用于饲料加工业。欧洲饲料制造商联合会（2001）发布了《饲料生产实践准则》，旨在为生产安全和高质量的动物饲料提供实用信息，涵盖了优质饲料原料的采购，以及优质饲料的生产、贮存、运输和交付。

另一个系统是FAMI-QS，即欧洲饲料添加剂和预混料质量系统。FAMI-QS操作规范由欧洲饲料添加剂制造商协会设计，包括所有饲料添加剂和预混料，已在FAMI-QS的官方网页上（www.fami-qs.org）发布。

实施质量保证体系仍将是高度优先事项，以确保动物饲料安全且具有优良品质。

动物福利

在发达国家，动物福利问题变得更加重要。这在一定程度上与这些国家和畜牧业有密切联系的社会人口比例下降，以及廉价食品的广泛供应有关。此外，现代社会倾向于将动物视为人类的某种代理者（surrogate human beings），并认为它们具有与人类相同的行为模式、需求和愿望。尽管如此，人们普遍认为动物福利是一个重要问题，应该是高标准的。

福利是一个在畜牧业生产实际条件下难以实现的概念，也难以在动物种群中客观地进行评估。人们越来越需要确定动物的真实感知和福利状况。此外，在食品安全方面考虑福利也很重要。可能被质疑的是室外饲养的蛋鸡产的蛋是否比笼中饲养的蛋鸡产的蛋更安全或更不安全。

现代消费者普遍认为食源性动物不应该用药物，特别是用抗生素治疗。然而当动物患有疾病时，显然药物治疗就成为动物福利问题。如果能够在不依赖药物的情况下保持动物健康和避免疾病，全方位营养可以在这里发挥有用的作用。

研究急性蛋白质可能是客观衡量福利的最佳方法，应该可以将营养、健康和福利状态与急性蛋白质的水平联系起来。这当然是一个积极研究的领域，急性蛋白质水平可以成为科学评估福利的基础。

利用饲料资源

动物营养的一个明显且非常不经济的就是猪和家禽排出65%的总氮摄入量及高达70%的磷摄入量。从经济上看，这些营养成分在购买、加工、分配和喂养给动物后又排泄到环境中。显然，未来的营养研究必须关注营养成分的消化和吸收。如第四章所述，酶和溶血磷脂营养活性物质已经给我们带来了益处。然而，将饲料原料通过酶加工处理可以使其更易消化，并就改善体内消化和吸收而言仍有许多工作要做。

这也是一个重要的伦理问题，因为它涉及从一定量的基本饲料原料能获得相应数量动物源食品这一话题。人口的增长及其对肉、蛋、奶需求的增长会对将基础饲料原料转化为高价值的人类食品效率的要求越来越高。在10世纪，动物营养就已经取得了很多重大的进展。然而，当时的畜牧生产只能将不到50%的摄入营养成分转化为人类食品，这为今后进一步提升提供了巨大的潜力。

畜牧业生产中的遗传改良

很多研究正在积极专注于开发各种转基因植物和动物，以用于促进粮食生产。而这种研究在一些地区，特别是欧盟受到了强烈反对，因此这些发展可能不会用于商业实践。如第一章所述，黄金大米的推广受到了各种社会环保集团的阻碍（Potrykus，2001）。

遗传改良的一个有趣例子是开发具有低植酸磷的玉米品系。与含有0.25%总磷和0.20%植酸磷的正常玉米品系相比，低植酸磷的品系具有0.28%总磷和0.10%植酸磷。饲喂低植酸磷玉米时不需添加磷，就可提高猪只的消化率，减少总磷排泄。低植酸磷玉米中含有的磷的量至少是普通玉米的5倍，低植酸磷玉米的使用可大大减少猪排出的磷的量（Spencer等，2000）。

对于家禽营养来说，低植酸磷玉米似乎也比标准玉米具有更高水平的有效磷（Waldroup等，2000）。在家禽日粮中饲喂低植酸磷玉米能够减少粪便中磷的排泄（Li等，2000）。就遗传改善饲料原料的品质及营养问题而言，当然还有许多工作要做。

在转基因作物中生产疫苗是可行的，这在全方位营养的解决方案中可能非常有价值。与传统接种疫苗相比，转基因植物中的疫苗生产具有几个主要优点：①较低的成本，因为它们将来自传统的农作物；②植物中疫苗抗原的产生是高效的；③疫苗生产需要较少的作物；④疫苗可能更稳定，因为它们存在于宿主植物的细胞中；⑤在环境中贮存，这将避免通常的疫苗需要冷藏问题；将疫苗投送给动物也更简单，因为含有疫苗的植物可以简单地掺入到动物日粮中。

与动物健康直接相关的一个例子是在转基因烟草植物中生产猪流行性腹泻疫苗（Bae 等，2003）。猪流行性腹泻病毒具有高度传染性，可引起所有年龄段猪的肠炎，对新生仔猪的影响通常是致命的。将遗传改良的烟草植物简单地冻干，研磨成细粉末，悬浮在缓冲液中直接喂给小鼠可诱导有效的免疫应答。显然可以在作物中开发有效的疫苗，这对于维持动物健康具有重要价值。

猪的唾液中含有植酸酶，因此猪可以消化植酸盐中的磷（Golovan 等，2001）。唾液中的植酸酶可完全消化日粮中的植酸磷，因此不需要无机磷酸盐补充。这样猪的粪便中磷的产量就减少了 75%。这一技术为养猪生产中磷营养和环境污染的控制提供了独特的生物学方法。

日粮中蛋白质水平的最小化

日粮粗蛋白质水平的降低肯定会使氮排放量减少，从而减少氨排放。这表明日粮应按最低粗蛋白质水平配制，更应注重理想的蛋白质概念。今后需要确定用于商业化瘦肉型猪和快速生长的肉鸡日粮粗蛋白质水平，确保其中含有足够水平的必需氨基酸和非必需氨基酸。

然而，降低饲料蛋白质含量也可能对动物的生长性能产生负面影响，特别是肉鸡。因此，迫切需要进一步研究动物对氮利用的限制，以增加存留在体内的氮的比例并保持良好的生产性能。

在这里全方位营养的几个方面非常重要，饲料酶、有机酸营养活性物质的应用和胃肠道微生物菌群的平衡都将在动物的氮营养中发挥重要作用。

疾病的发生与否也对动物氮存留有影响，因此也影响氮的排泄。从动物健康和生长着手来饲养动物，将对环境及畜牧业生产产生重大影响。

矿物质营养

已证明，日粮中高水平的铜有利地降低了由猪粪带来的厌恶度（Armstrong

等，2000）。考虑到铜本身作为污染物的环境问题，饲料配方中不能含超常规量的铜，因此进一步研究铜对粪肥的确切影响很有必要。

内源性损失

细胞的内源性损失、周转营养成分和代谢产物都与环境营养负荷有关。内源性损失是动物生理活动的必然结果，并且不容易通过营养或管理技术来控制，但仍然需要加以解决，以进一步减少畜牧业生产对环境的影响。

畜牧业废弃物管理

未来畜牧业生产的另一个主要挑战是如何有效和可持续地管理畜牧业生产中的废弃物，包括粪便及屠宰和加工动物的排泄物。另外，还涉及空气污染、水质、土壤质量、苍蝇种群和病原微生物的传播等问题。

动物废弃物管理的研究主要是农业工程师的工作。将粪肥发酵成可用作燃料的甲烷在技术上是可行的。相当干燥的家禽粪便焚烧后可直接用作发电燃料。动物废弃物管理对动物营养学家来说也至关重要，因为有关疯牛病和禁止使用肉类及骨粉的事件已经说明了这一点。现在的情况是，有价值的营养资源不能再用于动物饲料。然而来自屠宰场的废物仍然继续产生，现在只能用更昂贵和效率更低的方法处理。

日粮配方优化是减少粪便排泄量、降低排泄前和粪便贮存过程中产生厌氧分解时难闻气味的潜在手段。需要进行更多的研究工作以确定哪种饲料配方和饲料成分有益于畜牧业生产及环境。

结论

如今，发达国家的消费者可以无限量地获得低成本食品，这些食品具有极高的营养和卫生标准。然而，消费者仍对食品质量存在相当大的不安。近年来，公众对饲料生产和畜牧业生产体制的关注度非常高。这导致关于动物福利和营养的新立法，还推动了大型零售业更积极地参与监督和控制采购的食品生产。欧盟在 2000 年出版了一份关于食品安全的白皮书，其中明确将饲料安全与食品安全联系起来。

全方位营养的理论是对这些新需求的可能性的响应，从原料品质到动物对饲料的利用，饲料链中的所有不同步骤都在被考虑之中。在全方位营养中，科学应用营养元素和营养活性物质就可以生产出安全的动物饲料，这将支撑良好的动物生产性能，并以社会可接受的方式帮助维持该行业的盈利能力。

全方位营养的目标是使用营养元素和营养活性物质，并用其避免疾病和维护动物健康，同时减少环境污染和改善动物福利状况，非常符合现代消费者的需求。大多数营养元素和营养活性物质都是天然来源，这应该有助于提高对现代畜牧业的普遍认知，并在某种程度上减轻消费者的担忧。全方位营养重点关注的是全面解决生产性能、健康、环境污染和动物福利状况等问题。

（周　淳　译）

原作者简介

CLIFFORD ALEX ADAMS

克利福德·埃里克斯·亚当斯 博士

亚当斯博士农业生涯的开始是在英国威尔士大学获得农业生物化学学士学位时，随后他到加拿大圭尔夫大学攻读硕士学位，完成了牧场氨基酸组成的相关研究。他博士期间的研究工作是在美国伊利诺伊州立大学开展的，集中于大豆硫营养。接着，亚当斯博士赴澳大利亚阿德莱德韦特农业研究所做博士后研究，从事微生物硫代谢方面的工作。

亚当斯博士花了很多时间，在南非科学与工业研究委员会工作，从事高粱、玉米等谷物蛋白质结构的研究。后来，他返回英国，承担世界银行资助项目，远赴叙利亚，从事水污染控制方面的研究工作。

随后，他接受了美国伊利诺伊州立大学农学系的邀请，在美国农业部研究中心从事大豆种子的成熟和营养品质控制。

后来，亚当斯博士加入建明公司——一家全球性动物营养跨国公司，主要致力于饲料营养与动物健康领域产品开发和解决方案推广。

亚当斯博士在建明欧洲负责研发工作 25 年，其间他主要致力于动物源食品生产的营养策略，这最终带来了“Nutricines”概念的提出，即营养活性物质，包括酶、抗氧化剂、霉菌和细菌抑制剂、风味物质、益生菌、酸化剂和溶血磷脂等。营养活性物质并不是传统的营养物质，但在维持动物健康、免疫调节、抵抗疾病和促进生长发育方面起着重要的作用。

近年来发现，一些新的成分影响着动物的生产性能，导致营养策略的不断向前发展，其中涉及食品安全、无抗饲料和动物健康。为了应对这些挑战，亚当斯博士发展了在动物生产实践中使用营养活性物质的营养策略，定义为“全方位营养”。在现代动物生产中，营养策略必须确保良好的经济性能，同时保持动物健康，防止疾病发生。

在建明公司工作的很多年里，亚当斯博士访问了超过 45 个国家，给世界各地的公司和相关人员作演讲和报告，其中包括多次对中国的访问，介绍全方位营养。

2007 年，亚当斯博士在比利时组建了自己的咨询机构 ANOZENE 营养科学公司。在ANOZENE公司，他继续写技术报告和书籍，和其他公司合作，包括与建明共同举办“全方位营养大会”，继续开展动物健康和营养方面的研究工作。

除了演讲和讲座外，亚当斯博士有众多关于动物健康和营养方面的科学出版物，包括大量的杂志文章、科研论文、论著章节和4本教材。

亚当斯博士是许多国际协会的成员，如生物化学协会、英国动物科学协会、英国营养协会、化工学会、工业协会、作家协会、世界家禽科学协会、美国家禽科学协会、美国化学协会等。

亚当斯博士是英国公民，目前在比利时生活和工作。

代表作品

Summers J D, Adams C AvLeeson S, 2013. 家禽代谢疾病［M］. Context, UK (www. contextbookshop. com): 327.

Adams C A, 2007. 营养与健康：营养活性物质、营养物质，维持动物健康和防止疾病［M］. Nottingham: Nottingham University Press.

Adams C A, 2002. 全方位营养：动物健康、高效养殖的营养技术策略［M］. Nottingham: Nottingham University Press.

AdamsC A, 1999. 营养活性物质：与健康和营养有关的食物组分［M］. Nottingham: Nottingham University Press.

Verleyen T, Van Dyck S, Adams C A, 2005. Acceleratedstabilitytests［M］. // Eldin A, Pokorny J. Analysis of Lipid Oxidation. AOCS Press.

Adams C A, 2001. Healthpromotingadditives (Nutricines)［M］. // Van Der Poel A F B, Vahl J L, Wakkel R P K. Advances in Nutritional Technology. Wageningen: Wageningen Press.

Adams C A, 2010. The probiotic paradox: Live and dead cells act as biological response modifiers［J］. Nutrition Abstracts and Reviews, 23 (1): 37-46.

Adams C A, 2007. Nutricines: the function in functional foods. CAB Reviews: Perspectives in Agriculture,

Nutrition and Natural Resources, 2: No. 074. http: //www. cababstractsplus. org/cabreviews.

Adams C A, 2006. Nutrition based health in animal production［J］. Nutrition Research Reviews, 19: 79-89.

Adams C A, 2004. Food safety and quality: the effect of animal feeds［J］. Nutrition

Abstracts and Reviews, Series A, 74: 41-51.

Adams C A, 2004. Nutricines in poultry production: focus on bioactive feeding redients [J]. Nutrition Abstracts and Reviews, Series B, 74: 1-12.

Van Dyck S M O, Verleyen T, Dooghe W, et al, 2005. Free radical gene ration assays: new methodology for accelerated oxidation studies at low temperatures incomplex food matrices [J] . Journal of Agricultural and Food Chemistry, 53: 887-892.

Verleyen T, Van Dyck S, Adams C A, 2004. Use of accelerated oxidation tests to evaluate antioxidant activity [J] . Lipid Technology, 16: 39-41.

VanBeek E, De Greyt A W, Adams C A, et al, 1996. The effects of amould inhibitor based on organic acids and salts on the intestinal strength of broiler chickens [J] . Journal of the Science of Food and Agriculture, 70: 311-314.

Schwarzer K, Adams C A, 1996. The influence of specific phospholipids as absorption enhancer in animal Nutrition [J] . Fett Lipid, 98: 304-308.

图书在版编目（CIP）数据

全方位营养：第 2 版/（英）克利福德 · A. 亚当斯（Clifford A Adams）著；黄生树主译．—北京：中国农业出版社，2021. 11

ISBN 978-7-109-28724-2

Ⅰ. ①全…　Ⅱ. ①克… ②黄…　Ⅲ. ①动物营养-营养学　Ⅳ. ①S816

中国版本图书馆 CIP 数据核字（2021）第 166886 号

北京市版权局著作权合同登记号：图字-01-2021-6105 号

中国农业出版社出版

地址：北京市朝阳区麦子店街 18 号楼

邮编：100125

责任编辑：周晓艳

版式设计：王　晨　　责任校对：吴丽婷

印刷：北京通州皇家印刷厂

版次：2021 年 12 月第 1 版

印次：2021 年 12 月北京第 1 次印刷

发行：新华书店北京发行所

开本：700mm×1000mm　1/16

印张：13. 75

字数：250 千字

定价：70. 00 元
